高等院校应用型人才培养系列教材

集成电路芯片封装技术

（第2版）

李可为　编著

電子工業出版社
Publishing House of Electronics Industry
北京 • BEIJING

内 容 简 介

本书是一本通用的集成电路芯片封装技术教材。全书共13章，内容包括集成电路芯片封装概述、封装工艺流程、厚/薄膜技术、焊接材料、印制电路板、元件与电路板的接合、封胶材料与技术、陶瓷封装、塑料封装、气密性封装、封装可靠性工程、封装过程中的缺陷分析和先进封装技术。本书在体系上力求合理、完整，在内容上力求接近封装行业的实际生产技术。通过阅读本书，读者能较容易地认识封装行业，理解封装技术和工艺流程，了解先进的封装技术。

本书可作为高校相关专业教学用书及微电子封装企业职工的培训教材，也可供工程技术人员参考。

图书在版编目（CIP）数据

集成电路芯片封装技术 / 李可为编著. —2版. —北京：电子工业出版社，2013.11
高等院校应用型人才培养规划教材
ISBN 978-7-121-20649-8

Ⅰ. ①集… Ⅱ. ①李… Ⅲ. ①集成电路－芯片－封装工艺－高等学校－教材 Ⅳ. ①TN405

中国版本图书馆CIP数据核字（2013）第122902号

策划编辑：吕 迈
责任编辑：张 京
印　　刷：北京天宇星印刷厂
装　　订：北京天宇星印刷厂
出版发行：电子工业出版社
　　　　　北京市海淀区万寿路173信箱　邮编　100036
开　　本：787×1 092　1/16　印张：15.75　字数：403.2千字
版　　次：2007年3月第1版
　　　　　2013年11月第2版
印　　次：2024年8月第21次印刷
定　　价：33.00元

凡所购买电子工业出版社图书有缺损问题，请向购买书店调换。若书店售缺，请与本社发行部联系，联系及邮购电话：（010）88254888，88258888。

质量投诉请发邮件至zlts@phei.com.cn，盗版侵权举报请发邮件至dbqq@phei.com.cn。

本书咨询联系方式：（010）88254569，xuehq@phei.com.cn，QQ1140210769。

《集成电路芯片封装技术（第 2 版）》教材编委会名单

序

集成电路封装的目的，在于保护芯片不受或少受外界环境的影响，并为之提供一个发挥集成电路芯片功能的良好工作环境，以使之稳定、可靠、正常地完成电路功能。但是，集成电路芯片封装只能限制而不能提高芯片的功能。

半导体微电子产业高速发展，在全球已逐渐形成微电子设计、微电子制造（包括代工）和微电子封装与测试三大产业群。其中微电子封装与测试产业群与前二者相比属于高技术劳动密集型产业，每年需要大批高、中级技术人才。我国微电子封装业在集成电路产业中占有十分重要的地位，在长三角、珠三角、京津和成都地区形成了不同规模的微电子封装与测试产业群，2005 年销售收入已达 345 亿元，占国内集成电路产业的“半壁河山”。这些封装企业每年都需要大量熟悉封装技术的高、中级技术操作人员，但是国内相关大学、高等专科学校及高等职业技术院校尚未能跟上产业发展设置相关专业、培养人才，或缺乏相关的专业教材。

在这种情况下，《集成电路芯片封装技术》一书的编辑和出版，填补了学校用书、企业用书的空白，这将对我国微电子封装产业的发展起到积极的作用。该书是目前国内第一本较系统、全面介绍集成电路芯片封装工艺的专著，它紧密结合了封装工艺，内容全面、系统、实用性强，既可作为高校相关专业的教材及微电子封装企业职工的培训用书，也可供从事微电子芯片设计制造，特别是封装与测试方面的工程技术人员使用。

电子科技大学
微电子与固体电子学院
杨邦朝
2006 年 12 月 18 日于成都

前　　言

早在 2003 年，编者在筹建微电子技术专业时就萌发了编写专业系列教材的想法，至 2007 年，《集成电路芯片封装技术》与读者见面了。经过近五年的使用，教材得到许多院校的认可，一些教师还提出了很好的建议。本次修订就是为了满足读者需要、适应封装技术发展而组织的。

从 2000 年至 2010 年以来的十年间，我国集成电路产业处于高速成长期，呈现三大特点：一是生产规模不断扩大，2006 年前五年集成电路产量和销售收入年均增长速度超过 30%，是同期全球最高的；二是技术水平提高快，芯片制造技术特征尺寸从 0.13μm 提高到 90nm 以上；三是国有企业、民营企业、外资企业中的 IC 企业竞相发展，产业集中度不断提高，构成了长三角地区、环渤海地区、珠江三角地区和西部地区的四大板块格局。据 2012 年中国半导体学会报告的统计数据：在我国集成电路设计、芯片制造和封装测试三大产业中，封装测试业的规模仍保持领先，占整个产业的 41.25%。2011 年国内集成电路产业延续 2010 年的强劲增长态势，国内封装测试企业技术创新能力再上台阶。

在电子产品不断朝着微型、轻便、多功能、高集成和高可靠方向发展的推动下，集成电路封装技术也向无引脚、细节距（Fine Pitch）、多芯片（MCM/MCP）、3D、芯片级（CSP）、系统级封装（SiP）、圆片级封装（WLP）及硅通孔技术（TSV）方向发展。BGA、倒装焊（Flip Chip）、圆片凸点（Bumping）、SiP、WLP 及各种 CSP 技术在国内市场的需求逐年递增。在这一背景下，我国对集成电路专业人才需求保持增加态势，修订《集成电路芯片封装技术》这本教材，目的是让学生了解集成电路芯片封装技术的基本原理，熟知工艺流程并掌握主要的工艺技术，了解先进封装技术的现状和发展趋势。本教材的编写参考了国内、国外多部相关教材和资料，在体系上力求合理完整，并由浅入深地阐述封装技术的方方面面；在内容上力求接近封装行业的实际生产技术，具有高等学校教学用书的特点。

编者特别感谢英特尔产品（成都）有限公司在本书编写过程中给予的支持。编者衷心感谢我的前辈、国内知名封装测试技术专家、电子科技大学杨邦朝教授，不仅审阅了全部书稿，还为教材作了序。

编者还要感谢学校集成电路制造工程研究所和微电子教研室全体老师，以及参编者向旺、何茗、杨新民老师所给予的帮助；《集成电路芯片封装技术（第 2 版）》教材编委会全体委员提出的很好的建议；微电子技术专业的学生刘剑等为书稿整理所投入的工作。本次修订，微电子教研室吕国皎博士对第 2 章、第 3 章做了较大篇幅的改写，对第 6 章、第 12 章做了部分修订，在此一并表示感谢！

由于编者水平所限，时间仓促，书中的错误、疏漏和不完整性在所难免，敬请各位读者不吝指正。

成都工业学院（教授）
李可为
2013 年 4 月于成都

目　　录

第 1 章　集成电路芯片封装概述 ………… 1

1.1　芯片封装技术 ………… 1

1.1.1　概念 ………… 1

1.1.2　芯片封装的技术领域 ………… 2

1.1.3　芯片封装所实现的功能 ………… 2

1.2　封装技术 ………… 4

1.2.1　封装工程的技术层次 ………… 4

1.2.2　封装的分类 ………… 4

1.2.3　封装技术与封装材料 ………… 7

1.3　微电子封装技术的历史和发展趋势 ………… 8

1.3.1　历史 ………… 8

1.3.2　发展趋势 ………… 11

1.3.3　国内封装业的发展 ………… 14

复习与思考题 1 ………… 18

第 2 章　封装工艺流程 ………… 19

2.1　概述 ………… 19

2.2　芯片的减薄与切割 ………… 20

2.2.1　芯片减薄 ………… 20

2.2.2　芯片切割 ………… 21

2.3　芯片贴装 ………… 23

2.3.1　共晶粘贴法 ………… 23

2.3.2　焊接粘贴法 ………… 24

2.3.3　导电胶粘贴法 ………… 24

2.3.4　玻璃胶粘贴法 ………… 25

2.4　2 芯片互连 ………… 25

2.4.1　打线键合技术 ………… 26

2.4.2　载带自动键合技术 ………… 30

2.4.3　倒装芯片键合技术 ………… 38

2.5　成型技术 ………… 45

2.6　去飞边毛刺 ………… 46

2.7　上焊锡 ………… 47

2.8　切筋成型 ………… 47

2.9　打码 ………… 48

2.10 元器件的装配 …… 48
复习与思考题 2 …… 49
第 3 章 厚/薄膜技术 …… 50
3.1 厚膜技术 …… 50
3.1.1 厚膜工艺流程 …… 52
3.1.2 厚膜物质组成 …… 54
3.2 厚膜材料 …… 55
3.2.1 厚膜导体材料 …… 55
3.2.2 厚膜电阻材料 …… 57
3.2.3 厚膜介质材料 …… 58
3.2.4 釉面材料 …… 58
3.3 薄膜技术 …… 59
3.4 薄膜材料 …… 63
3.5 厚膜与薄膜的比较 …… 64
复习与思考题 3 …… 65
第 4 章 焊接材料 …… 66
4.1 概述 …… 66
4.2 焊料 …… 66
4.3 锡膏 …… 69
4.4 助焊剂 …… 71
4.5 焊接表面的前处理 …… 72
4.6 无铅焊料 …… 73
4.6.1 世界立法的现状 …… 74
4.6.2 技术和方法 …… 76
4.6.3 无铅焊料和含铅焊料 …… 78
4.6.4 焊料合金的选择 …… 78
4.6.5 无铅焊料的选择和推荐 …… 78
复习与思考题 4 …… 80
第 5 章 印制电路板 …… 81
5.1 印制电路板简介 …… 81
5.2 硬式印制电路板 …… 82
5.2.1 印制电路板的绝缘体材料 …… 82
5.2.2 印制电路板的导体材料 …… 83
5.2.3 硬式印制电路板的制作 …… 84
5.3 软式印制电路板 …… 87
5.4 PCB 多层互连基板的制作技术 …… 88
5.4.1 多层 PCB 基板制作的一般工艺流程 …… 89
5.4.2 多层 PCB 基板多层布线的基本原则 …… 89

5.4.3 PCB 基板制作的新技术……90
5.4.4 PCB 基板面临的问题及解决办法……93
5.5 其他种类电路板……93
5.5.1 金属夹层电路板……93
5.5.2 射出成型电路板……94
5.5.3 焊锡掩膜……94
5.6 印制电路板的检测……95
复习与思考题 5……95
第 6 章 元器件与电路板的接合……96
6.1 元器件与电路板的接合方式……96
6.2 通孔插装技术……97
6.2.1 弹簧固定式的引脚接合……97
6.2.2 引脚的焊接接合……98
6.3 表面贴装技术……101
6.3.1 SMT 组装方式与组装工艺流程……101
6.3.2 表面组装中的锡膏及黏着剂涂覆……104
6.3.3 表面组装中的贴片技术……108
6.3.4 表面组装中的焊接……111
6.3.5 气相再流焊与其他焊接技术……112
6.4 引脚架材料与工艺……115
6.5 连接完成后的清洁……117
6.5.1 污染的来源与种类……117
6.5.2 清洁方法与材料……117
复习与思考题 6……118
第 7 章 封胶材料与技术……119
7.1 顺形涂封……119
7.2 涂封的材料……120
7.3 封胶……121
复习与思考题 7……124
第 8 章 陶瓷封装……125
8.1 陶瓷封装简介……125
8.2 氧化铝陶瓷封装的材料……126
8.3 陶瓷封装工艺……128
8.4 其他陶瓷封装材料……130
复习与思考题 8……133
第 9 章 塑料封装……134
9.1 塑料封装的材料……135
9.2 塑料封装的工艺……137

9.3 塑料封装的可靠性试验……139
复习与思考题 9……139
第 10 章 气密性封装……140
10.1 气密性封装的必要性……140
10.2 金属气密性封装……141
10.3 陶瓷气密性封装……142
10.4 玻璃气密性封装……142
复习与思考题 10……144
第 11 章 封装可靠性工程……145
11.1 概述……145
11.2 可靠性测试项目……146
11.3 T/C 测试……146
11.4 T/S 测试……148
11.5 HTS 测试……148
11.6 TH 测试……150
11.7 PC 测试……150
11.8 Precon 测试……151
复习与思考题 11……152
第 12 章 封装过程中的缺陷分析……153
12.1 金线偏移……153
12.2 芯片开裂……154
12.3 界面开裂……154
12.4 基板裂纹……155
12.5 孔洞……156
12.6 芯片封装再流焊中的问题……156
12.6.1 再流焊的工艺特点……156
12.6.2 翘曲……160
12.6.3 锡珠……161
12.6.4 墓碑现象……163
12.6.5 空洞……164
12.6.6 其他缺陷……166
12.7 EMC 封装成型常见缺陷及其对策……169
复习与思考题 12……173
第 13 章 先进封装技术……174
13.1 BGA 技术……174
13.1.1 子定义及特点……174
13.1.2 BGA 的类型……175
13.1.3 BGA 的制作及安装……178

13.1.4 BGA 检测技术与质量控制 …… 180
13.1.5 基板 …… 183
13.1.6 BGA 的封装设计 …… 184
13.1.7 BGA 的生产、应用及典型实例 …… 184
13.2 CSP 技术 …… 185
13.2.1 产生的背景 …… 185
13.2.2 定义和特点 …… 186
13.2.3 CSP 的结构和分类 …… 188
13.2.4 CSP 的应用现状与展望 …… 191
13.3 倒装芯片技术 …… 193
13.3.1 简介 …… 193
13.3.2 倒装片的工艺和分类 …… 194
13.3.3 倒装芯片的凸点技术 …… 196
13.3.4 FC 在国内的现状 …… 197
13.4 WLP 技术 …… 198
13.4.1 简介 …… 198
13.4.2 WLP 的两个基本工艺 …… 199
13.4.3 晶圆级封装的可靠性 …… 200
13.4.4 优点和局限性 …… 201
13.4.5 WLP 的前景 …… 202
13.5 MCM 封装与三维封装技术 …… 203
13.5.1 简介 …… 203
13.5.2 MCM 封装 …… 203
13.5.3 MCM 封装的分类 …… 204
13.5.4 三维（3D）封装技术的垂直互连 …… 206
13.5.5 三维（3D）封装技术的优点和局限性 …… 210
13.5.6 三维（3D）封装技术的前景 …… 212
复习与思考题 13 …… 213
附录 A 封装设备简介 …… 214
A.1 前段操作 …… 214
A.1.1 贴膜 …… 214
A.1.2 晶圆背面研磨 …… 215
A.1.3 烘烤 …… 215
A.1.4 上片 …… 215
A.1.5 去膜 …… 216
A.1.6 切割 …… 216
A.1.7 切割后检查 …… 217
A.1.8 芯片贴装 …… 217
A.1.9 打线键合 …… 217

A.1.10 打线后检查 …… 218
A.2 后段操作 …… 218
A.2.1 塑封 …… 218
A.2.2 塑封后固化 …… 219
A.2.3 打印（打码） …… 219
A.2.4 切筋 …… 219
A.2.5 电镀 …… 220
A.2.6 电镀后检查 …… 220
A.2.7 电镀后烘烤 …… 220
A.2.8 切筋成型 …… 221
A.2.9 终测 …… 221
A.2.10 引脚检查 …… 221
A.2.11 包装出货 …… 221
附录 B 英文缩略语 …… 222
附录 C 度量衡 …… 226
C.1 国际制（SI）基本单位 …… 226
C.2 国际制（SI）词冠 …… 226
C.3 常用物理量及单位 …… 226
C.4 常用公式度量衡 …… 228
C.5 英美制及与公制换算 …… 228
C.6 常用部分计量单位及其换算 …… 230
附录 D 化学元素表 …… 231
附录 E 常见封装形式 …… 234
参考文献 …… 239

第1章　集成电路芯片封装概述

1.1　芯片封装技术

"封装"一词伴随着集成电路芯片制造技术的产生而出现，这一概念用于电子工程的历史并不久。早在真空电子管时代，将电子管等器件安装在管座上构成电路设备的方法称为"组装或装配"，当时还没有"封装"的概念。

60多年前，晶体管的问世和后来集成电路芯片的出现，改写了电子工程的历史。一方面，这些半导体元器件细小易碎；另一方面，性能高，且多功能、多规格。为了充分发挥半导体元器件的功能，需要对其补强、密封和扩大，以便实现与外电路可靠的电气连接并得到有效的机械、绝缘等方面的保护，防止外力或环境因素导致的破坏。"封装"的概念正是在此基础上出现的。

1.1.1　概念

集成电路芯片封装（Packaging，PKG）是指利用膜技术及微细加工技术，将芯片及其他要素在框架或基板上布置、粘贴固定及连接，引出接线端子并通过可塑性绝缘介质灌封固定，构成整体立体结构的工艺。此概念称为狭义的封装。

更广意义上的"封装"是指封装工程，即将封装体与基板连接固定，装配成完整的系统或电子设备，并确保整个系统综合性能的工程。将以上所述的两个层次封装的含义合并起来，就构成了广义的封装概念。

将基板技术、芯片封装体、分立器件等全部要素，按电子设备整机要求进行连接和装配，实现电子的、物理的功能，使之转变为适用于整机或系统的形式，成为整机装置或设备的工程称为电子封装工程。如图1.1所示的是封装前的芯片和几种不同芯片封装的外观图。

集成电路封装的目的，在于保护芯片不受或少受外界环境的影响，并为之提供一个良好的工作条件，以使集成电路具有稳定、正常的功能。封装为芯片提供了一种保护，人们平时所看到的电子设备如计算机、家用电器、通信设备等中的集成电路芯片都是封装好的，没有封装的集成电路芯片一般是不能直接使用的。

如图1.2所示的是集成电路的工艺流程。由图1.2可以看出，制造一块集成电路需要经过集成电路设计、掩膜板制造、原材料制造、芯片制造、封装、检测等几道工序。封装工艺属于集成电路制造工艺的后道工序，紧接在芯片制造工艺之后进行，此时的芯片已经通过了电测试。集成电路是一个非常大的产业，本书只针对集成电路芯片的封装技术进行研究和阐述。

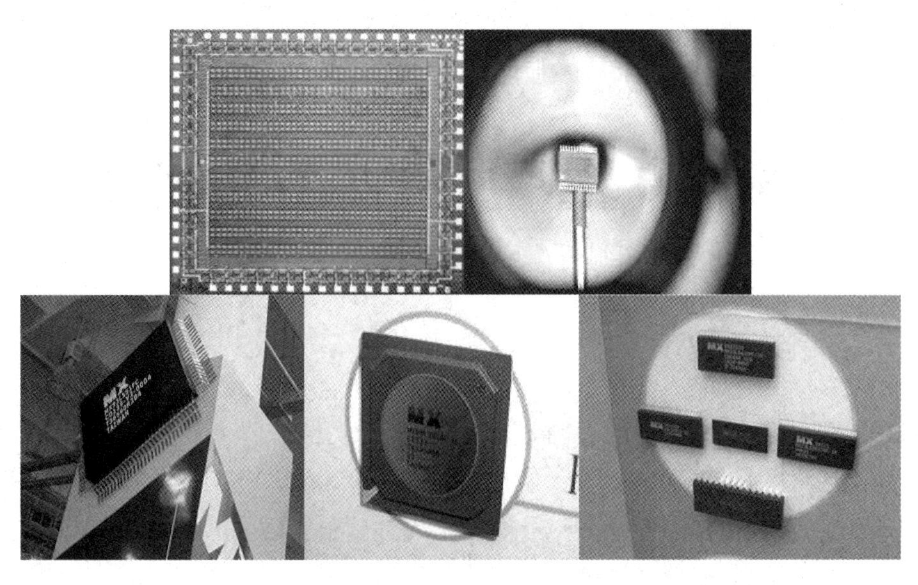

图 1.1　集成电路芯片的显微照片

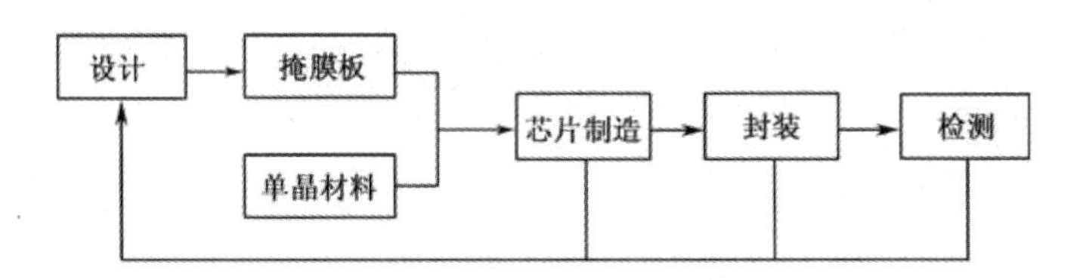

图 1.2　集成电路的工艺流程

1.1.2　芯片封装的技术领域

芯片封装技术涵盖的技术面极广，属于复杂的系统工程。它涉及物理、化学、化工、材料、机械、电气与自动化等各门学科，也使用金属、陶瓷、玻璃、高分子等各种各样的材料，因此芯片封装是一门跨学科知识整合的科学，整合了产品的电气特性、热传导特性、可靠性、材料与工艺技术的应用及成本价格等因素，以达到最优化目的的工程技术。

在微电子产品功能与层次提升的追求中，开发新型封装技术的重要性不亚于集成电路芯片设计与工艺技术，世界各国的电子工业都在全力研究开发，以期得到在该领域的技术领先地位。

1.1.3　芯片封装所实现的功能

为了保持电子仪器设备和家用电器使用的可靠性和耐久性，要求集成电路模块的内部芯片要尽量避免和外部环境空气接触，以减少空气中的水汽、杂质和各种化学物质对芯片的污染和腐蚀。根据这一设想，要求集成电路封装结构具有一定的机械强度，良好的电气性能、散热性能，以及化学的稳定性。

芯片封装实现的功能有以下 4 点（如图 1.3 所示）。

（1）传递电能，主要是指电源电压的分配和导通。电子封装首先要能接通电源，使芯片与电路导通电流。其次，微电子封装的不同部位所需的电压有所不同，要能将不同部位的电压分配恰当，以减少电压的不必要损耗，这在多层布线基板上尤为重要，同时，还要考虑接地线的分配问题。

（2）传递电路信号，主要是将电信号的延迟尽可能地减小，在布线时应尽可能使信号线与芯片的互连路径及通过封装的I/O接口引出的路径最短。对于高频信号，还应考虑信号间的串扰，以进行合理的信号分配布线和接地线分配。

（3）提供散热途径，主要是指各种芯片封装都要考虑元器件、部件长期工作时如何将聚集的热量散出的问题。不同的封装结构和材料具有不同的散热效果。对于功耗大的芯片或部件封装，还应考虑附加热沉或使用强制风冷、水冷方式，以保证系统在使用温度要求的范围内能正常工作。

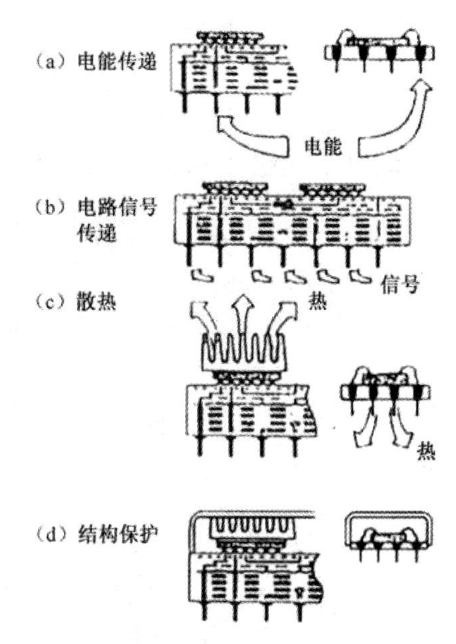

图1.3　芯片封装实现的功能

（4）结构保护与支持，主要是指芯片封装可为芯片和其他连接部件提供牢固可靠的机械支撑，并能适应各种工作环境和条件的变化。半导体元器件和电路的许多参数（如击穿电压、反向电流、电流放大系数、噪声等），以及元器件的稳定性、可靠性都直接与半导体表面的状态密切相关，半导体元器件及电路制造过程中的许多工艺措施是针对半导体表面问题的。半导体芯片制造出来后，在没有将其封装之前，始终都处于周围环境的威胁之中。在使用中，有的环境条件极为恶劣，必须将芯片严加密封和包封。所以，芯片封装对芯片的保护作用显得极为重要。

集成电路封装结构和加工方法的合理性、科学性直接影响到电路性能的可靠性、稳定性和经济性。对集成电路模块的外形结构、封装材料及其加工方法要合理地选择和科学地设计。为此，在确定集成电路的封装要求时应注意以下几个因素。

（1）成本：电路在最佳性能指标下的最低价格。

（2）外形与结构：诸如产品的测试、整机安装、器件布局、空间利用与外形、维修更换及同类产品的型号替代等。

（3）可靠性：考虑到机械冲击、温度循环、加速度等都会对电路的机械强度，以及各种物理、化学性能产生影响，因此，必须根据产品的使用场所和环境要求，合理地选用集成电路的外形和封装结构。

（4）性能：芯片固定在外壳上，并对其进行内引线的连接和封装结构的最后封盖，此时的加工方法和类别是很多的。因此，为了保证集成电路在整机上长期使用稳定可靠，必须根据整机的要求，对集成电路封装方法提出具体的要求和规定。

在选择具体的封装形式时，主要需要考虑5种设计参数：性能、尺寸、质量、可靠性和成本目标。性能和可靠性指标在高性能的芯片中考虑得比较多，对于大部分消费类应用，更多注重的是成本连同尺寸、质量的控制，使集成电路芯片封装的适用范围更加广泛。例如，可以将其应用于笔记本电脑、汽车的发动机组件及信用卡的塑料夹层。当设计工程师在选择集成电路封装形式时，芯片的使用环境，如沾污、潮气、温度、机械振动及人为使用等都必须考虑在内。

由分析可做这样的比喻，将集成电路芯片与各种电路元器件看做人类的大脑与身体内部的各种器官，可将芯片封装看成人的肌肉骨架，将封装中的连线看做血管神经，提供电源电压与电路信号传递的路径，以使产品电路功能得以充分发挥。

1.2 封装技术

1.2.1 封装工程的技术层次

封装工程始于集成电路芯片制成之后，包括集成电路芯片的粘贴固定、互连、封装、密封保护、与电路板的连接、系统组合，直到最终产品完成之前的所有过程。

通常用下列 4 个不同的层次（Level）来描述这一过程（如图 1.4 所示）。

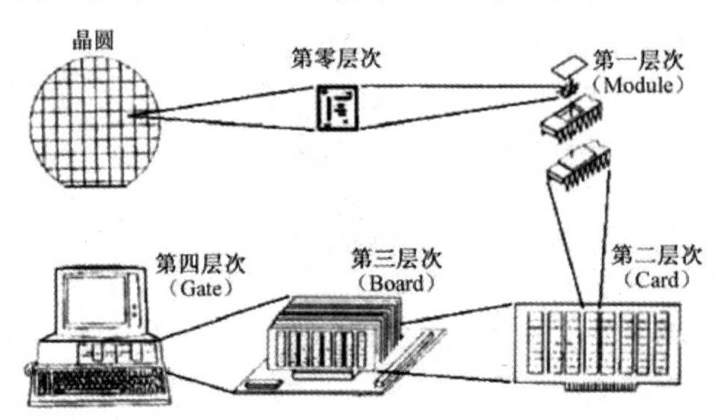

图 1.4 芯片封装技术的层次分类

（1）第一层次（Level 1 或 First Level）：该层次又称为芯片层次的封装（Chip Level Packaging），是指把集成电路芯片与封装基板或引脚架（Lead Frame）之间的粘贴固定、电路连线与封装保护的工艺，使之成为易于取放输送，并可与下一层次组装进行连接的模块（组件 Module）元件。

（2）第二层次（Level 2 或 Second Level）：将数个第一层次完成的封装与其他电子元器件，组成一个电路卡（Card）的工艺。

（3）第三层次（Level 3 或 Third Level）：将数个第二层次完成的封装组装成的电路卡组合在一个主电路板（Board）上，使之成为一个部件或子系统（Subsystem）的工艺。

（4）第四层次（Level 4 或 Fourth Level）：将数个子系统组装成一个完整电子产品的工艺过程。

在芯片上的集成电路元器件间的连线工艺也称为零级层次（Level 0）的封装，因此封装工程也可以用五个层次区分。

因为封装工程是跨学科及最佳化的工程技术，因此知识技术与材料的运用有相当大的选择性。例如，混合电子电路（Hybrid Microelectronic）是连接第一层次与第二层次技术的封装方法。芯片直接组装（Chip-on-Board，COB）与研发中直接将芯片粘贴封装（Direct Chip Attach，DCA）省略了第一层次封装，直接将集成电路芯片粘贴互连到属于第二层次封装的电路板上，以使产品更符合“轻、薄、短、小”的目标。随着新型的工艺技术与材料技术的不断进步，封装工程的形态也呈现多样化，因此，封装技术的层次区分并没有统一的、一成不变的标准。

1.2.2 封装的分类

按照封装中组合集成电路芯片的数目，芯片封装可区分为单芯片封装（Single Chip Packages，SCP）与多芯片封装（Multichip Packages，MCP）两大类，MCP 也包括多芯片组件

（模块）封装（Multichip Module，MCM）。通常 MCP 指层次较低的多芯片封装，而 MCM 指层次较高的多芯片封装。

按照密封的材料区分，可分为以高分子材料（塑料）和陶瓷为主的种类。陶瓷封装（Ceramic Packages）的热性质稳定，热传导性能优良，对水分子渗透有良好的阻隔能力，因此是主要的高可靠性封装方法；塑料封装（Plastic Packages）的热性质与可靠性虽低于陶瓷封装，但它具有工艺自动化、低成本、薄型化封装等优点，而且随着工艺技术与材料技术的进步，其可靠性已有相当大的改善，塑料封装也是目前市场最常采用的技术。

按照器件与电路板互连方式，封装可区分为引脚插入型（Pin-Through-Hole，PTH）和表面贴装型（Surface Mount Technology，SMT）两大类。PTH 器件的引脚为细针状或薄板状金属，以供插入底座（Socket）或电路板的导孔（Via）中进行焊接固定，如图 1.5（a）所示；SMT 器件则先粘贴于电路板上再以焊接固定，它具有海鸥翅型（Gull Wing 或 L-Lead）、钩型（J-Lead）、直柄型（Butt 或 I-Lead）的金属引脚或电极凸块引脚（也称为无引脚化器件），如图 1.5（b）所示；舍弃有引脚架的第一层次封装，直接将 IC 芯片粘贴到基板上再进行电路互连，这种封装也称为芯片直接粘贴（Direct Chip Attach，DCA）封装，它更能符合“轻、短、小”的要求，因此成为新型封装技术研究的热点之一。

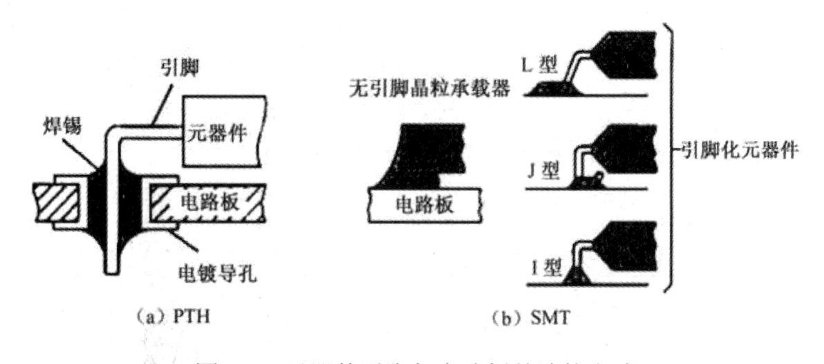

图 1.5　元器件引脚与电路板的连接方式

依引脚分布形态区分，封装元器件有单边引脚、双边引脚、四边引脚与底部引脚等 4 种。常见的单边引脚有单列式封装（Single Inline Packages，SIP）与交叉引脚式封装（Zig-Zag Inline Packages，ZIP）；双边引脚元器件有双列式封装（Dual Inline Packages，DIP）、小型化封装（Small Outline Packages，SOP or SOIC）等；四边引脚有四边扁平封装（Quad Flat Packages，QFP），QFP 封装也称为芯片载体（Chip Carrier）；底部引脚有金属罐式（Metal Can Packages，MCP）与点阵列式封装（Pin Grid Array，PGA），PGA 又称为针脚阵列封装。

由于产品小型化及功能提升的需求和工艺技术的进步，封装的形式和内部结构也有许多不同的变化。例如，为了缩小封装的体积和高度，双列式封装（DIP）有 Shrink DIP（SDIP）、Skinny DIP（SKDIP）等变化。其他的封装有薄型（Thin）或超薄型（Ultra Thin），如 TSOP 、UTSOP TQFP 等。芯片尺寸封装（Chip Scale Packages，CSP）与 DCA 封装也是为了适应封装薄型化而开发的新技术。为了适应芯片大型化、封装多样化的趋势，不仅有各种不同的外形，也有许多与传统结构迥异的设计。例如，为了芯片能够大型化，并且克服引脚架和打线连接条件的限制，芯片吊挂（Lead on Chip，LOC）封装改变传统的芯片粘贴方式，而以聚酰亚胺（Polyimide PI）树脂胶带将芯片连接于引脚架之下，PGA 封装又可将自底部伸出的引脚以锡球焊料（Solder Ball）取代而成为球栅阵列式封装（Ball Grid Array，BGA），如图 1.6 所示为封装形式的演化与趋势，

表 1.1 所示为封装的分类、名称、脚距（程度）、脚数、高度等特性的比较。

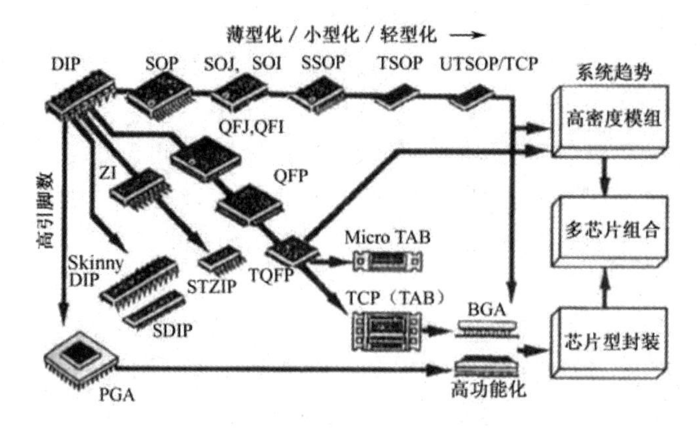

图 1.6　封装形式的演化与趋势

表 1.1　封装的分类、名称、脚距、脚数、高度等特性的比较

连接形态	引脚排列方式	引脚形状	名　称	脚距（mm）	脚　数	封装高度（mm）	附 注 说 明
表面贴装型	单边引脚	L 型单边排列	SVP	0.65，0.5	24，32	7.3～13.8	—
	双边引脚	L 型	SOP	1.27	8～44	1.5～3.4	也称为 SO-IC 或 SO
			TSOP	1.27，0.65，0.6，0.55，0.5	24～64	1.1～1.2	高度 1.27mm 以下的 SOP
			SSOP	1.0，0.8，0.65，0.5	5～80	1.1～3.1	小脚距的 SOP
		I 型	SOI	1.27	26	2.7	—
		J 型	SOJ	1.27	20～40	3.5～3.7	—
	四边引脚	L 型	QFP	1.0，0.8，0.65	42～232	1.5～4.4	—
			QFP（FP）	0.5，0.4，0.3	32～304	1.5～4.5	脚距小于 0.65mm 的 QFP
			TQFP	0.8，0.65，0.5，0.4	44～120	1.1～1.2	高度 1.27mm 以下的 QFP
			TPQFP	0.3	144，168	1.7	四周有测试垫的 QFP
		引脚搭载于载带上	TCP	0.3，0.25	160～576	0.5～2.6	也称为 DTCP 或 QTCP
		I 型	QFI	1.27	18～68	2.2～3.2	也称为 MSP
		J 型	QFJ	1.27	18～84	3.4～4.8	塑封密封者称为 PLCC
		电极凸块	QFN	1.27，1.016	14～100	1.5～5.0	陶瓷密封者称为 LCC
	底部引脚	细针型	Surface Mount PGA	1.27	256～528	4.9～5.6	也称为 Butt Joint PGA
		球形	BGA	1.5，1.27，1.0	225～500	2.5～3	新型技术
引脚插入型	单边引脚	单边排列	SIP	2.54	2～23	6.1～16.0	—
		单边交叉	ZIP	1.27	12～40	7.9～17.5	—
	双边引脚	双边排列	DIP	2.54	6～64	–5.9～4.4	—
			SDIP	1.778	–90～14	4.8～5.9	小脚距
	底部引脚	细针型	PGA	2.54	64～447	4.5～6.4	—

1.2.3 封装技术与封装材料

从封装分类可以看出，集成电路芯片封装有各种不同的形态。封装的形态及用何种工艺技术与材料去完成由产品电性、热传导、可靠性的需求、材料与工艺技术、成本价格等因素决定。形态相同的封装可以用不同的工艺与材料完成，例如，陶瓷封装与塑料封装技术均可制成 DIP 元器件，陶瓷封装适合高可靠性元器件的制作，塑料封装则适合低成本元器件的大量生产。形态不同的封装也不代表它们所应用的工艺技术和材料必然不同。例如，塑料封装技术可制成 DIP、ZIP、SOIC、LCC、QFP、FCB、BGA 等不同形态的封装。

本书所涉及的工艺技术包括：芯片封装工艺流程、厚膜/薄膜技术、焊接材料、印制电路板、元器件与电路板的连接、封胶材料与技术、陶瓷封装、塑料封装、气密性封装、封装可靠性工程、封装过程中的缺陷分析，以及先进封装技术等。

芯片封装所使用的材料包括金属、陶瓷、玻璃、高分子等，金属主要为电热传导材料，陶瓷与玻璃为陶瓷封装基板的主要成分，玻璃同时为重要的密封材料，塑料封装利用高分子树脂进行元器件与外壳的密封，高分子材料也是许多封装工艺的重要添加物。材料的使用与选择与封装的电热性质、可靠性、技术与工艺、成本价格的需求有关。例如，陶瓷封装与塑料封装技术均可以制成双边排列（DIP）封装，前者适于高可靠性的元器件制作，后者适于低成本元器件大量生产，芯片封装可以随时采用最新材料，力求产品的最优结果。

关于封装技术与封装材料的种类与特性，参见表 1.2、表 1.3 和表 1.4。表 1.2 说明封装工艺中使用的绝缘与基板材料的种类与特性，表 1.3 说明封装工艺中常用的导体材料的种类与特性，表 1.4 说明封装工艺中常用的高分子材料的种类与特性。

表 1.2 封装工艺中使用的绝缘与基板材料的种类与特性

	材料种类	介电系数（at 1MHz）	热膨胀系数（ppm/℃）	热传导率（w/m℃）	工艺温度（℃）
无机材料	92%氧化铝	9.2	6	18	1 500
	96%氧化铝	9.4	6.6	20	1 600
	99.6%氧化铝	9.9	7.1	37	1 600
	氮化硅（Si_3N_4）	7	2.3	30	1 600
	碳化硅（SiC）	42	3.7	270	2 000
	氮化铝（AlN）	88	3.3	230	1 900
	氧化铍（BeO）	6.8	6.8	240	2 000
	氮化硼（BN）	6.5	3.7	600	>2 000
	钻石（高压）	5.7	2.3	2 000	>2 000
	钻石（CVD）	3.5	2.3	400	～1 000
	玻璃－陶瓷	4～8	3～5	5	1 000
	不胀钢（Invar）	NA	3	100	800
	玻璃含碳钢	6	10	50	800
有机材料	环氧树脂+Kevlar	3.6	6	0.2	200
	聚酰亚胺+石英玻璃纤维	4	11.8	0.35	200
	FR-4 树脂	4.7	15.8	0.2	175
	聚酰亚胺（PI）	3.5	50	0.2	350
	苯并环丁烯（BCB）	2.6	35～60	0.2	240
	特氟龙（PTFE）	2.2	20	0.1	400

表 1.3　封装工艺中常用的导体材料的种类与特性

金 属 种 类	熔点（℃）	电阻率（μΩcm）	热膨胀系数（ppm/℃）	热传导率（W/m℃）
铜（Cu）	1 083	1.7	17	393
银（Ag）	960	1.6	19.7	418
金（Au）	1 063	2.2	14.2	297
钨（W）	3 415	5.5	4.5	200
钼（Mo）	2 625	5.2	5	146
铂（Pt）	1 774	10.6	9	71
钯（Pa）	1 552	10.8	11	70
镍（Ni）	1 455	6.8	13.3	92
铬（Cr）	1 900	20	6.3	66
Invar	1 500	46	1.5	11
Kovar	1 450	50	5.3	17
银钯（Ag-Pd）	1 145	20	14	150
金铂（Au-Pt）	1 350	30	10	130
铝（Al）	660	4.3	23	240
金 20%锡	280	16	15.9	57
铅 5%锡	310	19	29	63
钨 20%铜	1 083	2.5	7	248
钼 20%铜	1 083	2.4	7.2	197

表 1.4　封装工艺中常用的高分子材料的种类与特性

材 料 种 类	玻璃转移温度（℃）	热膨胀系数（ppm/℃）	介电系数（at 1MHz）	介电强度（kV/mm）	散 失 因 子
环氧树脂	100～175	>20	3.5	20～35	0.003
硅胶树脂	<–20	>200	3	20～45	0.001
聚酰亚铵	>260	50	3.5	>240	0.002
BT 树脂	>275	50	3.5	36	0.018
苯并环丁烯	>350	3 560	2.6	>400	0.000 8
特氟龙	NA	70 120	2.1	17	0.000 2
聚酯类	175	36	3.5	30～35	0.005
丙烯树脂	114	～135	2.8	15～20	0.01
氨基甲酸酯	—	—	3.5	16	0.035

1.3　微电子封装技术的历史和发展趋势

1.3.1　历史

1947 年美国电报电话公司（AT&T）贝尔实验室的三位科学家巴丁、布赖顿和肖克莱发明了第一只晶体管，开创了微电子封装的历史。为便于在电路上使用和焊接，要有外接引线；为了固定小的半导体芯片，要有支撑它的底座；为了保护芯片不受大气环境等的污染，也为了坚固耐用，就必须有把芯片密封起来的外壳等。20 世纪 50 年代主要是有三根引线的 TO（Transistor Outline，称为晶体管外壳）型金属玻璃封装外壳，后来又发展为各类陶瓷、塑料。随着晶体管的广泛应用，晶体管取代了电子管的地位，工艺技术也日臻完善。随着电子系统的大型化、高速化、高可靠要求的提高（如电子计算机），必然要求电子元器件小型化、集成化。这时的科学家们一方面不断地将晶体管越做越小，电路间的连线也相应缩短；另一方面，电子设备系统众多的接点严重影响整机的可靠性，使科学家们想到了将大量的无源元件和连线同时形成的方法，做成所谓的二维电路方式，这就是后来形成的薄膜或厚膜集成电路，再装上有源器件的晶体管，就形成了混合集成电路（Hybrid Integrated Circuit，HIC）。

由此想到，把组成电路的元器件和连线像晶体管一样也做到一块硅（Si）片上来实现电路的微型化，这就是单片集成电路的设想。于是，晶体管经过 10 年的发展，在 1958 年科学家研制成功第一块集成电路（IC）。这样集成多个晶体管的硅 IC 的输入/输出（I/O）引脚相应增加了，大大推动了多引线封装外壳的发展。由于 IC 的集成度越来越高，到了 20 世纪 60 年代中期，IC 由集成 100 个以下的晶体管或门电路的小规模 IC（Small Scale Integration，SSI）迅速发展成集成数百至上千个晶体管或门电路的中等规模 IC（Medium Scale Integration，MSI），相应地，I/O 也由数个发展到数十个，因此，要求封装引线越来越多。20 世纪 60 年代开发出了双列直插式引线封装（Double In-line Package，DIP）。这种封装结构很好地解决了陶瓷与金属引线的连接，热性能、电性能俱佳。DIP 一出现就赢得了 IC 厂家的青睐，很快得到了推广应用，I/O 引线从 4～64 只引脚均开发出系列产品，成为 20 世纪 70 年代中小规模 IC 电子封装系列的主导产品。后来，又相继开发出塑料 DIP，既大大降低了成本，又便于工业化生产，在大量商品中迅速广泛使用，至今仍然延用。

20 世纪 70 年代是 IC 飞速发展的时期，一个 Si 芯片已可集成上万至数十万个晶体管，称为大规模 IC（Large Scale Integration，LSI），这时的 LSI 与前面其他类型的 IC 相比已使集成度的量发生了质变。它不单纯是元器件集成数量的大大增加（10^7～10^8 MOS/cm^2），而且集成的对象也有了根本变化，它可以是一个具有复杂功能的部件（如电子计算器），也可以是一台电子整机（如电子计算机）。一方面集成度迅速增加，另一方面芯片尺寸在不断扩大。随着 20 世纪 80 年代出现的电子组装技术的一场革命——表面贴装技术（SMT）的迅猛发展，与此相适应的各类表面贴装元器件（SMC，SMD）电子封装也如雨后春笋般出现。诸如无引线陶瓷芯片载体（Leadless Ceramic Chip Carrier，LCCC）、塑料短引线芯片载体（Plastic Leaded Chip Carrier，PLCC）和四边扁平引线封装（Quad Flat Package，QFP）等，并于 20 世纪 80 年代初达到标准化，形成批量生产。由于改性环氧树脂材料的性能不断提高，使封装密度高、引线间距小、成本低，适于大规模生产并适合用于 SMT，从而使塑封四边扁平引线封装（Plastic Quad Flat Package，PQFP）迅速成为 20 世纪 80 年代电子封装的主导，I/O 也高达 208～240 个。同时，用于 SMT 的中、小规模 IC 的封装 I/O 数不大的 LSI 芯片采用了由荷兰飞利浦公司 20 世纪 70 年代研制开发出的小外形封装（Small Outline Package，SOP），这种封装其实就是适于 SMT 的 DIP 变形。

20 世纪 80～90 年代，随着 IC 特征尺寸不断减小及集成度的不断提高，芯片尺寸也不断增大，IC 发展到了超大规模 IC（Very Large Scale Integration，VLSI）阶段，可集成门电路高达数百万以至数千万只，其 I/O 数也达到数百个，并已超过 1 000 个。这样，原来四边引出的 QFP 及其他类型的电子封装，尽管引线间距一再缩小（如 QFP 已达到 0.3 mm 的工艺技术极限）也不能满足封装 VLSI 的要求。电子封装引线由周边型发展成面阵形，如针栅阵列封装（Pin Grid Array，PGA）。然而，用 PGA 封装低 I/O 数的 LSI 尚有优势，而当它封装高 I/O 的 VLSI 时就无能为力了，一是体积大且太重；二是制作工艺复杂且成本高；三是不能使用 SMT 进行表面贴装，难以实现工业化规模生产。20 世纪 90 年代初研制开发出新一代微电子封装——球栅阵列封装（Ball Grid Array，BGA），综合了 QFP 和 PGA 的优点。至此，多年来一直大大滞后芯片发展的微电子封装，由于 BGA 的开发成功而终于能够适应芯片发展的步伐了。

然而，历来存在的芯片小而封装大的矛盾至 BGA 技术出现之前并没有真正解决。例如，20 世纪 70 年代流行的 DIP，以 40 个 I/O 的 CPU 芯片为例，封装面积/芯片面积为(15.24×50) ÷ (3×3) = 85:1；20 世纪 80 年代的 QFP 封装尺寸固然大大减小，但封装面积/芯片面积之比仍然很大。以引脚 0.5 mm 节距有 208 个 I/O 的 QFP 为例，要封装 10 mm^2 的 LSI 芯片，需要的封装尺寸为 28 mm^2，这样，封装面积/芯片面积之比仍为(28 × 28) ÷ (10 × 10) = 7.8:1，即封装面积仍然比芯片面积大 7 倍左右。

令人高兴的是美国开发出 BGA 之后，又开发出μBGA，而日本也于 20 世纪 90 年代早期开发出芯片尺寸封装（Chip Size Package，CSP），这两种封装的实质是一样的。CSP（或称μBGA）的封装面积/芯片面积≤1.2:1，这样，CSP 解决了长期存在的芯片小而封装大的根本矛盾，这足以再次引发一场微电子封装技术的革命。

然而，随着电子技术的进步、现代信息技术的飞速发展、电子系统的功能不断增强、布线和安装密度越来越高，加之向高速、高频方向发展，应用范围愈加宽广等，都对所有安装的 IC 可靠性要求更高，同时要求电子产品既经济又坚固耐用。为了充分发挥芯片自身的功能和性能，就不需要每个 IC 芯片都封装好了再组装到一起，而是将多个未加封装的 LSI、VLSI 和专用的 IC 芯片（Application Specific IC，ASIC）先按电子系统功能贴装在多层布线基板上，再将所有芯片互连后整体封装起来，这就是所谓的多芯片组件（Multi Chip Module，MCM），它最终将使各类 IC 芯片彻底挣脱束缚它的种种封装外壳（即没有封装的“封装”——零级“封装”），而进行芯片直接贴装（Direct Chip Attach，DCA）。

在多芯片封装的基础上，人们逐渐将芯片在纵向上进行堆叠，由此形成了面积更小的封装形式——3D 封装。总体上说，3D 封装能够堆叠来自不同供应商和混合集成电路的芯片，其在堆叠芯片的过程中增加芯片的高度，但同时保持了原有芯片的面积，且其高度的增加量非常小，因此这种封装技术能获得更加紧凑的封装体积。

就芯片水平来看，21 世纪初期封装技术的发展呈现以下趋势：①单芯片向多芯片发展；②平面封装向立体封装发展；③独立芯片封装向集成封装发展；④SOC 和圆片规模集成将是人们研究和应用的方向。

这就是自晶体管发明以来，各个不同时期所对应的各类不同的电子封装。从以上所述中可以看出：一代芯片必有与之相适应的一代电子封装。20 世纪 50、60 年代是 TO 的时代，70 年代是 DIP 的时代，80 年代是 QFP 和 SMT 的时代，而 90 年代则是 BGA 和 MCM 的时代；21 世纪开始，3D 封装、SOC 封装等新型封装技术将逐步取代原有的封装技术，而相应的硅通孔技术（TSV）也将成为芯片与芯片之间互连的主要技术。

如图 1.7 和表 1.5 所示，分别示出了微电子封装的演变与进展。

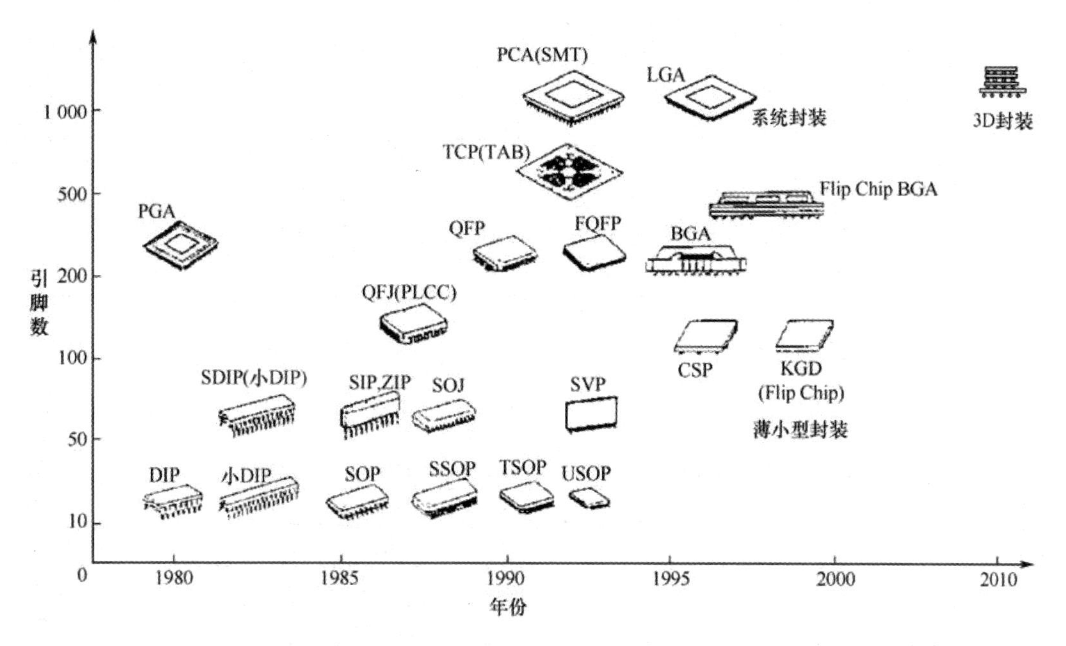

图 1.7　微电子封装的演变

表 1.5　微电子封装的进展

	20 世纪 70 年代	20 世纪 80 年代	20 世纪 90 年代	2000 年	2005 年	2010 年
芯片连接	WB（丝焊）	WB	WB	FC（倒装焊）	低成本高 I/O FC	TSV
装配方式	PIH	SMT	BGA-SMT	BGA-SMT	DCA-SMT	刻蚀、沉积
无源元件	C-分立	C-分立	C-分立	C-分立组合	集成	集成
基板	有机	有机	有机	DCA 倒板	SLIM	SLIM
封装层次	3	3	3	1	1	1
元件类型数	5～10	5～10	5～10	5～10	1	1
硅效率%（芯片占基板）面积比	2	7	10	25	>75	多芯片堆叠

1.3.2　发展趋势

1. 微电子产业近况

中国半导体协会 2012 年的资料显示，2011 年上半年全球半导体产业延续了 2010 年的增势，但在全球经济不景气的影响下，下半年增势减弱并持续下滑，全年仅有小幅增长。据世界半导体贸易统计组织（WSTS）最新发布的数据，2011 年全球半导体市场规模为 2996.2 亿美元，比 2010 年增长了 0.4%。2011 年中国集成电路市场规模仍有个位数的增长，全年市场需求达 8065.6 亿元，同比增长 9.7%，虽好于全球市场，但与 2010 年激增 29.5%相比，增速大幅回落。

2011 年中国集成电路产业在国内通货膨胀，贵金属、能源、人力资源等生产要素上涨过快，而市场需求减弱的形势下，全年产业销售规模达 1572.21 亿元，比 2010 的 1440.2 亿元增长了 9.17%；国内集成电路产量达 719.6 亿块，同比增长 10.3%。2011 年国内集成电路产业销售规模和产量的增幅与 2010 年的 29.5%和 57.5%相比明显趋缓。

国际半导体技术的发展仍将遵循国际上各国半导体协会按照摩尔定律共同制定的“国际半导体技术发展路线（International Technology Roadmap of Semiconductors）”，甚至有时候实际发展速度快于原计划。在 1999—2014 年之间的这 15 年里，与封装有关的集成电路发展路线如表 1.6 所示。

表 1.6　1999—2014 年国际半导体技术发展路线（与 IC 封装有关项）

首批产品上市年份		1999	2001	2003	2005	2011	2014
特征尺寸/nm		180	130	130	100	50	35
集成度	位/片 DRAM	1G	2G	4G	8G	64G	—
	晶体管数/片 MPU（新品）	110M	220M	441M	882M	7 053M	19 949M
功能密度	DRAM（新品）/位 • cm^{-2}	0.27G	0.49G	0.89G	1.63G	9.94G	24.5G
	MPU（新品）晶体管数/个 •cm^{-2}	24M	49M	78M	142M	863M	2 130M
芯片尺寸 /mm^2	DRAM（新品）	400	438	480	526	691	792
	MPU（新品）	450	450	567	622	817	937
芯片互连线层数		6～7	7	8	8～9	9～10	10
芯片最高 I/O 数	高性能类	2 304	3 042	3 042	3 042	4 224	4 416
	存储器类	30～82	34～96	36～113	40～143	—	—
封装最高引线数	高性能 ASIC 类	1 600	2 007	2 518	3 158	6 234	8 758
芯片焊接盘节距/μm	焊球	50	47	43	40	40	40
	锲焊	45	42	39	35	35	35
	面列阵	200	200	182	150	150	150
引线价格	价格性能类	0.90～1.90	0.81～1.71	0.73～1.55	0.66～1.40	0.49～1.03	0.42～0.88
美分/引线	存储器类	0.40～1.90	0.36～1.54	0.33～1.25	0.29～1.01	0.22～0.54	0.19～0.39
封装厚度	日用品类	1	0.8	0.65	0.5	0.5	—

综合起来，集成电路的发展主要表现在以下几个方面。

（1）芯片尺寸越来越大。芯片尺寸的增大有利于提高集成度，增加片上功能，最终实现芯片系统，大大简化电子机器的结构，降低成本，但对封装技术提出了更高要求，不利于低成本、微型化。

（2）工作频率越来越高。IC 的集成度平均每一年半翻一番，现在已研制出一个芯片上集成 16 亿个半导体元器件的超大规模集成电路。为了适应高速发展，必须解决许多封装上的难题，尽量减少封装对信号延迟的影响，提高整机的性能。

（3）发热量日趋增大。高速化和高集成化必然导致功耗日益增大。虽然降低电源电压可以减小功耗，但作用有限，且技术难度很大，必须从封装上想办法，既要有利于散热和长期可靠性，又不致扩大封装尺寸、增加重量、提高成本，这是难度很大而又必须解决的问题。

（4）引脚越来越多。从表 1.6 可知，在今后的十年里，高性能的 IC 引脚可能增加到 4 000 个，这么多的引脚，如何封装，的确是个大难题。

随着集成电路产业的高速发展，集成在芯片上的功能日益增多，甚至把整个系统的功能都集成在一块芯片上。同时，为了轻便或便于携带，要求系统做得很小。小型化是促进消费类产品、手机电话及计算机等产品发展最强劲的动力。现在有一半以上的电子系统是“便携带”的。集成电路的发展，对电子器件的封装技术也提出了越来越高的要求。

2．对封装的要求

随着微电子产业的迅速发展，芯片封装技术朝着小型化、适应高发热方向发展。

（1）小型化。电子封装技术继续朝着超小型化的方向发展，出现了与芯片尺寸大小相同的超小型化封装形式——晶圆级封装技术（WLP），如图 1.6 示出了 IC 封装的小型化趋向。低成本、高质量、短交货期、外形尺寸符合国际标准都是小型化的必需条件。

（2）适应高发热。由于 IC 的功耗越来越大，封装的热阻也会因为尺寸的缩小而增大，电子机器的使用环境复杂，如空调环境、车厢环境、地下环境、发动机机箱及强烈爆炸环境等，因而必须解决封装的散热问题。在高温条件下，必须保证长期工作的稳定性和可靠性。例如，以 KGD、CSP 为代表的小型化、薄型化封装，提高 TJ 的各种封装方式都是为了提高封装的散热性。

从一定意义上讲，半导体技术的发展就是降低功耗的制造技术的发展，从双极型→PMOS→CMOS，今后，低功耗仍然是必须突破的关键。研究重点是开发热导率高的材料和如何抑制电路发热，牺牲成本和消耗能量是没有前途的。正在研究的低功耗器件技术有：

① 非同步式结构；

② 并行处理；

③ 改变数字显示方式，提高信号传输准确率；

④ 改变算法，减少运算次数等。

（3）集成度提高，同时适应大芯片要求。

① 采用低应力贴片材料。几乎所有的高性能 ASIC 都要使用热膨胀系数接近 Si 的陶瓷材料基板。但是，环氧封装仍然是 IC 封装的主流。今后的贴片材料仍以环氧树脂基的银浆料为主，但是它与硅芯片之间的热膨胀系数差别很大，难以使用铜线框架。因为银浆料硬化后，芯片易翘曲，电路性能恶化，严重情况下，芯片脱落甚至裂变，因此，必须降低银浆料的弹性，减小应力。另外，还要降低银浆料的吸湿性，提高黏着性，改善耐热性，防止封装再流焊时发生裂变。

② 采用应力低传递模压树脂。低传递模压成型时，芯片中存在两种应力，一是树脂化学反应的收缩应力，二是与硅片线膨胀系数差引起的热应力或残留应力，因而导致封装裂缝、钝化层裂缝及铝布线滑动。为此，必须降低模压树脂的应力，提高与芯片的黏着力。现在用得较多的有以下两种方法：

- 增加低应力调和剂，降低弹性；
- 增加填充剂，降低线膨胀率。

前一种方法虽然更为通用，但缺点是树脂易鼓包，在必须具有高耐再流焊的 SMT 型封装中不适用；后一种方法较好，可将线膨胀率从 1.8×10^{-6}/℃降低到 1.0×10^{-6}/℃，封装 10～15 mm/口的大芯片没有问题。为了封装 21 mm/口以上的大芯片，必须进一步降低线膨胀率，研究填充剂的形状及分布，避免填充不良和引起焊线移动。

③ 采用低应力液态密封树脂。在 COB、TAB 中要用密封树脂，必须降低它的热应力，同时还要考虑弹性率，不致影响填充和延展性。对于 COB，重点是开发低成本和低热膨胀系数的基板。

（4）高密度化。从高密度封装的定义分析，有些是通过输入/输出间距或互连线间距来定义的，有些则是按外壳定义的，它必须与芯片共同设计成所要求的形式。无论如何定义，高密度封装是对高性能集成电路和系统的一种要求。

由于元器件的集成度越来越高，要求封装的引脚数越来越多，引脚间的间距越来越小，从而使封装的难度也越来越大。

（5）适应多引脚。外引线越来越多是 IC 封装的一大特点，当然也是难点，因为引线间距不可能无限小，小到 0.5 mm 以下时，再流焊时焊料难以稳定供给，故障率很高。多引脚封装是今后的主流，而 TCP（载带封装）和 BGA（球栅阵列）将能满足这一要求。

BGA（球栅阵列）是将焊球阵列式平面排列，即使间距为 1.27 mm，也会有非常多的引脚。例如，40 mm/口的 PBGA，有 1 257 个引脚，因而在 500 引脚以上，BGA 最有前途。但是仍有许多问题必须解决：首先是成本高，其次是难以进行外观检查，再次流焊性能差，必须采用 T_g 高的塑料。

（6）适应高温环境。高温环境下，IC 芯片上的键合焊垫与金丝的连接处即 Au/Al 连接部位由于密封材料溴化环氧树脂的分解游离产生腐蚀性强的卤化物使之粘贴，生成易升华的溴化胺，形成空隙，使 Au/Al 连接处的接触电阻增大，出现接触不良甚至断线。现在，人们正在寻找溴化阻燃剂的替代材料，并提出一些解决上述问题的方案。例如，减少溴化环氧树脂，减少促使溴化树脂分解的胺及三氧化锑的含量，或者添加溴化物捕获剂（如离子阱）。

（7）适应高可靠性。性能稳定、工作可靠、寿命长是对一切电子产品的要求，对 IC 尤其如此。金属和陶瓷封装 IC 的可靠性已经很高，完全适应各种军事要求，但是成本太高，已经成为广泛应用的制约因素。如上所述，为了适应新的封装要求，金属和陶瓷封装还有许多技术难题亟待解决。

塑料封装在体积、质量、成本方面具有绝对优势，但是非气密性影响了可靠性，使之长期置身于军用等高性能领域之外。虽然它在某些军事电子装备如 AN/ARC-114、115、116，直升机的无线电设备、军用早期预警系统及诸多电子引信装置中使用了 30 余年，但是迄今尚未被人们公认为高可靠军用产品。最近几年，人们进行了各种尝试，努力使塑封 IC 能广泛应用在军事等高端领域。

（8）考虑环保要求。21 世纪，环保给电子产品及半导体、电子部件带来一个新的研究课题，突出的问题是废弃的电子产品中铅的溶解引起酸雨，对地下水的污染，侵入人体内危害人体健康，使用的树脂等含卤化物的溶解或燃烧对环境产生的危害等。因此对 IC 封装技术发展而言，无铅焊料的高熔点化，要求半导体部件、封装的耐热热性条件更加严格。

数十年来，芯片封装技术一直追随着半导体技术而发展，一代芯片就有相应的一代封装技术。SMT（表面贴装技术）的发展，更加促进芯片封装技术不断进步。目前芯片封装的一个重要趋势就是向着更小的体积、更高的集成度方向发展，其技术性能越来越强，适应的工作频率越来越高，而且耐热性越来越好，芯片面积与封装面积之比越来越接近 1:1。

1.3.3 国内封装业的发展

1. 国内封装业的发展现状

我国集成电路整体产业呈高速发展趋势。近几年来，随着国内市场需求增长及全球半导体领域产业向我国转移，我国集成电路行业得到了较快的发展。从 2000—2007 年间，我国集成电路产量和销售收入年均增长速度超过 30%。虽然 2008 年第三季度爆发的全球经济危机波及实体经济后，国内外半导体市场出现大幅下滑，致使 2008 年和 2009 年我国集成电路产业的销售收入出现负增长。但是随着国家拉动内需政策的迅速制定与深入实施，以及国际市场环境的逐步好转，国内集成电路产业在 2009 年第二季度开始出现销售收入环比增长的趋势，目前已恢复至金融危机发生前的水平。2011 年，我国集成电路产业实现销售收入达 1572.21 亿元，同比增长了 9.2%，而全球集成电路产业销售收入增长率仅为 0.2%。

封装测试业已成为我国集成电路的重要组成部分。相对于 IC 设计、芯片制造业而言，封装测试行业具有投入资金较少、建设较快等优势。因此，许多发展中国家和地区都先发展封装测试业，积累资金、市场和技术后再逐步发展 IC 设计业和芯片制造业。我国在集成电路领域首先发展的就是封装测试业，由于具备成本和地缘优势，我国半导体封装测试企业快速成长，同时国外半导体公司也向中国大举转移封装测试产能，目前我国已经成为全球主要的封装基地之一。封装测试业已成为中国半导体产业的主体，在技术上也开始向国际先进水平靠拢。2011 年我国封装测试业销售收入规模为 611.56 亿元，占集成电路产业销售收入的 38.90%。

当今全球正迎来以电子计算机为核心的电子信息技术时代，随着它的发展，越来越要求电子产品要具有高性能、多功能、高可靠、小型化、薄型化、便携化及大众化普及所要求的低成本等特点。这样必然要求微电子封装要更好、更轻、更薄、封装密度更高，更好的电性能和热性能，更高的可靠性，更高的性能价格比。

微电子封装将由封装向少封装和无封装方向发展。芯片直接安装技术，特别是倒装焊技术将逐步成为微电子封装的主流形式。相对国内微电子封装技术快速发展的现状而言，封装材料业的发展显得不相适应。如果说封装业已从芯片生产的附属位置过渡为一个完整的独立产业，那么封装材料业还在封装业的附属位置上徘徊，还不能形成一个完整的独立产业，无法适应当前封装产业发展的需要。虽然国内有基本满足当前封装业的一些材料，如环氧塑料、引线框架、键合金线，但相对技术含量较低、精度较差、质量不稳定，很多生产要素还依赖进口。例如，约占 12%～15%的环氧树脂需要进口，5.7%～10%的酚醛靠进口，75%左右的硅微粉虽然可国内配套，但加工技术落后，只能满足 DIP 产品和 TO 产品，还不能满足 SOP、SOT 产品。引线支架几乎 100%靠进口 IC 支架铜带，90%的分立器件铜带靠进口，一旦铜带供应波动，将直接影响整个产业链。随着封装技术的进步，产品向小型化、轻薄化、高可靠、高性能、低成本方向发展，其冲压精度一致性、抗氧化性、包装等一系列问题成为“瓶颈”而制约封装业的有序发展。

随着载带自动焊技术、倒装焊技术、BGA、CSP、3D 封装、硅通孔工艺等封装新技术在国内封装业的引入，新的材料“瓶颈”将进一步扩大。因此，突破“瓶颈”刻不容缓。

2. 国内封装企业概述

过去，整个中国国内半导体产业基础十分薄弱，但是附加价值相对较低的封装测试是整个半导体产业链最强的一环，占了国内半导体产业产值 59%以上，之所以会有这种现象产生，是因为在半导体产业链中，封装测试对资金需求和技术门槛较低，且人力需求比较高，而国内拥有充沛和低廉的劳动资源，但这与国际上先进封装测试技术水平仍有相当大的差距。

据统计，2011 年年底，国内有一定规模的 IC 封装测试企业有 79 家，其中本土企业或内资控股企业23家，其余均为外资、台资及合资企业。目前，国内外资IDM型封装测试企业仍以封装测试自有产品为主，OEM型企业所接订单以中高端产品为主，但中低端市场也在介入；内资封装测试企业的产品已由DIP、SOP、QFP、LQFP/TQFP、QFN/DFN等中低端产品向BGA、CSP、WLP、FC、SiP等中高端产品发展，而且中高端产品的量产能力已初具规模，在产品结构中的占比逐年提升。

（1）国内半导体产业的主干——封装业。随着摩尔定律的不断微缩化及12英寸替代8英寸晶圆成为制程主流，单位芯片制造成本呈现同比快速下降的走势。而对于芯片封装环节，随着芯片复杂度的提高、封装原材料尤其是金丝价格的上涨及封装方式由低阶向高阶的逐步过渡，芯片封装成本在2007年已占到了集成电路器件总成本的一半以上，使半导体封装业的地位不断提升。

国内封装测试产业可以细分为三阶段。1995年前，国内的封装测试绝大部分依附本土组件制造商（IDM），如上海先进、贝岭、无锡华晶及首钢NEC等，部分依赖以合资方式或其他方式合作的外商，如深圳赛意法微电子、现代电子（现已被金朋并购），但投资范围主要以PDIP、PQFP和TSOP为主。

但是从1995年起，国内出现了第一家专业封装代工厂——阿法泰克，紧接着，由于得到国家政策对发展IC产业的支持，英特尔（Intel）、超微（AMD）、三星电子（Samsung）和摩托罗拉等国际大厂整合组件制造商（IDM）扩大投资，纷纷以1亿美元以上的投资规模进驻到中国国内。

2000年后，中芯、宏力、和舰及台积电等晶圆代工厂陆续成立，新产能的开出和相继扩产，对于后段封装产能的需求更为迫切，使得专业封装测试厂为争夺订单，也跟着陆续进驻到晶圆厂周围，如威宇科技、华虹NEC提供BGA/CSP及其他高阶的封装服务、中芯与金朋建立互不排除联盟（Non-Exclusive Alliance）。

因为晶圆制造开始往高阶技术推进，对于封测工艺的要求也开始转向高阶产品，这也将会带动中国国内封装测试产业在质量上的进一步提升。

（2）国内封装测试厂的4股势力。现阶段国内具有规模的封装测试厂约有58家，而这些封装测试厂可以分为4大类：第一类就是国际大厂整合组件制造商的封装测试厂，第二类是国际大厂整合组件制造商与本土业者合资的封装测试厂，第三类为台资封装测试厂，第四类就是国内本土的封装测试厂。

关于第一类（国际大厂整合组件制造商）封装测试厂，目前在国内设封装测试厂的外资共有15家，分别是英特尔、超微、三星电子、摩托罗拉（Motorola）、飞利浦（Philips）、国家半导体（National Semiconductor）、开益禧半导体（KEC）、东芝半导体（Toshiba）、通用半导体（General Electronic Semiconductor）、安靠（Amkor）、金朋（Chip PAC）、联合科技（UTAC）、三洋半导体（Sanyo Semiconductor）、ASAT、三清半导体，这些厂商主要来自美国、日本及韩国，而外商的系统产品内销国内可享有内销税的优惠，目前主要集中在上海、苏州等长三角城市。

第二类封装测试厂是在国内完全开放前，为了要先行卡位而与中国国内本土厂商合资的封装测试厂，一共有11家，包括先前所提到的深圳赛意法微电子、阿法泰克（现已改名为上海纪元微科微电子），以及新康电子、日立半导体（Hitachi）、英飞凌（Infineon）、松下半导体（Matsushita）、硅格电子、南通富士通微电子、三菱四通电子、乐山菲尼克斯半导体及宁波铭欣电子，这些业者的资金主要是来自中国台湾、日本，地点则较为分散，但仍以江苏、深圳等地为主。

第三类主要是台资封装测试厂，台资封装测试厂商数目约 16 家，营运模式多属于专门封装测试厂，台湾的上市封装测试公司大都已在大陆设厂，分别是威宇科技、铜芯科技、宏盛科技、凯虹电子、捷敏电子、日月光半导体、南茂科技、硅晶科技、京元电子、菱生精密、巨丰电子、超丰电子、珠海南科集成电子、硅德电子及长威电子，这些工厂主要集中在上海、苏州一带。由于受到台湾岛内当局的限制，营运规模相对于台湾母公司还有一段差距。

第四类国内本土厂商，虽然数量达 50 多家，但很多都属于地方国有企业，而这些国有企业业务繁杂，并不只是经营半导体，有些还跨足其他与半导体不相干的产业，业务相对集中在封装测试上的约有 12 家，包括国内最大封装测试厂的长电科技、华旭微电子、华润华晶微电子、九星电子、红光电子、厦门华联、华油电子、华越芯装电子、南方电子及天水永红。

（3）2011 年国内 IC 封装测试业销售收入前 10 家企业的情况。统计显示，进入前 10 名的企业与 2010 年相比略有变化，前 10 家封装测试企业 2011 年度的销售收入合计为 379.37 亿元，占当年 IC 封装测试业总收入 648.61 亿元的 58.49%，较 2010 年的 64.76%下降了 9.27 个百分点，这是由于前 10 家封装测试企业年销售额均有不同程度的下降，特别是威讯联合和深圳赛意法的降幅超过了 30%。与去年不同，在前 10 家企业中，内资企业仍是新潮科技、华达集团两家，合资企业除上海松下半导体、深圳赛意法两家外新增了海太半导体，外资和台资企业由原来的 6 家减至 5 家。2011 年前 10 家 IC 封装测试企业中内资及合资企业数量已过半，总销售收入达 198.09 亿元，占年度销售收入的 30.54%，外资和台资企业总销售收入为 176.57 亿元，占年度销售收入的 27.22%。内资及合资企业总销售收入占比有较大提升，并已超过外资和台资企业。

与 2010 年相比，2011 年前 10 家企业的排名变化为：威讯联合由第二位跌至第五位，新潮科技、华达集团和松下半导体分别上升一位；海太半导体挤到第六位，深圳赛意法、日月光（上海）、瑞萨（北京）及英飞凌（无锡）分别下降一位；三星电子退出前十。由前 30 家封装测试业收入排名可以看出，2011 年外资及台资企业仍是国内 IC 封装测试业的主角。以下是 2011 年国内 IC 封装测试企业按销售额的排序：

① 飞思卡尔半导体（中国）有限公司；

② 江苏新潮科技集团有限公司；

③ 南通华达微电子集团有限公司；

④ 上海松下半导体有限公司；

⑤ 威讯联合半导体（北京）有限公司；

⑥ 海太半导体（无锡）有限公司；

⑦ 深圳赛意法微电子有限公司；

⑧ 日月光封装测试（上海）有限公司；

⑨ 瑞萨半导体（北京）有限公司；

⑩ 英飞凌科技（无锡）有限公司。

复习与思考题 1

1．集成电路芯片封装的概念。

2．芯片封装的目的和涉及的技术领域。

3．芯片封装实现的 5 个功能。

4．封装技术层次的区分，画出简图进行说明。

5．根据芯片封装的历史演变，写出 10 种封装类型的英文缩写（如 BGA、FPB 等）。

6．芯片封装使用的材料主要有哪几类？

7．简述集成电路封装技术发展的趋势和对封装技术的要求。

8．简述封装技术的工艺流程。

9．列举我国十大封装测试厂的名称和各自基本技术发展现状。

10．列举美国、日本、韩国、中国台湾和中国大陆具有代表性的封装测试厂及其技术特点并进行比较，找出共同的发展规律。

第 2 章　封装工艺流程

2.1　概述

熟悉整个封装工艺流程是认识封装技术的基础和前提，唯有如此才可以对封装进行设计、制造和优化。通常，芯片封装（Assembly）和芯片制造（IC Fabrication）并不是在同一工厂内完成的。它们可能在同一个工厂的不同生产区域，或在不同的地区，甚至在不同的国家。因此，许多公司将芯片运送到几千公里以外的地方去做封装。

芯片通常在硅片工艺线上进行片上测试，并将有缺陷的芯片打上了记号，通常是打上一个黑色墨点，这样是为后面的封装过程做好准备，在进行芯片贴装时自动拾片机可以自动分辨出合格的芯片和不合格的芯片。

封装流程一般可以分成两个部分：用塑料封装（固封）之前的工艺步骤称为前段操作（Front End Operation），成型之后的工艺步骤称为后段操作（Back End Operation）。在前段工序中，净化级别控制在 1 000 级。在有些生产企业中，成型工序也在净化的环境下进行。但是，由于转移成型操作中机械水压机和预成型品中的粉尘，使得很难使净化环境达到 1 000 级以上的水平。一般来说，随着硅芯片越来越复杂和日益趋向微型化，将使得更多的装配和成型工艺在粉尘得到控制的环境下进行。

现在使用的大部分封装材料都是高分子聚合物，即所谓的塑料封装。塑料封装的成型技术也有许多种，包括转移成型技术（Transfer Molding）、喷射成型技术（Inject Molding）、预成型技术（Pre-Molding），其中转移成型技术使用最为普遍。本章将重点介绍塑料封装的转移成型工艺。

转移成型技术的典型工艺过程如下：将已贴装好芯片并完成芯片互连的框架带置于模具中，将塑料材料预加热（90℃～95℃），然后放进转移成型机的转移罐中。在转移成型活塞压力之下，塑封料被挤压到浇道中，并经过浇口注入模腔（170℃～175℃）。塑封料在模具内快速固化，经过一段时间的保压，使得模块达到一定的硬度，然后用顶杆顶出模块并放入固化炉进一步固化。

归纳起来芯片封装技术的基本工艺流程为：硅片减薄、硅片切割、芯片贴装、芯片互连、成型技术、去飞边毛刺、切筋成型、上焊锡、打码等工序，如图 2.1 所示。

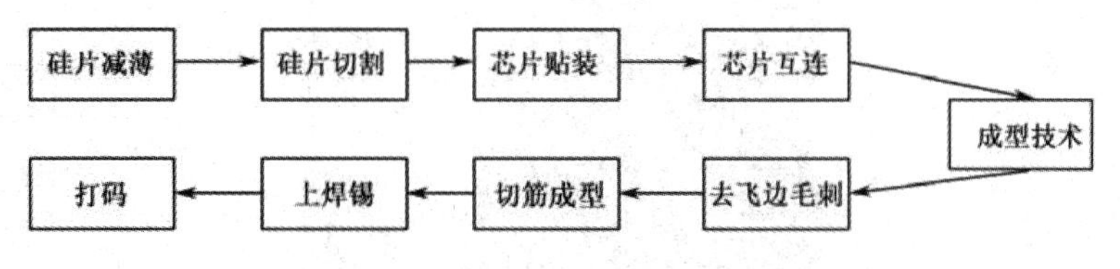

图 2.1　芯片封装技术工艺流程

2.2 芯片的减薄与切割

2.2.1 芯片减薄

目前大批量生产所用到的主流硅片多为 6 英寸、8 英寸乃至 12 英寸，由于硅片尺寸直径不断增大，为了增加其机械强度，厚度也相应地增加，这就给芯片的切割带来了困难，所以在封装之前一定要对硅片进行减薄处理。

以超薄小外形封装（TSOP）为例，硅片上电路层的有效厚度一般为 300 μm，为了保证其功能，有一定的衬底支撑厚度，因此，硅片的厚度一般为 900 μm。衬底材料是为了保证硅片在制造、测试和运送过程中有足够的强度。因此电路层制作完成后，需要对硅片进行背面减薄（Back Side Thinning），使其达到所需要的厚度，然后再对硅片进行切割（Dicing）加工，形成一个个减薄的裸芯片。

目前，硅片的背面减薄技术主要有磨削、研磨、干式抛光（Dry Polishing）、化学机械平坦工艺（CMP）、电化学腐蚀（Electrochemical Etching）、湿法腐蚀（Wet Etching）、等离子增强化学腐蚀（Plasma-Enhanced Chemical Etching，PECE）、常压等离子腐蚀（Atmosphere Downstream Plasma Etching，ADPE）等。

硅片的磨削与研磨是利用研磨膏及水等介质，在研磨轮的作用下进行的一种减薄工艺，在这种工艺中硅片的减薄是一种物理的过程，此工艺中常用的磨轮如图 2.2 所示。

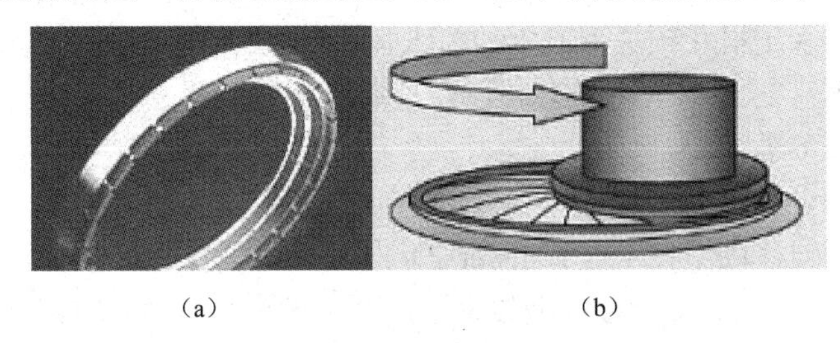

（a）　　　　（b）

图 2.2　研磨减薄工艺中的磨轮及其工作示意图

在研磨减薄工艺中，硅片的表面会在应力作用下产生细微的破坏，这些不完全平整的地方会大大降低硅片的机械强度，故在进行减薄以后一般需要提高硅片的抗折强度，降低外力对硅片的破坏作用。在这个过程中，一般会用到干式抛光或等离子腐蚀。

干式抛光是指不使用水和研磨膏等介质，只使用干式抛光磨轮进行干式抛光的去除应力加工工艺，如图 2.3 所示为干式抛光采用的磨轮。等离子腐蚀方法是指使用氟类气体的等离子对工件进行腐蚀加工的去除应力加工工艺。

图 2.3　干式抛光磨轮

在硅片的减薄过程中，化学机械化平坦工艺也是常用的方法，在这种工艺中，一边使用化学药剂对硅片进行腐蚀，一边利用磨轮对硅片表面进行研磨，从而使得硅片得到减薄与抛光，这是一种化学和物理方法综合作用的过程。

在实际的工程应用中，TAIKO 工艺也是增加硅片研磨后抗应力作用机械强度的一种方法。在此工艺中对晶片进行研削时，将保留晶片外围的边缘部分（约 3 mm），只对圆内进行研削薄型化，如图 2.4 所示。通过导入这项技术，可实现降低薄型晶片的搬运风险和减少翘曲的作用，如图 2.5 所示。

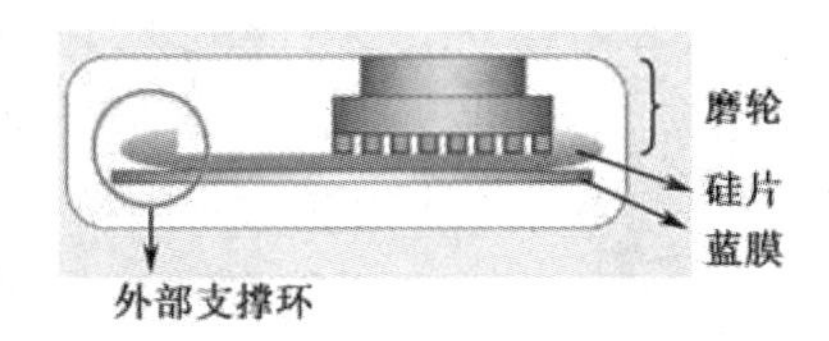

图 2.4　TAIKO 技术

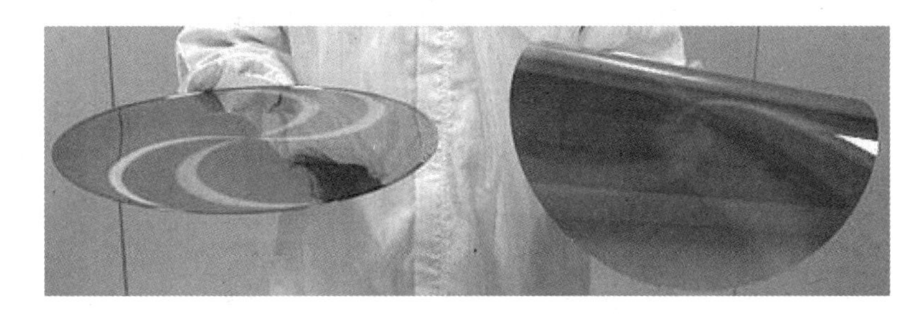

图 2.5　TAIKO 技术强化机械强度与未进行强化对比图

2.2.2　芯片切割

减薄后硅片粘在一个带有金属环或塑料框架的薄膜（常称为蓝膜）上，送到芯片切割机进行切割，切割过程中，蓝膜起到了固定芯片位置的作用。切割的方式可以分为刀片切割和激光切割两个大类。

刀片切割是较为传统的切割方式，通过采用金刚石磨轮刀片高速转动来实现切割。由于切割过程中有巨大的应力作用在硅片表面，故在切割位置附近不可避免地会产生一定的崩裂现象。在刀片切割中，切割质量受磨粒因素影响较大。采用细磨粒的刀片进行切割产生的芯片边缘崩裂要显著低于普通磨粒切割的效果，如图 2.6 所示。

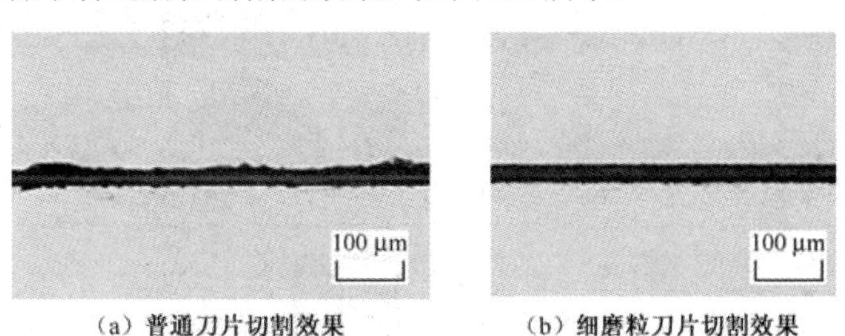

图 2.6　刀片切割方式效果图

为了进一步减小应力对硅片的破坏作用，可以采用激光切割工艺。激光切割工艺就是利用激光聚焦产生的能量来完成切割，可以分为激光半切割方式和激光全切割方式。激光半切割为既需要进行激光切割又需要进行刀片切割，而激光全切割则完全采用激光来进行切割。

激光开槽加工为一种常用的激光半切割方式。首先利用激光在硅片上进行开槽，然后再使用磨轮刀片在两条细槽的中间区域实施全切割加工，如图 2.7 所示。

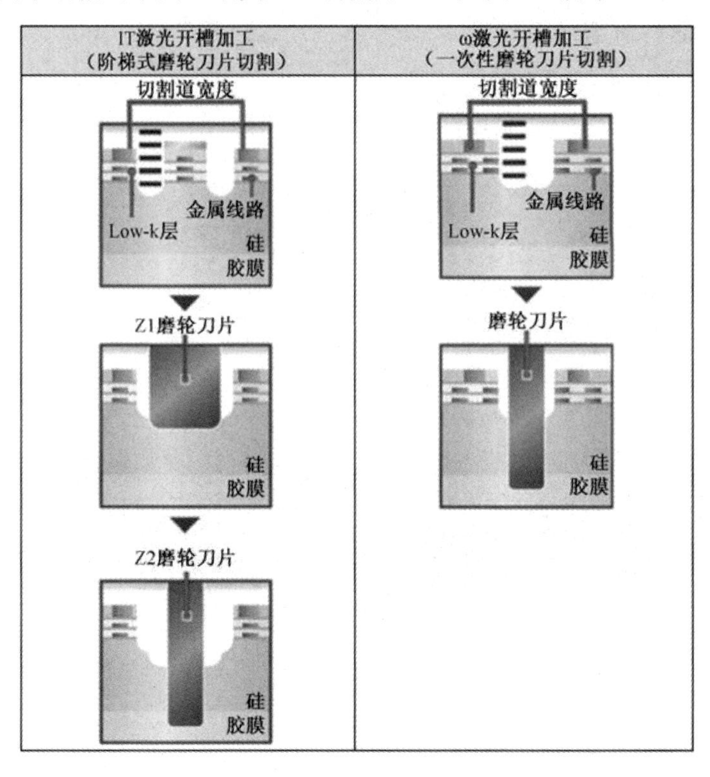

图 2.7　激光开槽切割工艺

因而，作为切割工艺的改进，相继开发了“先切割后减薄”（Dicing Before Grinding，DBG）和“减薄切割”（Dicing By Thinning，DBT）方法。DBG 法，即在背面磨削之前将硅片的正面切割出一定深度的切口，然后再进行背面磨削，直到使得芯片之间完全分离，如图 2.8 所示。DBT 法，即在减薄之前先用机械的或化学的方式切割出切口，然后用磨削方法减薄到一定厚度，再采用 ADPE 腐蚀技术去除掉剩余加工量，实现裸芯片的自动分离。

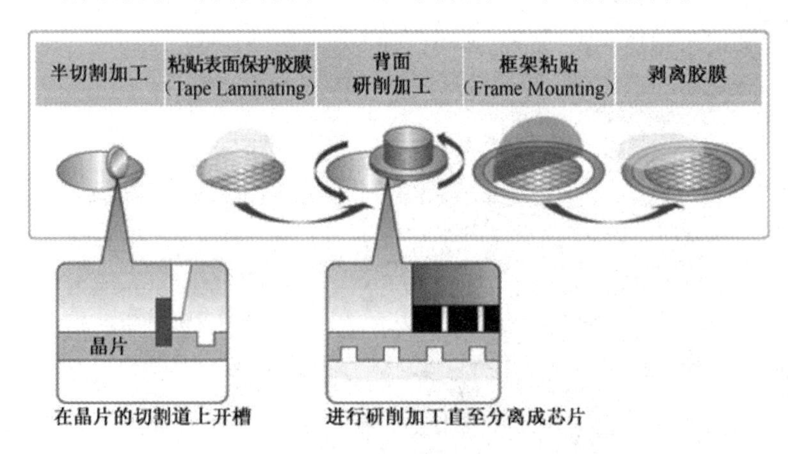

图 2.8　先切割后减薄分离工艺

这两种方法都很好地避免或减少了减薄引起的硅片翘曲及划片引起的芯片边缘损害，特别是对于DBT技术，各向同性的Si刻蚀剂不仅能去除硅片背面的研磨损伤，而且能除去芯片引起的微裂和凹槽，大大增强了芯片的抗碎裂能力。

2.3 芯片贴装

芯片贴装（Die Bonding 或 Die Mount）也称为芯片粘贴，是将IC芯片固定于封装基板或引脚架芯片的承载座上的工艺过程。已切割下来的芯片要贴装到引脚架的中间焊盘上，焊盘的尺寸要与芯片大小相匹配。若焊盘尺寸太大，则会导致引线跨度太大，在转移成型过程中会由于流动产生的应力而造成引线弯曲及芯片位移等现象。

贴装的方式主要有4种：共晶粘贴法（Au-Si共晶合金贴装到基板上）、焊接粘贴法（Pb-Sn合金焊接）、导电胶粘贴法（在塑料封装中最常用的方法是使用高分子聚合物贴装到金属框架上）和玻璃胶粘贴法。

2.3.1 共晶粘贴法

利用金-硅共晶（Eutectic）粘贴，IC芯片与封装基板之间的粘贴在陶瓷封装中有广泛的应用。

共晶粘贴法是利用金-硅合金（一般是69%的Au，31%的Si），363℃时的共晶熔合反应使IC芯片粘贴固定。一般的工艺方法是将硅芯片置于已镀金膜的陶瓷基板芯片座上，再加热至约425℃，借助金-硅共晶反应液面的移动使硅逐渐扩散至金中而形成的紧密接合。在共晶粘贴之前，封装基板与芯片通常有交互摩擦的动作用以除去芯片背面的硅氧化层，使共晶溶液获得最佳润湿。反应必须在热氮气的环境中进行，以防止硅的高温氧化，避免反应液面润湿性降低。润湿性不良将减弱界面粘贴强度，并可能在接合面产生孔隙，若孔隙过大，则将使封装的热传导质量降低，从而影响IC电路运作的功能，也可能造成应力不均匀分布而导致IC芯片的破裂。

为了获得最佳的共晶贴装，IC芯片背面通常先镀上一层金的薄膜或在基板的芯片承载座上先植入预型片（Preform）。使用预型片的优点是可以降低芯片粘贴时孔隙平整度不佳而造成的粘贴不完全的影响，这在大面积芯片的粘贴时尤为重要。预型晶片通常为金-2%硅的合金，在达到粘贴温度时，与芯片座上的金属发生熔融反应，同时硅芯片的原子也扩散进入预型片之中而形成接合，如图2.9所示。

一般选取预型片约0.025 mm，大致为IC芯片面积三分之一的薄片，如果预型片面积太大则会造成溢流，反之会降低封装的可靠度。使用预型片时仍需借相互摩擦的动作除去表面硅氧化物。预型片为纯金材料时，不发生氧化反应，减少了磨除氧化层的步骤，缺点是需要较高的温度才能形成共晶粘贴。

在塑料封装中此方法难以消除IC芯片与铜引脚架之间的应力，故使用较少。这是由于芯片、框架之间的热膨胀系数（Coefficient of Thermal Expansion，CTE）严重失配，且应力又无处分散，所以合金焊料贴装可能会造成严重的芯片开裂现象。由于Au-Si共晶合金焊接是一种生产效率很低的手工操作方法，不适合用于高速自动化生产。因而，只在一些有特殊导电性要求的大功率管中，使用合金焊料或使用焊膏（Solder Paste）连接芯片与焊盘贴装，其他情况应用得很少。

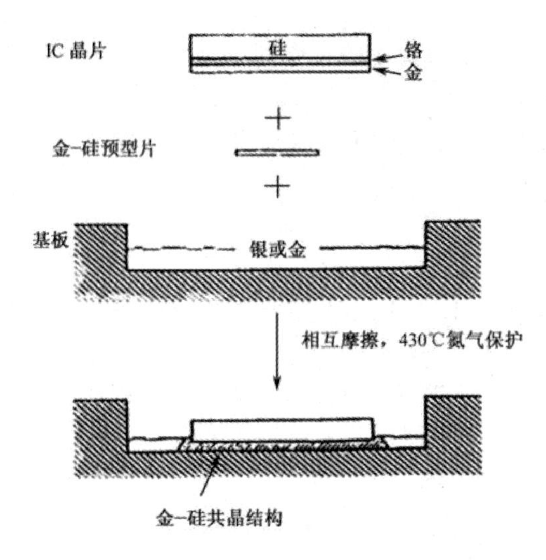

图 2.9　使用预型片的共晶芯片粘贴法

2.3.2　焊接粘贴法

焊接粘贴法是另一种利用合金反应进行芯片粘贴的方法，其优点是热传导性好。工艺是将芯片背面淀积一定厚度的 Au 或 Ni，同时在焊盘上淀积 Au-Pd-Ag 和 Cu 的金属层。这样就可以使用 Pb-Sn 合金制作的合金焊料很好地将芯片焊接在焊盘上。焊接温度取决于 Pb-Sn 合金的具体成分。

焊接粘贴法与前述的共晶粘贴法均利用合金反应形成贴装。因为粘贴的媒介是金属材料，具有良好的热传导性质，使其适合大功率元器件的封装。焊接粘贴法所使用的材料可区分为硬质焊料与软质焊料两大类，硬质的金-硅、金-锡、金-锗等焊料塑变应力值高，具有良好的抗疲劳（Fatigue）与抗潜变（Creep）特性，但使用硬质焊料的接合难以缓和热膨胀系数差异所引发的应力破坏。使用软质的铅-锡、铅-银-铟焊料则可以改变这一缺点，但使用软质焊料时必须先在 IC 芯片背面镀上类似制作焊锡凸块时的多层金属薄膜以利焊料的润湿。焊接粘贴法的工艺应在热氮气或能防止氧化的环境中进行，以防止焊料的氧化及孔洞的形成。

2.3.3　导电胶粘贴法

导电胶是常见的填充银的高分子材料聚合物，是具有良好导热导电性能的环氧树脂。导电胶粘贴法不要求芯片背面和基板具有金属化层，芯片粘贴后，用导电胶固化要求的温度时间进行固化，可在洁净的烘箱中完成固化，操作起来简便易行。因此成为塑料封装常用的芯片粘贴法。以下有三种导电胶的配方可以提供所需的电互连。

（1）各向同性材料。它能沿所有方向导电，代替热敏元件上的焊料，也能用于需要接地的元器件。

（2）导电硅橡胶。它能有助于保护器件免受环境的危害，如水、汽，而且可屏蔽电磁和射频干扰（EMI/RFI）。

（3）各向异性导电聚合物。它只允许电流沿某一方向流动，提供倒装芯片元器件的电连接和消除应变。

以上三种类型导电胶都有两个共同点：在接合表面形成化学结合和导电功能。

导电胶填充料是银颗粒或银薄片，填充量一般在75%～80%之间，黏着剂都是导电的。但是，作为芯片的黏着剂，添加如此高含量的填充料，其目的是改善黏着剂的导热性，即为了散热。因为在塑料封装中，电路运行过程产生的绝大部分热量将通过芯片黏着剂和框架散发出去。

用导电胶贴装的工艺过程如下：用针筒或注射器将黏着剂涂布到芯片焊盘上（要有适合的厚度和轮廓。对较小芯片而言，内圆角形可提供足够的强度，但不能太靠近芯片表面，否则会引起银迁移现象），然后用自动拾片机（机械手）将芯片精确地放置到焊盘的黏着剂上面。对于大芯片，误差小于25 μm，角误差小于0.3°。对于15～30 μm厚的黏着剂，压力在5 N/cm^2。芯片放置不当，会产生一系列的问题，如空洞造成高应力；环氧黏着剂在引脚上造成搭桥现象，引起内连接问题；在引线键合时造成框架翘曲，使得一边引线应力大、一边引线应力小，而且为了找准芯片位置，还会使引线键合的生产率降低，成品率下降。

导电胶在使用过程中可能产生如下问题：在高温存储时的长期降解，界面处形成空洞引起芯片的开裂，空洞处的热阻会造成局部温度升高，因而引起电路参数漂移；吸潮性造成模块焊接到基板或电路板时产生水平方向的模块开裂问题。

导电胶粘贴后需要进行固化处理，环氧树脂黏着剂的固化条件一般是150℃，固化时间为1h（186℃时固化时间为0.5h）。聚酰亚胺黏着剂的固化温度要更高一些，时间也更长。具体的工艺参数可通过差分量热仪（Differential Scanning Calorimetry，DSC）实验来确定。

导电胶也可以制成胶带或固体膜状，切割成适当大小置于IC芯片与基座之间，然后进行热压接合，这样能配合自动化大量生产。导电胶粘贴法的缺点是热稳定性不好、容易在高温时发生劣化及引发黏着剂中有机物气体成分泄漏而降低产品的可靠度，因此不适用于要求高可靠度的封装。

2.3.4 玻璃胶粘贴法

玻璃胶为低成本芯片粘贴材料，使用玻璃胶进行芯片粘贴时，先以盖印（Stamping）、网印（Screen Printing）、点胶（Syringe Dispense）的技术将胶原料涂布于基板的芯片座中，将IC芯片置放在玻璃胶上后，再将封装基板加热至玻璃熔融温度以上即可完成粘贴，冷却过程中谨慎控制降温的速度以免造成应力破裂，这是使用玻璃粘贴法应注意的事项。除了一般的玻璃胶之外，胶材中也可填入金属箔（银为最常使用的填充剂）以提升热、电传导性能。玻璃胶粘贴法的优点为可以得到无空隙、热稳定性优良、低接合应力与低湿气含量的芯片粘贴；它的缺点为胶中的有机成分与溶剂必须在热处理时完全去除，否则对封装结构及其可靠度将有所损害。

在塑料封装中，IC芯片必须粘贴固定在引脚架的芯片基座上，而玻璃必须在有特殊表面处理的铜合金引脚架上才能形成接合，对低成本的塑料封装而言则不经济。然而，在玻璃胶与陶瓷材料之间可以形成良好的粘贴，因此玻璃胶粘贴法适用于陶瓷封装中。

2.4 2芯片互连

集成电路芯片互连是将芯片焊区与电子封装外壳的I/O引线或基板上的金属布线焊区相连接，只有实现芯片与封装结构的电路连接才能发挥已有的功能。芯片互连常见的方法有打线键合（Wire Bonding，WB）、载带自动键合（Tape Automated Bonding，TAB）、倒装芯片键合（Flip Chip Bonding，FCB）三种。其中，倒装芯片键合也称为反转式芯片互连或控制坍塌芯片互连（Controlled Collapse Chip Connection，C4）。这三种互连技术对于不同的封装形式和集成电路芯片集成度的限制各有不同的应用范围，如图 2.10 所示。

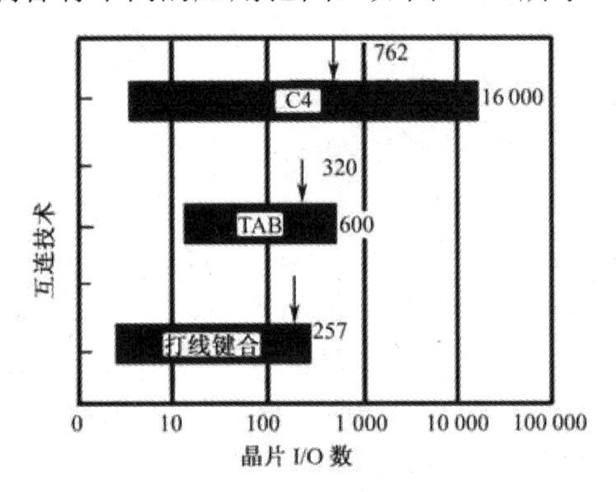

图 2.10　各种连线技术依 IC 集成度区分的应用范围

在芯片封装中，半导体器件失效约 1/4～1/3 是由芯片互连引起的，因此，芯片互连对器件可靠性影响很大。WB 中，引线过长引起短路，压焊过重引线损伤、芯片断裂，压焊过轻或芯片表面膨胀会导致虚焊等。TAB 和 FCB 中，芯片凸点高度不一致，点阵凸点与基板的应力不匹配也会引起基板变形、焊点失效。以下对三种芯片互连形式进行详细介绍。

2.4.1　打线键合技术

打线键合技术是集成电路芯片与封装结构之间电路互连最常使用的方法，主要的打线键合技术有超声波键合(Ultrasonic Bonding，U/S Bonding)、热压键合(Thermocompression Bonding，T/C Bonding)、热超声波键合（Thermosonic Bonding，T/S Bonding）三种。方法是将细金属线或金属带按顺序打在芯片与引脚架或封装基板的焊垫（Pad）上而形成电路互连。如图 2.11 所示为打线键合的实例照片。

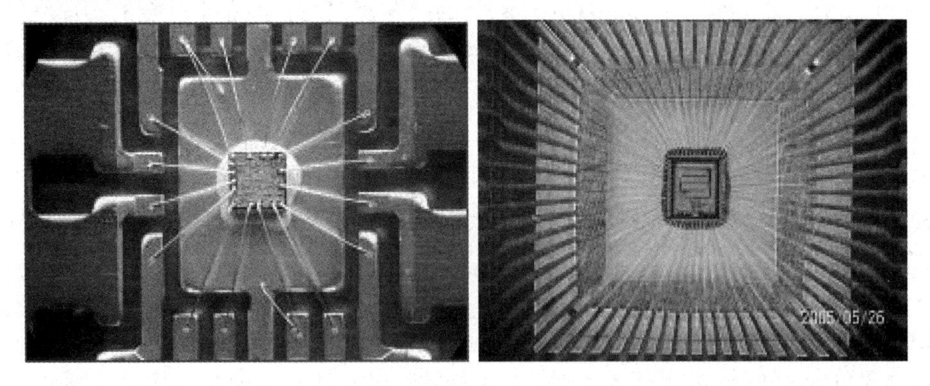

图 2.11　打线键合的实例照片

1．打线键合技术介绍

（1）超声波键合技术。

超声波键合以焊接楔头（Wedge）引导金属线使其压紧在金属键合点上，再由楔头输入频率 20～60 kHz、振幅 20～200 μm 的超声波，通过平行于键合点平面的超声振动及超声波的振动在垂直键合点平面的压力产生冷焊（Cold Weld）的效应而完成键合，如图 2.12 所示。输入的超声波除了能磨除键合点表面的氧化层与污染之外，主要的功能是在形成所谓声波弱化的效应时形成键合。

超声波键合能产生楔形接点（Wedge Bond），如图 2.13 所示，其优点为键合温度低、键合尺寸较小且导线回绕高度较低，适于键合点间距小、密度高的芯片连接；缺点是超声波焊接的连线必须沿着金属线回绕的方向排列，不能以第一接点为中心改变方向（如图 2.14 所示），因此在连线过程中必须不断地调整 IC 晶片与封装基板的位置以配合导线的回绕，从而限制了打线的速度，不利于大面积芯片的电路连线。铝和金线为超声波焊接最常见的线材，金线的应用可以在微波元器件的封装中见到。

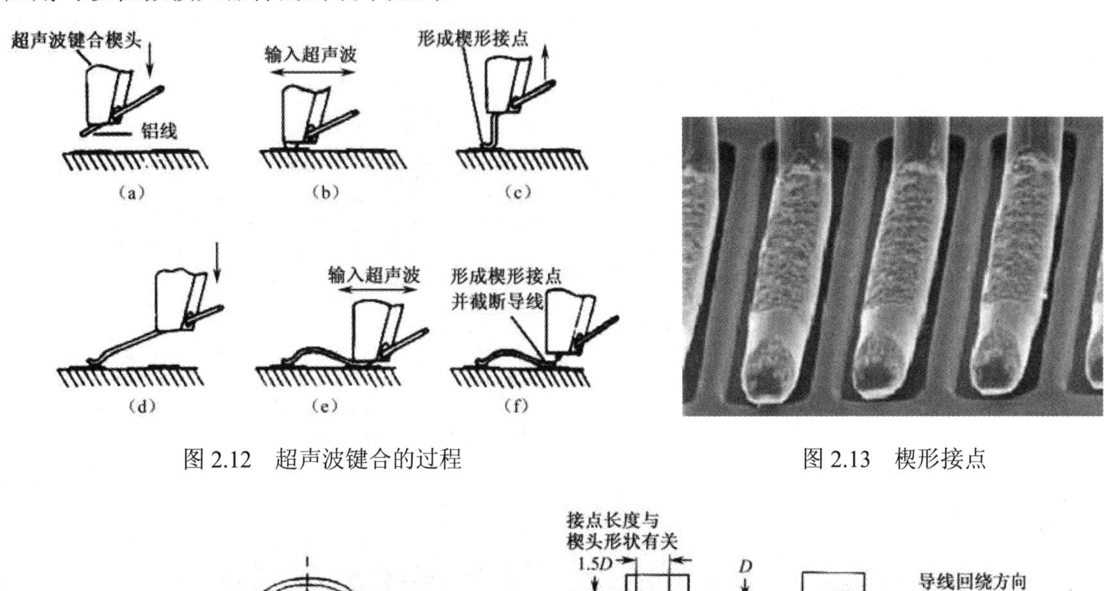

图 2.12 超声波键合的过程

图 2.13 楔形接点

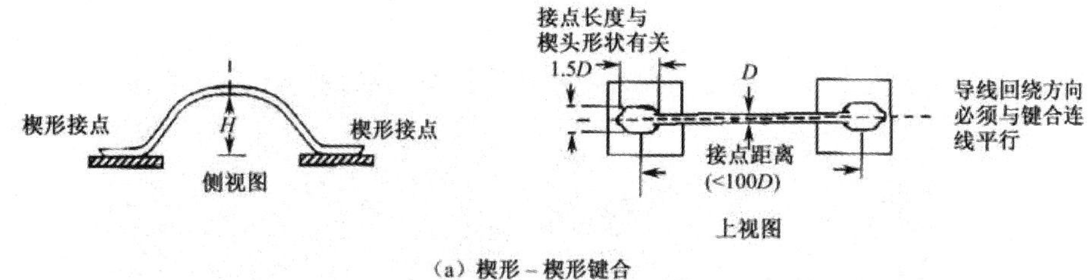

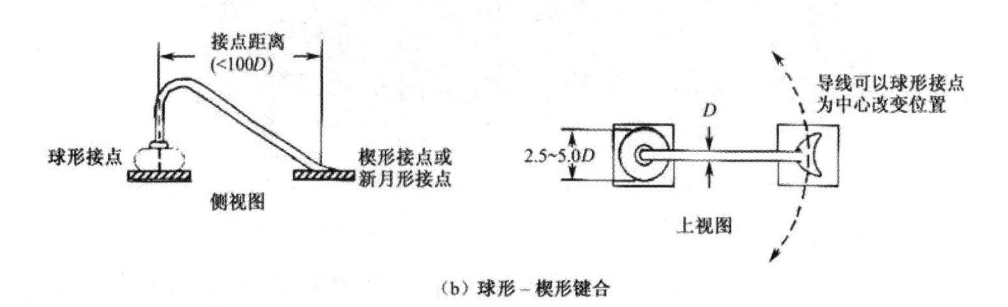

图 2.14 楔形–楔形、球形–楔形键合示意图

（2）热压键合技术。

热压键合的过程如图 2.15 所示，它首先穿过预热至温度 300℃～400℃的氧化铝（Alumina，Al_2O_3）或碳化钨（Tungsten Carbide，WC）等高温耐火材料所制成的毛细管状的金属线末端

键合工具（Bonding Tool/Capillary，也称为瓷嘴或焊针），再以电子点火（Electronic Flame-Off，EFO）或氢焰（Hydrogen Torch）将金属线烧断并利用熔融金属的表面张力效应使线的末端灼烧成球（其直径约为金属线直径的 2～3 倍），键合工具再将金属球下压至已预热为 150℃～250℃的第一金属焊垫上进行球形键合（Ball Bond）。在键合时球形键合点受压力而略微变形，此压力变形的目的在增加键合面积、降低键合面粗糙度的影响、穿破表面氧化层及其他可能阻碍键合的因素，以形成紧密键合。球形键合完成后，键合工具升起并引导金属线至第二个金属键合点上进行楔形结合，由于键合工具顶端为圆锥形，得到的第二键合点通常呈新月状（Crescent Bond）。其两种键合点的形状如图 2.16 所示。热压键合属于高温键合过程，金线因具有高导电性与良好的抗氧化特性而成为最常被使用的导线材料；铝线亦可被用于热压键合，但因铝线不易在线的末端成球，故仍以楔形键合点的形态完成连线键合。

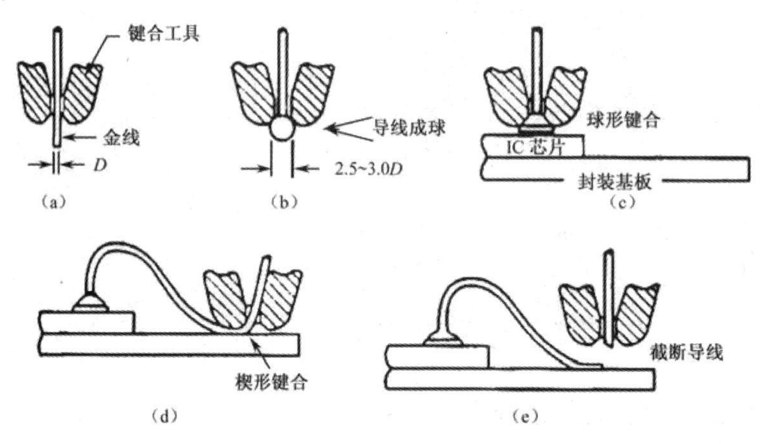

图 2.15　热压键合的过程

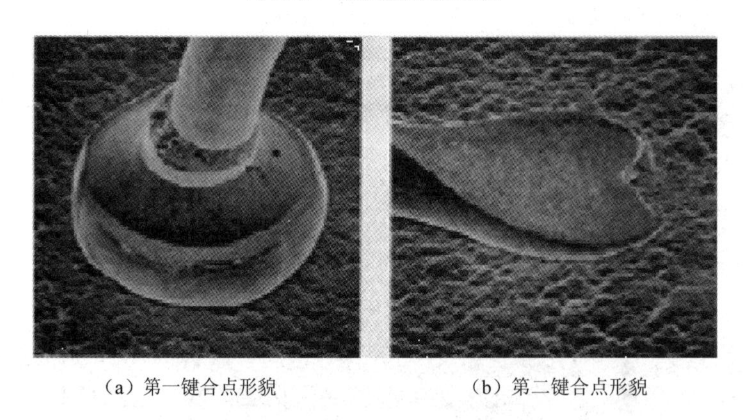

（a）第一键合点形貌　　（b）第二键合点形貌

图 2.16　热压键合的键合点形貌

（3）热超声波键合技术。

热超声波键合为热压键合与超声波键合的混合技术。热超声波键合必须先在金属线末端成球，再使用超声波脉冲进行金属线与金属接垫间的接合。在热超声波键合的过程中接合工具不被加热，仅接合的基板维持在 100℃～150℃的温度，此方法除了能抑制键合界面金属间化合物（Intermetallic Compounds）的成长外，还可降低基板的高分子材料因温度过高而产生劣化变形之机会，因此热超声波接合通常应用于接合难度较高的封装连线。金线为热超声波键合最常使用的材料。

在塑料封装中，打线键合是主要的互连技术，尽管现在已发展了 TAB、FCB 等其他互连技术，但是占主导地位的技术仍然是打线键合技术。在塑料封装中使用的引线主要是金线，其直径一般在 0.025～0.032 mm，引线的长度常在 1.5～3 mm 之间，而弧圈的高度可比芯片所在平面多 0.75 mm。

2．打线键合的线材与可靠度

铝线是超声波键合最常见的导线材，纯铝的线材因为材质太软而极少使用，标准的铝线材为铝−1%硅合金。含有 0.5%～1%镁的铝线为导线材的另一种选择，它的强度和延性与铝-硅线材相近，但抗疲劳性更为优良，金属间化合物形成的困扰也较少；此外，铝-镁-硅、铝-铜等合金线材亦可供超声波键合使用。

金具有优良的抗氧化性，因此成为热压键合与热超声波键合的标准导线材料，铝线也可以作为热压键合的导线材料，但因末端成球比较困难，故通常以楔形键合的方式完成连线。99.99%纯度的金线为最常见的金线材料，为了增加其机械强度，金线中往往添加 5～100 ppm（ppm 为百万分之一）的铍或 30～100 ppm 的铜。金线亦可用于超声波键合，它的应用可以在键合点面积较小的微波元器件的电路连线中见到。

开发其他种类金线材的目的在于取代成本较高的金线与寻求更高强度的线材，银亦可以作为热压键合与热超声波键合的线材，但它比较容易形成金属间化合物，也有较严重的氧化与腐蚀问题，在高温环境中容易电迁移（Electro Migration）是银线材的另一个缺点；铜、钯等线材亦曾被使用于热压键合与超声波键合中，但它们的商业化应用目前仍处于开发阶段。

早期打线键合必须由人工操作，相当耗时耗力，键合点的键合质量也受到操作者技术熟练程度的影响；如今打线键合普遍以计算机自动化的方式进行，键合的速度可高达每秒 10 点，自动化也使打线键合能与其他各种新型键合技术竞争。此外，对于键合环境与温度条件控制、键合点基座金属化工艺与清洗方法、线材纯度、芯片粘贴材料等因素的改进，控制和提高打线键合的可靠度及最优化，打线键合仍然是当今封装连线技术的主流。打线键合受工艺空间条件的限制（成球的大小、键合工具的形状与大小、焊垫的几何排列等因素），一般以低密度的连线封装（约 300 个接点以下的芯片的连线）为应用对象。

影响打线键合可靠度的因素包括应力变化、封胶和芯片粘贴材料与线材的反应、腐蚀、金属间化合物形成与晶粒成长引致的疲劳及浅变因素（Stress-Induced Creep）等影响，键合的可靠度通常以拉力试验（Pull Test）与键合点剪切试验（Ball Shear Test）测试检查。金线与铝键合界面金属间化合物的形成为打线键合破坏最主要的原因，也是人们研究最多的现象，脆性的金属间化合物会使键合点在受周期性应力作用时引发疲劳或浅变破坏，常见金属材料与铝键合反应产生的金属间化合物有 $AuAl_2$（俗称紫斑，Purple Plague）和 Au_5Al_2（俗称白斑，White Plague）等。

线材、键合点金属与金属间化合物之间的交互扩散产生的柯肯德尔孔洞现象（Kirkendal Void）也是强度降低与断裂的原因，此外，键合点金属化工艺与其他封装材料也可能发生反应，生成金属间化合物而导致破坏。为了避免金属间化合物的形成，对键合时间与温度等工艺条件必须有效控制，以避免这些破坏因素的形成，通常在实际生产线上都有规定的打线键合工艺规范。

2.4.2 载带自动键合技术

TAB 技术就是将芯片焊区与电子封装外壳的 I/O 或基板上的金属布线焊区用具有引线图形金属箔丝（如图 2.17 所示）连接的技术工艺。TAB 技术的工艺流程如图 2.18 所示。

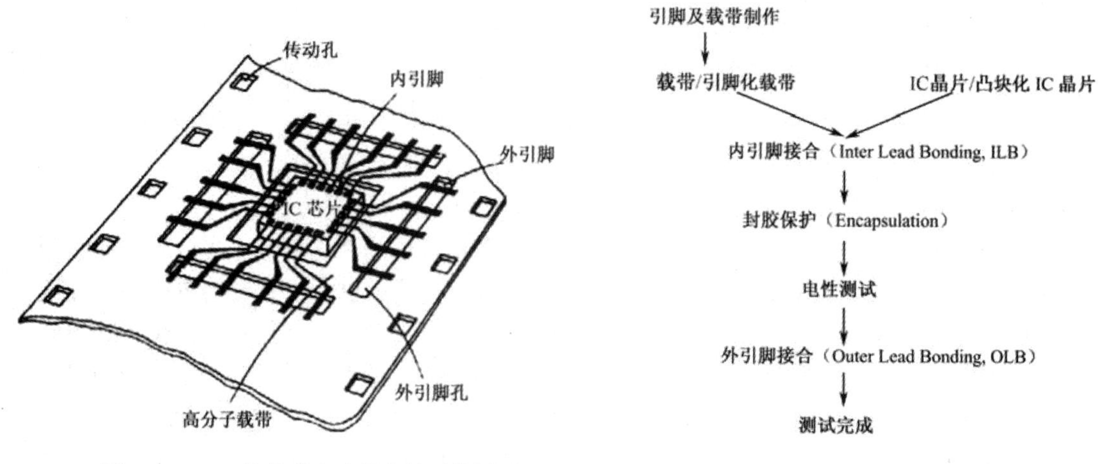

图 2.17　TAB 的载带自动焊中的引线图形

图 2.18　TAB 技术的工艺流程

TAB 键合技术早在 1968 年由美国通用电气公司研究出来，当时称为“微型封装”。1971 年法国 Bull 公司将它称为“载带自动焊”，一直沿用至今。这是一种有别于且优于 WB、用于薄型 LSI 封装的新型芯片互连技术。直到 20 世纪 80 年代中期，TAB 技术一直发展缓慢。随着多功能、高性能 LSI 和 VLSI 的飞速发展，I/O 数迅速增加，电子整机的高密度组装及小型化、薄型化的要求日益提高，到 1987 年 TAB 技术又重新受到电子封装界的高度重视。美、日、欧竞相开发应用 TAB 技术，很快在消费类电子产品中得到广泛的应用，主要用于通信、液晶显示、智能卡 IC、计算机、电子表、录像机、照相机中。如图 2.19 为实际使用中的载带。

图 2.19　TAB 键合技术中的载带

1. 载带自动键合的优点

载带自动键合技术是为了弥补 WB 技术的不足而发展起来的，与 WB 技术相比具有以下优点：

（1）TAB 的结构轻、薄、短、小，高度小于 1mm；

（2）TAB 的电极尺寸、电极与焊区的间距比 WB 大为减少；

（3）相应可容纳的 I/O 引脚更多，如 10mm 见方的芯片 WB 最多 300 根引脚，而 TAB 可以达到 500 根以上，这就提高了 TAB 的安装密度；

（4）TAB 的引线 R、C、L 均比 WB 的小得多，这就使 TAB 技术生产的产品具有更快的速度和更优越的高频特性；

（5）采用 TAB 互连可对 IC 芯片进行电老化、筛选和测试；

（6）TAB 采用 Cu 箔引线，导热、导电好，机械强度高；

（7）TAB 焊点键合拉力比 WB 高 3～10 倍；

（8）可实现标准化（载带的尺寸）和自动化，从而可实现规模生产，提高产品的生产效率，也降低了产品的成本。

2．TAB 的分类与特点

TAB 按其结构和形状分为 Cu 箔单层带、Cu-PI（聚酰亚胺）双层带、Cu-黏着剂-PI 三层带和 Cu-PI-Cu 双金属带等 4 种，以三层带、双层带使用居多。

TAB 单层带（如图 2.20（a）所示）：特点为成本低，制作工艺简单，耐热性能好，但是不可以进行老化筛选测试芯片。

TAB 双层带（如图 2.20（b）所示）：特点为成本低，可弯曲，设计自由灵活，耐热性能好，可以进行老化筛选测试芯片。

TAB 三层带（如图 2.20（c）所示）：特点为可制作高精度图形，用于批量生产，可以进行老化筛选测试芯片。但是工艺复杂，成本高。

TAB 双金属带：用于高频器件，可以改善信号特性。

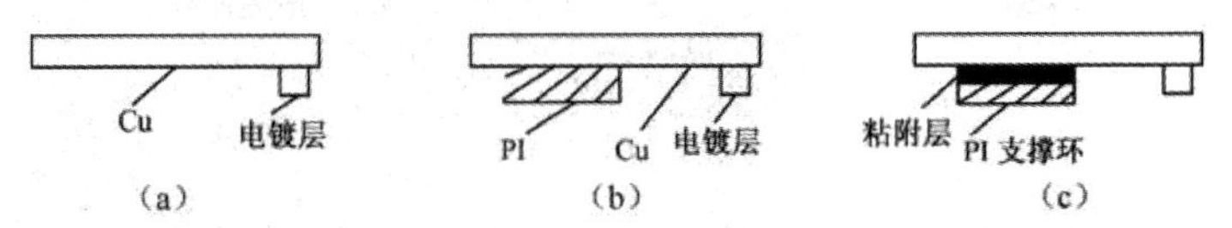

图 2.20　TAB 载带的三种结构

3．TAB 技术的关键材料

在 TAB 过程中有三部分材料对整个元器件的性能起着重要的作用，下面简要说明这三部分材料的要求。

（1）基带材料：要求高温性能好，与 Cu 箔的黏着性好，耐高温，热匹配性好，收缩率小且尺寸稳定，抗化学腐蚀性强，机械强度高，吸水率低，如聚酰亚胺（PI）、聚乙烯对本二甲酸酯（PET）和苯并环丁烯（BCB）。

（2）TAB 金属材料：要求导电性能好，强度高，延展性及表面平滑性良好，与各种基带粘贴牢固，不易剥离，易于用光刻法制做出精细复杂的引线图形，易电镀 Au、Ni、Pb/Sn 焊接材料，如 Al、Cu。

（3）芯片凸点金属材料：一般包括金属 Au、Cu/Au、Au/Sn、Pb/Sn。

4．TAB 的关键技术

前面简单地说明了 TAB 技术的优点、分类与关键材料，接下来讲述 TAB 实现过程中的主要技术。整个 TAB 技术大体分为以下三个方面：一是芯片凸点制作技术；二是 TAB 载带制作技术；三是载带引线与芯片凸点的内引线焊接和载带外引线焊接技术。

（1）芯片凸点制作技术。

IC 芯片制作完成后其表面均镀有钝化保护层（Passivation Layer），厚度高于电路键合点，因此必须在 IC 芯片的键合点上或 TAB 载带的内引脚前端先长成键合凸块（Bump）才能进行后续的键合，通常 TAB 技术也据此区分为凸块式载带 TAB（Bumped Tape TAB）与凸块式芯片 TAB（Bumped Chip TAB）两大类。

凸块式载带 TAB 如图 2.21（a）所示，该方法先在载带内引脚的前端长成台地状金属凸块（Mesa Bump）；单层载带可配合铜箔引脚的蚀刻制成凸块，在双层与三层载带上，因为蚀刻的工艺容易导致载带变形，而使未来键合时发生对位错误，因此双层与三层载带较少应用于凸块式载带 TAB 的键合。

凸块式芯片 TAB 如图 2.21（b）所示，先将金属凸块长成于 IC 芯片的铝键合点上，再与载带的内引脚键合。预先长成的凸块除了提供引脚接合所需的金属化条件外，还可避免引脚与 IC 芯片间可能发生短路，但制作长有凸块的 IC 芯片是 TAB 工艺最大的困难。

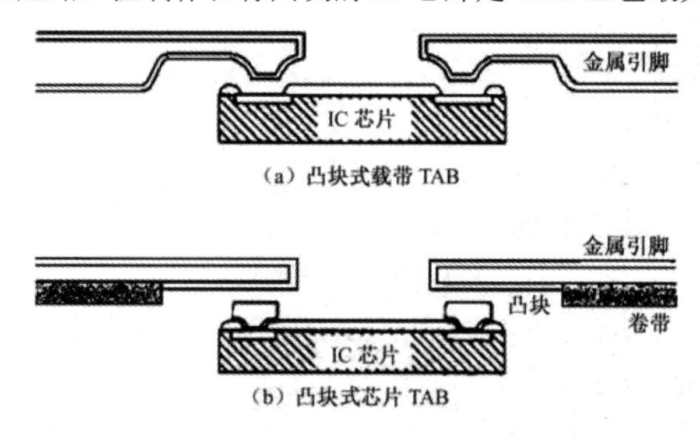

图 2.21　两种不同的凸点制作技术

凸点制作主要针对芯片上的凸点制作而言。TAB 技术中芯片上凸点的排列为周边布局，并且具有均匀性和对称性。凸点本身一般因形状不同分为两种（如图 2.22 所示）：蘑菇状凸点和直状凸点。蘑菇状凸点用一般的光刻胶做掩膜制作，电镀时，光刻胶以上凸点除了继续电镀升高以外，还向横向发展，凸点越来越高，横向也越来越大。由于电镀过程中，随横向发展电镀电流密度的不均匀性使得最终得到的凸点顶部成凹形，凸点的尺寸也难以控制。而直状凸点制作使用了厚膜抗腐蚀剂做掩膜，掩膜的厚度与要求的凸点高度一致，所以始终电流密度均匀，凸点的平面是平整的。

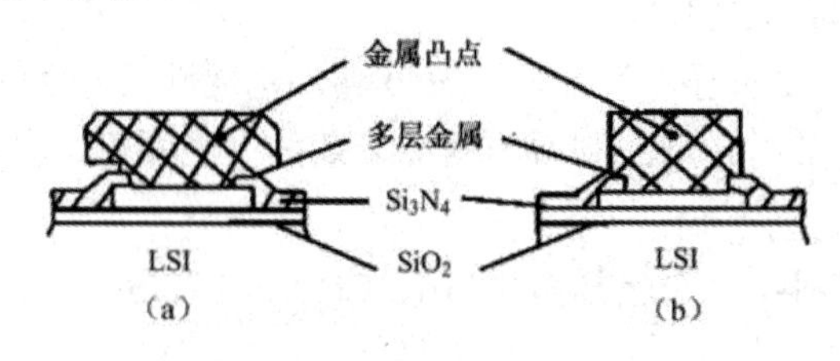

图 2.22　蘑菇状凸点和直状凸点

凸块可以利用金或铅锡合金制成，以金为最常见的凸块材料。如图 2.23 所示为传统的金凸块制作流程。

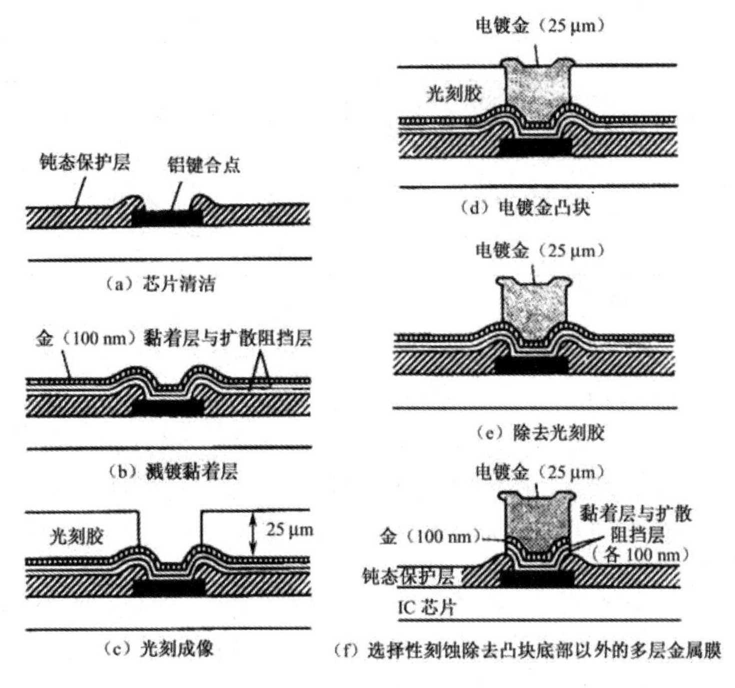

图 2.23　金凸块制作流程

如图 2.23（a）、（b）、（c）所示，首先需在芯片键合上表面溅镀中能提供黏着、扩散阻挡与保护功能的多层金属薄膜，又称为阻挡层金属化工艺（Barrier Metallurgy）。多层金属薄膜通常由三层金属薄膜组成，黏着层（Adhesion Layer）提供 IC 芯片上铝键合点与凸块间良好的键合力与低接触电阻（Contact Resistance）特性，常用的材料为钛、铬或铝，它们的特性如表 2.1 所示。扩散阻挡层（Barrier Layer）的功能是阻止芯片上的铝与凸块材料间的扩散反应，常使用的材料为钯、铂、铜、镍或钨，它们的特性如表 2.2 所示。表层金的作用则为抗氧化保护。常见的多层金属薄膜系统有钛-钯-金、钛-铂-金、铬-镍-金、钛-钨-金等。如图 2.23（d）所示的作用是产生软质的金属凸块以配合后续的热压键合工艺，因此电镀完成的金凸块要进行退火处理以降低其硬度。如图 2.23（f）所示的选择性蚀刻为凸块工艺的关键步骤，要防止凸块底部扩散阻挡层金属的侧侵蚀（Undercut）以免破坏原来 IC 芯片上的铝导线与焊垫结构。

表 2.1　黏着层材料种类和应用特性

金属种类	熔点（℃）	镀着温度（℃）	镀着方法	与铝及氧化矽的黏着性	耐蚀性	选择性蚀刻能力
钛（Ti）	1 720	1 737	RH，EB，SP	极佳	极佳	佳
铬（Gr）	1 880	1 397	RH，SP	极佳	普通	普通
镍铬（NiCr）	1 400	1 550	RH	极佳	佳	不良
铝（Al）	660	1 220	RH，EB，SP	极佳	不良	佳
钽（Ta）	3 000	3 057	EB，SP	极佳	极佳	不良

注：RH—热蒸镀；EB—电子束蒸镀；SP—溅镀。

表 2.2　扩散阻挡层材料种类和应用特性

金属种类	熔点（℃）	镀着温度（℃）	镀 着 方 法	扩散阻绝能力	耐蚀性	选择性蚀刻能力
铂（Pt）	1 769	2 097	EB，SP	极佳	佳	不良
钯（Pd）	1 552	1 462	RH，EB，SP	极佳	佳	不良
镍（Ni）	1 453	1 527	RH，EB，SP	极佳	佳	不良
铑（Rh）	1 966	2 037	EB，SP	极佳	佳	不良
铜（Cu）	1 083	1 260	RH，EB，SP	佳	佳	佳
钨（W）	3 380	3 227	EB，SP	不良	佳	不良
钼（Mo）	2 620	2 527	EB，SP	不良	普通	不良

注：RH—热蒸镀；EB—电子束蒸镀；SP—溅镀。

前面介绍了 Au 凸点的制作工艺流程，根据 Au 的机械特性，在压焊时若加压力过大、压力传到底层金属附近的钝化层时，有可能使薄膜的底层金属钝化层产生裂纹或使较软的凸点 Au 变形过大；若压力不足，则有可能因凸点的变形过小而弥补不了凸点高度的不一致，致使有些焊点出现可靠性问题。所以对于拉力要求高的电子产品，可以使用 Au、Ni、Cu 进行适当的组合，制作 Ni-Au、Cu-Au 凸点，使软硬金属互相取长补短，又各自发挥作用。同时，还可以节省贵重金属 Au。

键合凸块制作是一项成本高、难度大的技术，如何改进凸块键合技术成为一项热门的研究课题。日本 Matsushita 公司所开发的凸块转移技术（Bump Transfer Process）为一著名的例子。凸块转移技术先在玻璃基板上利用光刻、成像、电镀等技术长成与载带内引脚前端位置相对应的键合凸块后，将凸块转移至引脚完成第一次键合，再转移至 IC 芯片完成其他键合点的键合（如图 2.24 所示）。凸块转移技术将凸块长成的工艺区分出来，厂商只需购进一般的 IC 芯片，再委托专门的厂商制作适用的凸块即可进行 TAB 键合。由于不必在 IC 芯片或载带上制作凸块，因此可以降低 IC 芯片受到损伤的机会，降低生产成本，也可提高 TAB 技术的可靠性和标准化的通用性。

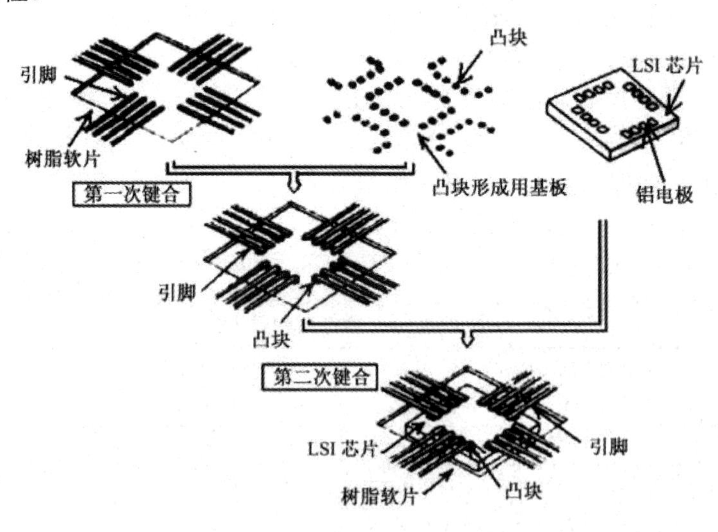

图 2.24　Matsushita 公司的凸块转移技术

（2）TAB 载带制作技术。

TAB 按其结构和形状（如表 2.3 所示）分为 Cu 箔单层带、Cu-PI（聚酰亚胺）双层带、

Cu-黏着剂-PI 三层带。载带种类选择主要依据芯片 I/O 数量、电性能、成本而定。

表 2.3　各种载带结构与特性比较

载带种类	结　构	优　点	缺　点
单层	金属引脚 IC 芯片	热稳定性佳；价位低	不能做电性测试； 容易变形
双层	金属引脚 载带 IC 芯片	高温稳定性佳； 可做电性测试； 载带设计弹性大； 电性优良	价位高； 载带过宽时容易变形； 引脚过长时容易变形； 易卷曲
三层	金属引脚 黏着剂 载带	可做电性测试； 适合大型芯片的键合； 引脚机械性质优良； 适合大量生产使用	价位高； 不适用于高温键合

TAB 载带设计时需要注意以下几个方面：引线图形指端位置、尺寸、节距与芯片凸点对应；外引线焊区与基板布线区对应（载带引线长度和宽度），凸点焊区到外引线焊区；载带引线由内向四周均匀扇出，接触凸点部分窄，外焊区部分较宽，渐变；减少引线热应力和机械应力；PI 框架靠内引线适当近些；高出 I/O 多层载带引线，设计专门测试点。

单层带的工艺最简单，三层带最常用，下面主要说明这两种载带的制作过程。

TAB 单层带的厚度使用 50～70 μm 的 Cu 箔，制作工艺如下：首先冲制出标准的定位传输孔，然后对 Cu 箔清洗。先在 Cu 箔的一面涂光刻胶，进行光刻、曝光、显影之后，背面再涂光刻胶保护，接下来进行腐蚀、去胶；最后进行电镀和退火处理。腐蚀出的 Cu 箔引线图形去胶后一般进行全面的电镀，由于使用贵重金属 Au，为了降低成本，一般只在内外引线焊接处理进行局部电镀，不电镀的部分要进行保护，这样也增加了工艺的复杂性和难度。也可以全面镀 Au，不用的引线框架待回收再利用。这两种方法可权衡利弊，以决定选择哪种方式。

Cu 箔引线图形可以使用 $CuCl_2$ 或 $FeCl_2$ 进行湿法刻蚀，这类腐蚀液具有自循环的效果。需要指出的是：电镀后一般应进行退火处理，一是为了消除电镀中因吸 H_2 造成的应力使 Cu 引线和镀层具有柔性；二是从适当温度退火后，可避免 Sn 的生成。

TAB 双层带是指金属箔及 PI 两层而言。先使用金属箔及 PI 两层粘贴在一起，然后进行两面光刻腐蚀，最后得到金属图形和 PI 支撑框架。具体过程这里就不介绍了。

TAB 三层带在国际上最为流行，使用也最多，适合大批量生产，它由 Cu 箔-黏着剂-PI 膜（或其他有机薄膜）三层构成，制作工艺比前两种都要复杂。Cu 箔厚度一般在 18～35 μm，用于形成引线图形；黏着剂厚度约 20～25 μm，是具有与 Cu 黏着力强、绝缘性好、耐压高、机械强度好的环氧类黏着剂；PI 膜的厚度约为 70 μm，主要对 Cu 箔形成的引线图形起到支撑的作用。三层带总厚度在 120 μm 左右。三层带的主要工艺制作过程如下。

① 制作冲压模具。冲压模具是可同时冲压 PI 膜定位传送孔和 PI 支撑框架的高精度硬质

合金模具，应使冲压模具在连续冲压 PI 膜长带时的冲压积累误差保持在所要求的精度范围内。

② 继续冲压 PI 膜定位传送孔的 PI 支撑框架孔。

③ 涂覆黏着剂。通常黏着剂是事先附好在 PI 膜上的，冲压时，通孔处的黏着剂层同时被冲压掉。

④ 黏附 Cu 箔。将冲压好的 PI 膜附上 Cu 箔，放置到高温高压设备上进行加热加压，要求压制的 Cu 箔和 PI 膜间没明显的气泡，压制的三层带均匀性、一致性好。

⑤ 按要求对大面积冲压好的三层带进行切割（可以切割成标准的三层带、再冲压、附 Cu 等）这样就制作成了 TAB 三层带。

⑥ 将设计好的引线图形制版，经光刻、刻蚀电镀等工艺完成所需要的引线图形。这与单层 Cu 箔的制作工艺相同。

TAB 双层金属带的制作：可将 PI 膜先冲压出引线图形的支撑框架，然后双面粘贴 Cu 箔，应用双面光刻技术，制作引线图形，两个图形支撑框架间的通孔用局部电镀工艺形成上下金属互连。

（3）载带引线和芯片凸点的内引线焊接与载带外引线焊接技术。

通过上面的过程，已经完成了芯片上的凸点与载带的制作，下面需要将其连接起来，分为两个过程：载带内引线与芯片凸点的焊接（内引线焊接）、载带外引线与外壳或基板焊区的焊接（外引线焊接）。

① TAB 内引线焊接技术。

将载带引线图形的指端与芯片凸点焊接在一起的方法主要有热压焊和热压再流焊。当芯片凸点是 Au 或是 Au/Ni、Cu/Au，而载带 Cu 箔引线也镀这类凸点金属时，使用热压焊；而当芯片凸点仍是上述金属，而载带 Cu 箔引线镀层为 Pb/Sn 时，或者芯片凸点含有 Pb/Sn，而载带 Cu 箔引线是上述硬金属层时，就要使用热压再流焊。显然，完全使用热压焊的焊接温度高、压力大，而热压再流焊相应的温度较低、压力也较小。

下面就来看一下焊接的过程。这两种焊接方法都是使用半自动或自动化的引线焊接机进行多点一次焊接的。焊接时的主要工艺操作是对位、焊接、抬起、芯片传送等 4 部分。下面结合焊接程序图（如图 2.25 所示）来说明各步操作。

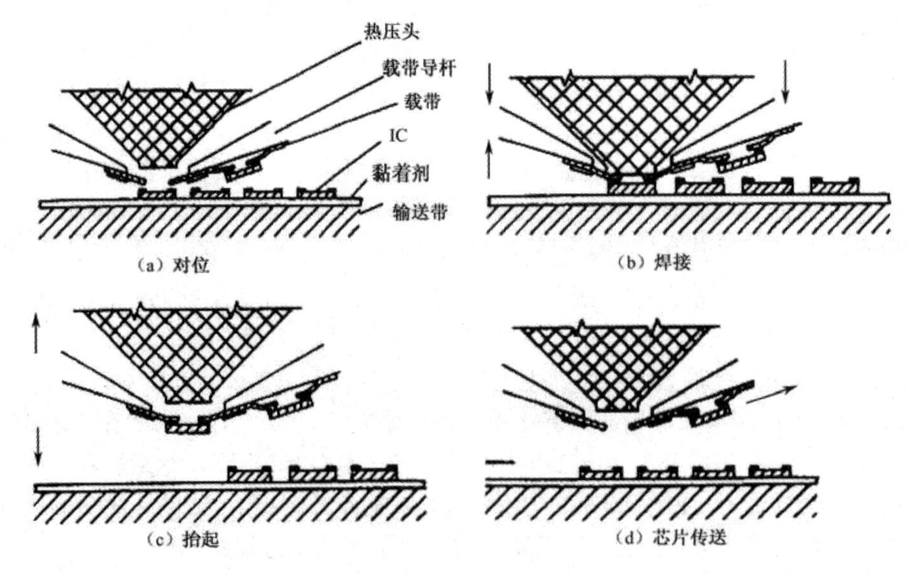

图 2.25　焊接程序图

- 对位：将具有黏着层的 Si 晶圆片经测试并做坏芯片标记，砂轮划片机划成小片 IC 芯片，并将大圆片置于内引线焊接机的承片台上。按设计的焊接的程序，将性能好的 IC 芯片置于载带引线图形下面，使载带引线图形对芯片凸点进行精确对位。
- 焊接：落下加热的热压焊头，加压一定时间，完成焊接。
- 抬起：抬起热压焊头，焊接机将压焊到载带上的 IC 芯片通过链轮步进卷绕到卷轴上，同时下一个载带引线图形也步进到焊接对位的位置上。
- 芯片传送：供片系统按设定程序将下一个好的 IC 芯片移到新的载带引线图形下方进行对位，从而完成了程序化的完整的焊接过程。

焊接的条件也是十分重要的，主要由焊接温度（T）、焊接压力（P）和焊接时间（t）确定。一般压焊再流焊较为典型的焊接条件为 T＝450℃～500℃、P＝50g/点、t＝0.5～1 s。除此之外，焊头的平整度、平行度、焊接时的倾斜度及焊接界面的浸润都会影响焊接的结果。凸点高度的一致性和载带引线图形厚度的一致性也影响焊接效果。若一致性差，则最低的焊垫也能焊接好，高的凸点变形就要大些，大的变形受到的压力大，有可能损害钝化层和低层金属。对于窄间距，变形大使凸点间距过小也容易形成短路。这些条件具有一定的分散性，焊接时要根据不同的情况调整好焊接的 P、T、t，以达到最佳的效果。

完成内引脚键合与电性测试后，芯片与内引脚面或整个 IC 芯片必须再涂上一层高分子胶材料保护引脚、凸块与芯片，以避免外界的压力、震动、水汽渗透等因素造成的破坏（如图 2.26 所示）。环氧树脂（Epoxy）与硅胶树脂（Silicone）为 TAB 工艺最常使用的封胶材料。

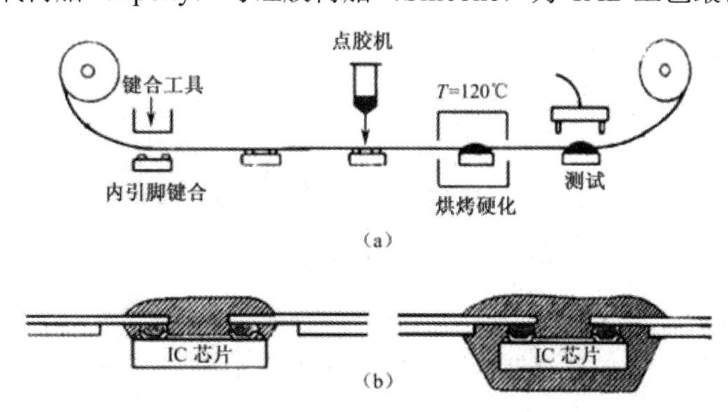

图 2.26 TAB 封胶过程及封胶完成的两种形貌

环氧树脂可以盖印或点胶的方法涂布，可包覆整个芯片或仅涂布完成内引脚键合的芯片表面。环氧树脂应选择密封性好、应力小的材料，涂布过程中应注意厚度与形状变化，烘烤硬化时应注意加温条件控制，避免气泡和预应力的产生。

② TAB 外引线焊接技术。

一般，经过内引线焊接的芯片要进行老化、筛选和测试。使用组装之前的 IC 芯片具有好的热性能、电性能和机械性能，成为信得过的芯片（Know Good Die，KGD）。这对高性能、高可靠性要求的电子元器件是十分重要的，特别是对于组装多个 IC 的 MCM，可以大大提高组装的成品率，有效降低产品的成本。

经过老化、筛选、测试的载带芯片可以用于各种集成电路。对于微电子封装的引线框架或在生产线上连接安装载带芯片的电子产品，可使用外引线压焊机将卷绕的载带芯片连接进行外引线焊接，焊接时要及时应用切断装置，对每个焊点外沿处将引线和 PI 支撑框架以外的部分切断并焊接，具体过程如图 2.27 所示。同时，图 2.28 给出了 TAB 的外引脚键合示意图。

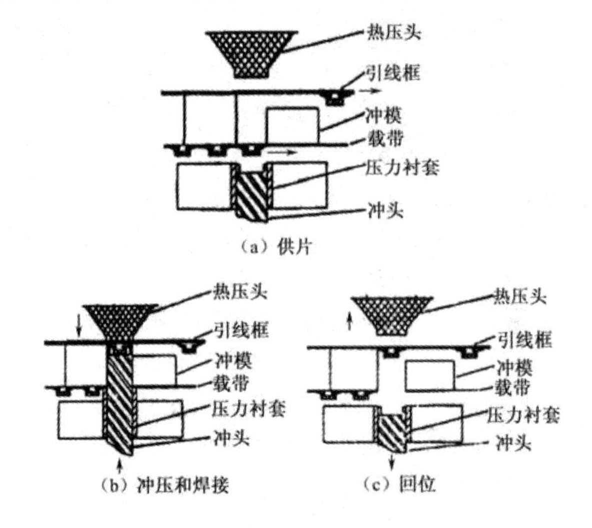

图 2.27　外引线焊接过程

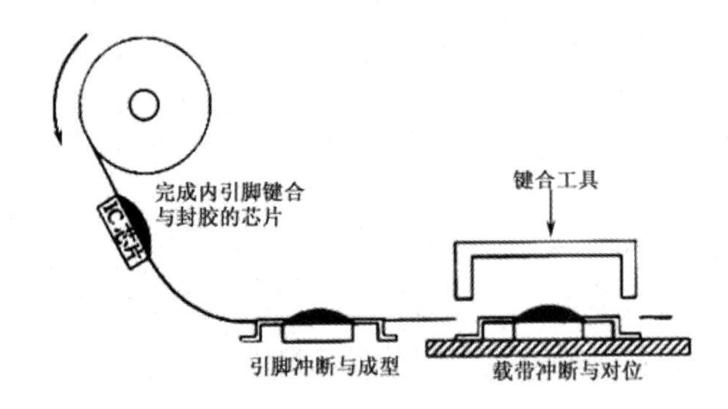

图 2.28　TAB 的外引脚键合示意图

在叙述了上面的 TAB 的基本技术之后，下面将介绍一种新型的载带自动焊接技术——凸点载带自动焊（BTAB）。简单地概括，这个技术就是将凸点制作在载带 Cu 箔内引线键合区上的 TAB 技术。

这种 BTAB 技术除具有 TAB 的优点外，还具有工艺简单易行、制作成本低廉、使用灵活方便等特点，尤其适合多品种、小批量的电子产品。因为它不需要对晶圆片进行加工，使用单芯片 IC 就可完成凸点载带与芯片的互连，不会因加工晶圆片的芯片凸点数量过多造成可能的浪费。

制作 BTAB 的 Cu 箔引线指端凸点有很多方法，可以用光刻、电镀法直接在 Cu 上形成凸点，即所谓的直接形成凸点法；也可以用移置凸点法形成凸点，其方法是将形成在耐温玻璃板上的凸点通过压焊的方式移置到引线上，形成 BTAB 载带结构。

2.4.3　倒装芯片键合技术

倒装焊（FCB）是芯片面朝下，芯片焊区与基板焊区直接互连的一种方法，如图 2.29 所示。

图 2.29 倒装芯片封装

WB 和 TAB 互连都是芯片面朝上的安装互连，而 FCB 的互连省略互连线，互连产生杂散电容，互连电容与互连电感均比 WB 和 TAB 小很多，从而更有利于高频高速的电子产品的应用。同时，芯片安装互连占的基板面积小，因而芯片安装密度高。在有芯片焊区可面阵布局，更适于高 I/O 的 LSI、WLSI 和 ASIC 芯片使用。芯片的安装、互连是同时完成的，这就大大简化了安装的互连工艺，快速、省时，适于使用现代化的 SMT 进行工业化大批量生产。当然，FCB 也有不足之处，如芯片面朝下安装互连给工艺操作带来了一定的难度，焊点不能直观检查（只能使用红外和 X 光检查）。另外，芯片焊区上一般要制作凸点，增加了芯片的制作工艺流程和成本。还有，倒装焊与各种材料间的匹配问题产生的应力平衡及消除也需要很好地解决。但随着应用的日益广泛及工艺技术和可靠性研究的不断深入，FCB 存在的问题正逐一得到解决。

倒装芯片（FC）技术是在 20 世纪 60 年代首先由 IBM 公司设想并研制出来的，当时使用铜球作为焊点。FC 技术的典型例子是 IBM 公司的 C4（可控塌陷芯片连接）技术，如图 2.30 所示。IBM 的 C4（Controlled-Collapse Chip Connection）技术在 1965 年发展起来，并成为 IBM System/360 系列计算机的逻辑基础。C4 技术的凸缘制备主要是通过电子束蒸发、溅射等工艺，将 UBM（Under Bump Metallurgy）或 BLM（Ball Limiting Metallurgy）沉积在芯片的铝焊盘上。UBM 一般有三层，分别为铬/铬-铜（50%～50%）/铜，这个结构可以保证凸缘与铝焊盘的黏着性并防止金属间的互扩散。在 UBM 上面，还有一层很薄的金层，主要是为了防止金属铜的氧化。凸缘的成分是铅锡合金，根据不同的应用要求可以选用低共熔化合物或其他的组分。IBM 常用的组分是：5%Sn/95%Pb，它的熔点分别为 308℃（Solid）、312℃（Liquid）；3%Sn/97%Pb，它的熔点分别为 314℃（Solid）和 320℃（Liquid）。IBM 的基板是陶瓷基板，所以可以忍受超过 300℃的回流温度。由于 IBM 的 C4 技术工艺复杂、设备昂贵，所以长期以来，其应用都局限在一些高性能、高要求、高成本的场合。经过改进的 C4 工艺采用了电镀铜层和焊料层的方法，大大降低了成本，使得倒装焊技术的应用有了较大的发展。

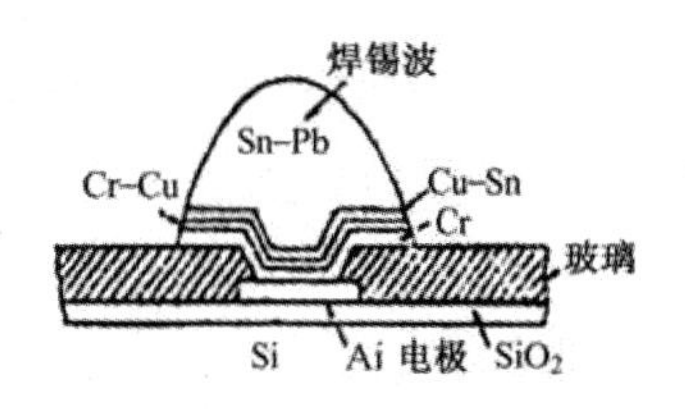

图 2.30 IBM 公司的 C4（可控塌陷芯片连接）技术

这种技术即在芯片连接的地方制作出突起的焊点，在后期操作中直接将芯片的焊点与基板的焊区形成连接。而 C4 的技术就采用了 Pb/Sn 焊料作为焊接凸点，这比当初的铜球有了很大的进步，铜球凸点直径不能太小，基板与芯片的平整度要求高，但是 Pb/Sn 焊料克服了这些缺点。下面是 Pb/Sn 焊料的一些优点：

（1）易熔化再流，弥补了凸点高度不一致或基板不平引起的高度差；

（2）Pb/Sn 熔化状态，焊接压力小，不易损伤芯片和焊点；

（3）熔化的 Pb/Sn 表面张力大，焊接具有自对准效果。

1. 凸点芯片的类别与凸点芯片的制作工艺

凸点芯片焊区多层金属均为 Al，在 Al 焊区上制作各类凸点，除 Al 凸点外，制作其余凸点均需要在 Al 焊区和它周围的钝化层上先形成一层黏附性好的黏附金属，一般为数百埃厚度的 Cr、Ti、Ni 层；接着在黏附金属上形成一层数百到数千埃厚度的扩散阻挡层，一般用到的金属为 Pt、W、Pd、Mo、Cu、Ni，该层可以防止上面的凸点金属如 Au 越过薄膜的黏附层与 Al 焊区形成脆性的中间金属化合物。最上层是导电的凸点金属如 Au、Cu、Ni、Pb/Sn、In 等。这就构成了“黏附层-扩散阻挡层-导电层”的多层金属化系统，如图 2.30 所示。

（1）凸点芯片的类型。在多层金属化系统上可用多种方法形成不同尺寸和高度要求的凸点金属，其分类可按凸点材料分类，也可按凸点结构和形状进行分类。

- 按凸点材料分类：Au 凸点、Ni/Sn 凸点、Cu 凸点、Cu/Pb-Sn 凸点、In 凸点、Pb/Sn 凸点（C4）。
- 按凸点结构分类：周边型、面阵型。
- 按凸点形状分类：蘑菇状、直状、球形、叠层。

（2）凸点芯片的制作工艺。形成凸点的工艺技术多种多样，归结起来主要有：蒸发/溅射凸点制作法、电镀凸点制作法、置球及模板印刷制作焊料凸点法、化学镀凸点制作法、打球（钉头）凸点制作法、激光法、移置法、叠层制作法及柔性凸点制作法等。下面简单说明一下前三种方法的实现过程。

① 蒸发/溅射凸点制作法。早期凸点制作常用蒸发/溅射法，因为它与 IC 工艺兼容，工艺简单成熟，多层金属和凸点金属可以一次完成。首先制作掩膜板，并将制作好的掩膜板安装好，然后进行蒸发/溅射各金属层，最后进行光刻，去除多余的金属层形成凸点，如图 2.31 所示。但是因为是蒸发/溅射制造凸点，所以凸点的直径较大，这就限制了 I/O 的数量，同时凸点较低。如果要形成一定高度的凸点，就需要长时间进行蒸发/溅射，设备应是多源多靶的，因此，形成凸点的设备费用投资较大，成本高、效率低，较难适于大批量生产。

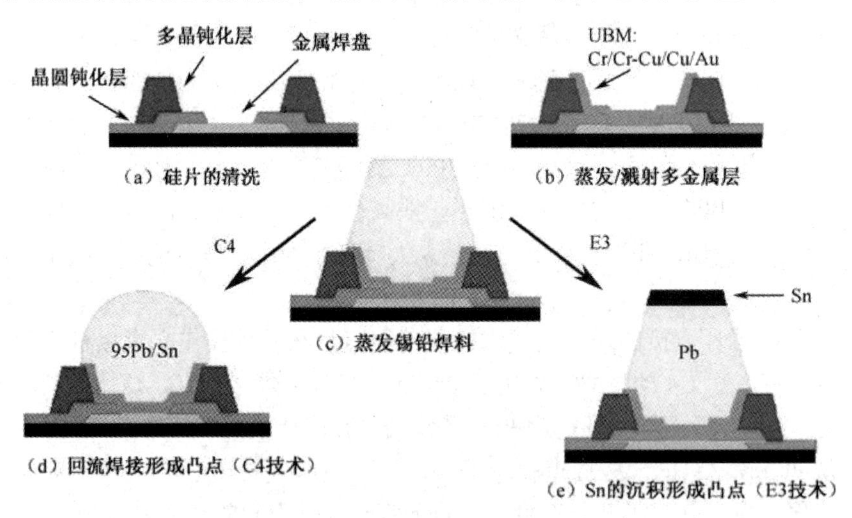

图 2.31　蒸发/溅射凸点制作法

② 电镀凸点制作法。电镀凸点制作法是国际上最为普遍运用且工艺成熟的制作方法，它不仅加工过程少，工艺简单易行，而且适于大批量制作各种类型的凸点。

制作工艺是从 Si 晶圆片 IC 芯片开始的，Si 晶圆片 IC 芯片已经进行了最终 Si_3N_4 钝化，每个 IC 芯片都经过了测试，并对不合格的产品进行了标识。过去一般使用不同色泽的碳性墨水打点标记，划片后，马上将坏芯片去除掉。但是制作凸点的芯片还需要对 Si 晶圆片 IC 芯片进行多道工序，碳性墨水打点难以保存下来，所以一般采用激光烧毁不合格 IC 某处以做出永久性的标识，可以使其在后道工序中保留下来。

因为 Au 与 Al 和 Si_3N_4 钝化层的黏附性差，所以用 Ti 作为 Al 电极和 Si_3N_4 钝化层上的黏附金属层，W 作为扩散阻挡层金属，以防止 Au-Al 间互扩散生成脆性的中间金属化合物。Au 层作为凸点的基底金属。这三层金属均在同一真空室中依次淀积完成。

Ti-W-Au 多层金属淀积后，为了保留 Al 电极上的多层金属化合物，需要进行光刻，以光刻胶保护窗口金属层，依次腐蚀掉蒸发/溅射的大面积 Au-W-Ti。在此之后要闪溅一层薄薄的金属 Au（或者 Cu），这是为了下一步制作 Au 凸点时作为电镀导电金属层。

接下来制作直状的 Au 凸点。为了使凸点有一定的高度，要涂较厚的光刻胶，或是贴上一层光刻胶，并在需要制作凸点的地方光刻电镀凸点的窗口，然后就可以电镀 Au 凸点了，如图 2.32 所示。根据凸点高度的要求不同，电镀时间也可以有长有短。一般光刻胶耐酸性而不耐碱性，所以配置的 Au 镀液中电镀时间的长短没有问题。但是若碱性电镀液时间过长，就可能产生浮胶或酸钻蚀现象，所以应该使用弱碱性镀液，且只适用于电镀出完好的低高度（10～30μm）的 Au 凸点。为了电镀出颗粒细、均匀、一致性好的 Au 凸点，最好采用流动性镀液。电源也是影响凸点质量的重要原因，脉冲电源比直流电源好，因为脉冲电源的瞬时电流密度大，成核点多，镀出的凸点颗粒细，且均匀性和一致性较好。

电镀完毕后，应彻底去除厚胶。将加工好的晶圆片划片切割成一个个单片 IC 芯片，再去除用激光标记的不合格的 IC 芯片，将合格 IC 芯片保留以待使用。

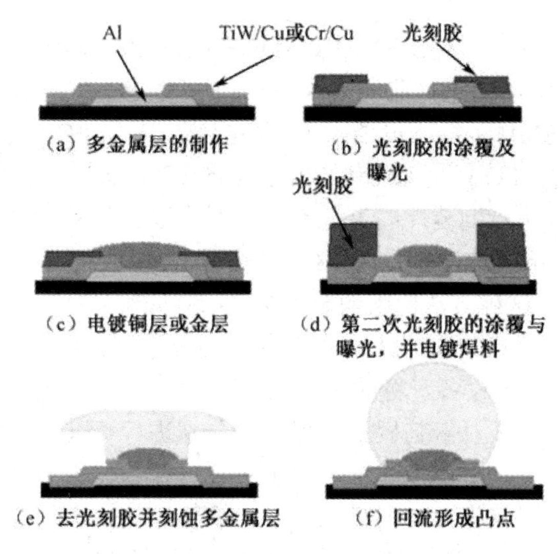

图 2.32　电镀凸点制作法

③ 置球及模板印刷制作焊料凸点。

现在商用 Pb/Sn 合金焊料球已经有不同成分与不同规格的系列产品，它们的熔点各有高低。可以按照要求选择不同的焊料制造凸点。首先在 IC 的 Al 焊区上形成多层金属，方法同如上所述的电镀凸点制作多层金属方法。在 IC 芯片的 Al 焊区上形成多层金属后，通过掩膜板定位放置焊料球，然后在 H_2 或 N_2 保护下在回流过程中再流。焊料在掩膜板的限制下，以低层金属为基面收缩成半球状的焊料凸点。将置料球换成印制焊膏也可制作焊料凸点，不过用做焊膏印制的模板是活动的，各个晶圆片都精确对位后，同用一个模板印制焊膏，如同 SMT 在 PCB 上印制焊膏一样。显然，模板印制法制作焊料凸点要比置球法的生产效率高，也节省模板，且工艺更简单易行，从而更为经济。但是置球法不使用助焊剂，而印制焊膏由于使用了助焊剂，形成凸点后要认真去除焊剂残留物。

这两种方法制作的焊料凸点工艺虽然简单，成本低，但是因为都使用了模板，特别是印制焊膏的模板口径不能太小，否则各个小口漏印后的焊膏量可能相差很多，再流后的焊料凸点的高度的均匀性、一致性就差。所以，此法更适合制作大尺寸的焊料凸点。

2. 凸点芯片的倒装焊（FCB）

制作的凸点芯片既可以在厚膜陶瓷基板上进行 FCB，又可以在薄膜陶瓷或 Si 基板上进行 FCB，还可以在 PCB 上直接将芯片进行 FCB。这些基板既可以是单层的，也可以是多层的，而凸点芯片要倒装焊在基板上层的金属化焊区上。

（1）倒装焊互连基板的金属焊区制作。要使 FCB 芯片与各类基板的互连达到一定的可靠性要求，关键是安装互连 FCB 的基板顶层金属焊区要与芯片凸点一一对应，与凸点金属具有良好的压焊或焊料浸润特性。使用 FCB 的基板一般有陶瓷、Si 基板、PCB 环氧树脂基板，基板上的金属层有 Ag/Pd、Au、Cu（厚膜工艺）、Au、Ni、Cu（薄膜工艺）。薄膜陶瓷基板的金属化工艺采用“蒸发/溅射—光刻—电镀”的方法实现，在这种方法下可制作 10 μm 线宽/金属化图形；而厚膜工艺只能满足凸点的尺寸/间距较大的凸点芯片的 FCB 要求。通常采用厚膜/薄膜混合布线，在基板顶层采用薄膜金属化工艺就能达到 FCB 任何凸点芯片的要求。

至于 PCB 金属化，一般是针对 SMT 贴装 SMD 而制作的，其线宽/间距约数百微米，因此，直到芯片贴装（DCB）的线宽/间距目前仍难以缩小，适合凸点尺寸/间距较大的凸点芯片 FCB。今后，随着 PCB 布线及 SMD 安装密度要求的不断提高，多层 PCB 也要从材料、设计及制造工艺技术方面进一步改进，FCB 凸点芯片在 PCB 上的 DCA 水平也会相应提高。

（2）倒装焊的工艺方法。倒装焊的工艺方法主要有以下几种：热压焊倒装焊法、再流倒装焊法、环氧树脂光固化倒装焊法、各向异性导电胶倒装焊法。

① 热压焊倒装焊法。这种方法使用倒装焊接机，完成对硬凸点、Ni/AuCu 凸点、CuC 凸点、Cu/Pb-S 凸点的 FCB。倒装焊接机是由光学摄像对位系统、捡拾热压超声焊头、精确定位承片台及显示屏等组成的精密设备。将欲 FCB 的基板置放在承片台上，用捡拾焊头捡拾带有凸点的芯片，一路光学摄像头对着基板上的焊区，分别进行调准对位，并显示在屏幕上。待调准对位达到要求的精度后，就可以落下压焊头进行压焊。使用倒装焊机完成对硬凸点的芯片连接，压焊头可加热并带有超声，同时承片台也需要加热，所加温度、压力和时间与凸点的金属材料、凸点的尺寸有关。FCB 的芯片与基板的平行度非常重要，如果它们不平行，焊接后的凸点形变就有大有小，致使拉力强度也有高有低，有的焊点可能达不到使用要求，所以调节芯片与基板的平行度对焊接质量十分重要。

② 再流倒装焊法——C4 技术。这种焊接方法专对各类 Pb/Sn 焊接凸点进行再流焊接，即可控塌陷芯片连接（C4）。因此这种 FCB 方法技术称为 C4 技术，如图 2.33 所示。

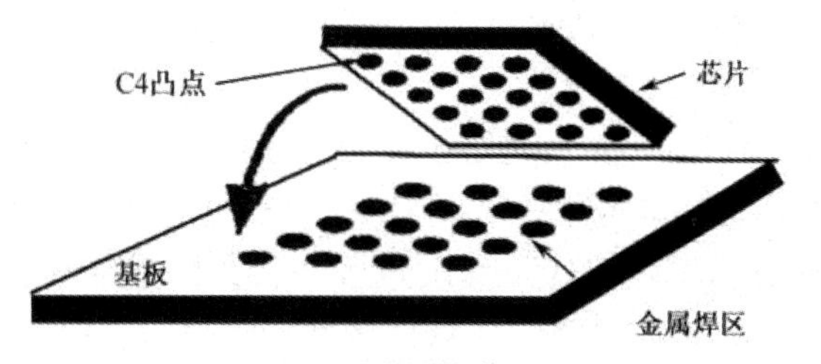

（a）C4 倒装焊技术

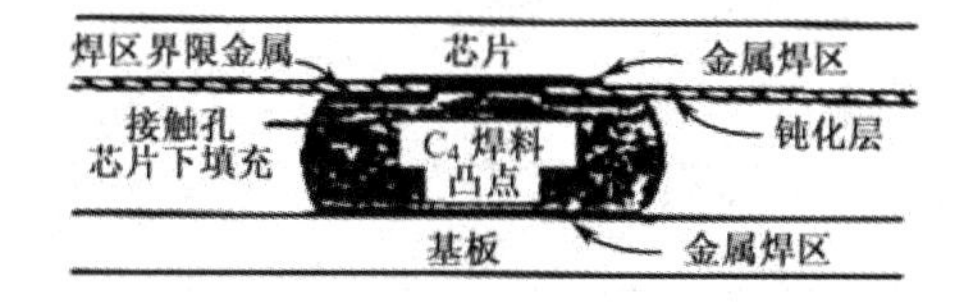

（b）可控塌陷芯片连接（C4）

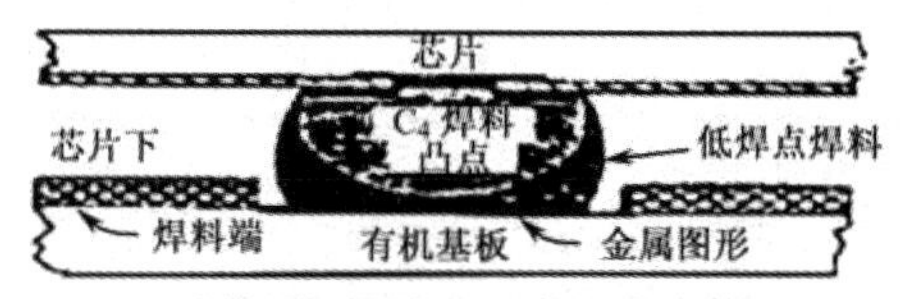

（c）直接贴装在有机基板（PCB）上的 C4

图 2.33　C4 技术

可控塌陷芯片连接（C4）技术是国际上最为流行的并且最具有发展潜力的焊料凸点制作及 FCB 技术，因为它可采用 SMT 在 PCB 上直接芯片贴装并 FCB，C4 技术倒装焊的特点是：

- 既可与光洁平整的陶瓷/Si 基板金属焊区互连，又能与 PCB 上的金属焊区互连；
- C4 芯片凸点用高熔点焊料，PCB 焊区用低熔点焊料，倒装焊再流时，C4 凸点不变形，可弥补基板缺陷产生的焊接问题；
- Pb/Sn 焊料熔化再流，表面张力会产生“自对准”效果，倒装焊时的对准精度要求大为降低。
- 可以用常规的 SMT 贴装设备在 PCB 上贴装焊接凸点芯片，从而达到规模化生产的目的。

③ 环氧树脂光固化倒装焊法。这是一种微米凸点倒装焊接方法，与一般的 FCB 不同的是，这里利用光敏树脂固化时产生的收缩力将凸点与基板上的金属焊区牢固地互连在一起，因此环氧树脂光固化不是“焊接”，而是“机械接触”。这种 FCB 又叫做机械接触法。

工艺步骤为：在基板涂光敏树脂→芯片凸点与基板金属焊区对位贴装→加紫外光并加压进行光固化，从而完成芯片的倒装焊，如图 2.34 所示。

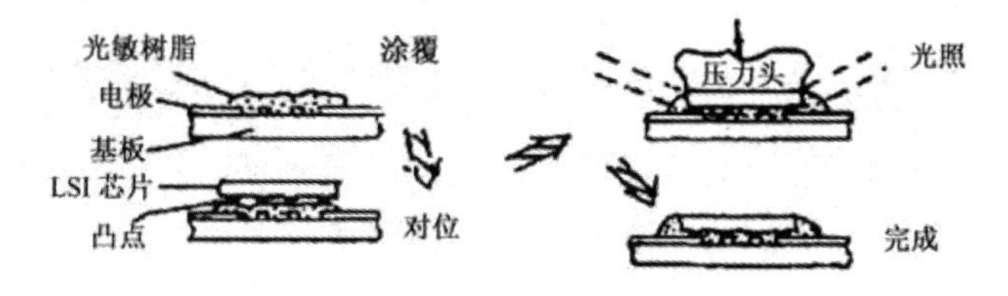

图 2.34　环氧树脂光固化倒装焊法

光固化的树脂为丙烯基系，UV 的光强为 500 mW/cm^2，光照固化时间为 3～5 s，芯片上的压力为 1～5 g/凸点。这种工艺的特点为：工艺简单、不需要昂贵的设备投资、成本低，是一种很有发展前途的倒装焊技术。

④ 各向异性导电胶（Anisotropicall Conducting Adhesive，ACA）倒装焊法。在各种液晶显示器（LCD）与 IC 芯片连接的应用中，典型的方法是使用各向异性导电胶薄膜（ACAF）将 TAB 的外引线焊接到玻璃显示板的焊区上。使用各向异性导电胶（ACA）可以直接倒装焊到玻璃基板上——称为玻璃上芯片技术（COG）。这种工艺简单，能使倒装焊的间距达到 50 μm 或更小，原理图如图 2.35 所示。所谓各向异性导电胶（ACA）可以先简单理解为纵向导电、横向不导电的材料，具体内容将会在后面的章节阐述。

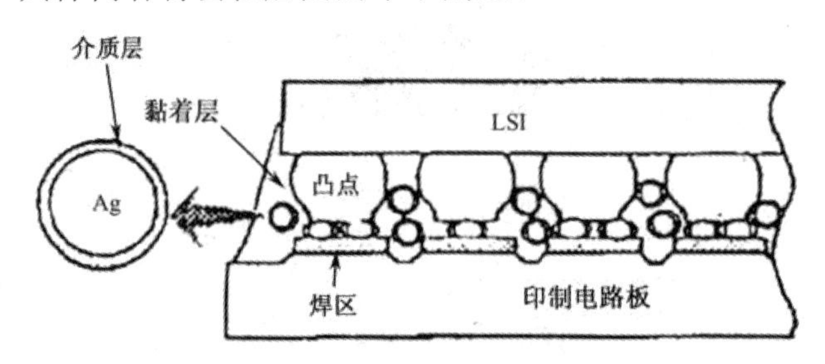

图 2.35　各向异性导电胶（ACA）倒装焊法

ACA 倒装焊的步骤：在基板上涂附 ACA，将带有凸点的 IC 与基板上的金属电极焊区对位后，芯片上加压并进行 ACA 固化，这样，导电粒子挤压在凸点与焊区间，使上下接触导电，而在 *X*、*Y* 平面各向导电粒子不连续，故不导电。一般而言 ACA 有以下几种类型：热固型、热塑性和紫外光（UV）固化型。

为了制作更小尺寸的 LCD，就需要不断地缩小 IC 凸点的尺寸、凸点的间距、倒装焊的间距，这样带来的问题就是此时（如小于 50 μm 凸点尺寸的时候）若仍采用传统的 ACA 倒装焊的技术会出现横向短路导电的可能性。为了排除这种不良的影响，传统的 ACA 倒装焊技术就要进行改进，其中设置尖峰状的绝缘介质就是一种很有效方法，即在凸点之间的基板上制作“绝缘堤坝”阻止横向导电。这种尖峰绝缘堤坝可以使用常规的光刻方法完成。

3．倒装焊接后芯片下面充填

通常在倒装焊后，在芯片与基板间填充环氧树脂，如图 2.36 所示，这种环氧树脂是十分重要的。首先，环氧树脂可以保护芯片免受环境影响，耐受机械振动和冲击，在此时之前因为只有接触点连接作用，在环境（温度）变化或受到冲击的时候，接触点很容易发生断裂现象，从而出现可靠性问题；其次，环氧树脂可以减小芯片与基板间热膨胀失配的影响，起到缓冲的作用。同时环氧树脂可以使得应力和应变再分配，缓解芯片中心用四角部分凸点连接处应力和应变过于集中。这样，在环氧树脂作用下，元器件的可靠性可以提高为原来的 5～10 倍。

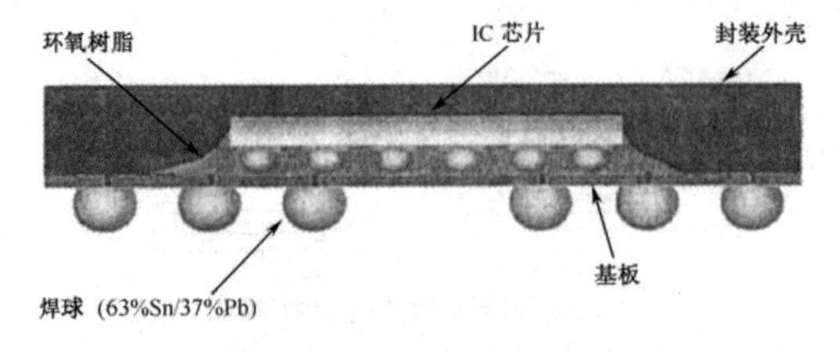

图 2.36　倒装焊接后芯片下面的填充

通过环氧树脂的作用可以推断出来，合格的环氧树脂填充料应符合以下要求：

（1）填料无挥发性，否则可能导致机械失效；

（2）应尽可能减小以消除应力失配；

（3）为避免 PCB 产生变形，固化温度要低，因为高的固化温度不但可能引起 PCB 的变形，还可能对芯片造成损坏；

（4）填料的粒子尺寸应小于倒装芯片与基板的间隙；

（5）在填充温度下的填料黏滞性要低，流动性要好；

（6）填料应具有较高的弹性模量用弯曲强度，以确保焊接点不会断裂；

（7）在高温高湿的环境下，填料的绝缘电阻要高，以免产生短路现象；

（8）抗化学腐蚀力强。

一般填料的方法是：将倒装芯片-基板加热到 70℃～75℃，利用加有填料的 L 形注射器，沿芯片的边缘双向注射填料。由于细缝的毛细管虹吸作用，填料被吸入并向芯片基板的中心流动、固化。

最后，总结一下 FCB 的优点与需要改进的地方。

（1）优点：

① 互连线短，互连电容、电阻、电感小，适合高频、高速元器件；

② 占基板的面积小，安装密度高，这在现代电子产品中极为重要；

③ 芯片焊区可面分布，适合高 I/O 器件；

④ 芯片安装和互连可以同时进行，工艺简单、快速，适合 SMT 工业化大批量生产。

（2）缺点：

① 需要精选芯片；

② 安装互连工艺操作有难度（芯片面朝下），焊点检查困难；

③ 凸点制作工艺复杂，提高了芯片制作工艺及成本；

④ 材料间匹配性生产周期加长，散热能力有待提高。

2.5 成型技术

芯片互连完成之后就到了塑料封装阶段，即将芯片与引线框架“包装”起来。这种成型技术有金属封装、塑料封装、陶瓷封装等，但是从成本的角度和其他方面综合考虑，塑料封装是最常用的封装方式，它占据了 90%左右的市场。

塑料封装的成型技术有多种，包括转移成型技术（Transfer Molding）、喷射成型技术（Inject Molding）、预成型技术（Premolding）等，但最主要的成型技术是转移成型技术。转移成型使用的材料一般为热固性聚合物（Thermosetting Polymer）。

所谓的热固性聚合物是指低温时聚合物是塑性的或流动的，但将其加热到一定温度时，即发生所谓的交联反应（Cross-Linking），形成刚性固体。若继续将其加热，则聚合物只能变软而不可能熔化、流动。

在塑料封装中使用的典型成型技术的工艺过程如下，将已贴装芯片并完成引线键合的框架带置于模具中，将塑封的预成型块在预热炉中加热（预热温度在 90℃～95℃之间），然后放进转移成型机的转移罐中。在转移成型活塞的压力下，塑封料被挤压到浇道中，并经过浇口注入模腔（在整个过程中，模具温度保持在 170℃～175℃）。塑封料在模具中快速固化，经过一段时间的保压，使得模块达到一定硬度，然后用顶杆顶出模块，成型过程就结束了。

用转移成型法密封 IC 芯片，有许多优点。它的技术和设备都比较成熟，工艺周期短，成本低，几乎没有后整理（Finish）方面的问题，适合于大批量生产。当然，它也有一些明显的缺点：塑封料的利用率不高（转移灌、壁和浇道中的材料均无法重复利用，有 20%～40%的塑封料被浪费），使用标准的框架材料，对于扩展转移成型技术至较先进的封装技术（如 TAB）不利，对于高密度封装有限制。

转移成型技术的设备包括：预加热器、压机、模具和固化炉。在高度自动化的生产设备中，产品的预热、模具的加热和转移成型操作都在同一台机械设备中完成，并由计算机实施控制。目前，转移成型技术的自动化程度越来越高，预热、框架带的放置、模具放置等工序都可以达到完全自动化，塑封料的预热控制、模具的加热和塑封料都由计算机自动编程控制完成，劳动生产率大大提高。

对于大多数塑封料而言，在模具中保压几分钟后，模块的硬度足以达标并被顶出，但是，聚合物的固化（聚合）并未全部完成。由于材料的聚合度（固化程度）严重影响材料的玻璃化转变温度及热应力，所以，促使材料全部固化以到达一个稳定的状态，对于提高元器件可靠性是十分重要的。后固化是提高塑封料聚合度而必需的工艺步骤，一般后固化条件为 170℃～175℃、2～4h。目前，也发展了一些快速固化（Fast Cure Molding Compound）的塑封料，在使用这些材料时，就可以省去后固化工序，提高生产效率。

2.6　去飞边毛刺

塑料封装中塑封料树脂溢出、贴带毛边、引线毛刺等统称为飞边毛刺现象。例如，塑封料只在模块外的框架上形成薄薄的一层，面积也很小，通常称为树脂溢出（Resin Bleed）。若渗出部分较多、较厚，则称为毛刺（Flash）或飞边毛刺（Flash and Strain）。造成溢料或毛刺的原因很复杂，一般认为与模具设计、注模条件及塑封料本身有关。毛刺的厚度一般要薄于 10 μm，它给后续工序（如切筋成型）带来麻烦，甚至会损坏机器。因此，在切筋成型工序之前，要进行去飞边毛刺工序（Deflash）。

随着模具设计的改进，以及严格控制注模条件，毛刺问题越来越小了。在一些比较先进的封装工艺中，已不再进行去飞边毛刺的工序。

去飞边毛刺工序工艺主要有：介质去飞边毛刺（Media Deflash）、溶剂去飞边毛刺（Solvent Deflash）、水去飞边毛刺（Water Deflash）。另外，当溢出塑封料发生在框架堤坝（Dam Bar）背后时，可用所谓的树脂清除（Dejunk）工艺。其中，介质去飞边毛刺和水去飞边毛刺的方法用得最多。

用介质去飞边毛刺时，将研磨料（如粒状的塑料球）与高压空气一起冲洗模块。在去飞边毛刺过程中，介质会将框架引脚的表面轻微擦磨，这将有助于焊料和金属框架的粘连。曾经使用天然的介质，如粉碎的胡桃壳和杏仁核，但由于它们会在框架表面残留油性物质而被放弃。

用水去飞边毛刺工艺是利用高压的水流来冲击模块，有时也会将研磨料与高压水流一起使用。用溶剂去飞边毛刺通常只适用于很薄的毛刺。溶剂包括 N-甲基吡咯烷酮（NMP）或双甲基呋喃（DMF）。

2.7 上焊锡

对封装后框架外引脚的后处理可以是电镀（Solder Plating）或浸锡（Solder Dipping）工艺，该工序是在框架引脚上做保护性镀层，以增加其可焊性。电镀目前都是在流水线式的电镀槽中进行的，首先进行清洗，然后在不同浓度的电镀槽中进行电镀，最后冲洗、吹干，放入烘箱中烘干。浸锡首先也是清洗工序，将预处理后的元器件在助焊剂中浸泡，再浸入熔融铅锡合金镀层（Sn/Pb=63/37）。工艺流程为：去飞边→去油→去氧化物→浸助焊剂→热浸锡→清洗→烘干。

比较以上两种方法，浸锡容易引起镀层不均匀，一般由于熔融焊料的表面张力的作用使得浸锡部分中间厚、边缘薄；而电镀的方法会造成所谓的“狗骨头”（Dog-Bone）问题，即角周围厚、中间薄，这是因为在电镀的时候容易造成电荷聚集效应，更大的问题是电镀液容易造成离子污染。

焊锡的成分一般是63%Sn/37%Pb，它是一种低共熔合金，其熔点在183℃～184℃之间，也有使用成分为 85%Sn/15%Pb、90%Sn/10%Pb、95%Sn/5%Pb 的焊锡，有的日本公司甚至用98%Sn/2%Pb 的焊料。减少铅的用量，主要出于环境保护的考虑，因为铅对环境的影响正日益引起人们的高度重视。而镀钯工艺，则可以避免铅的环境污染问题。但是，由于钯的黏性不好，需要先镀一层较厚、较密的富镍的阻挡层，钯层的厚度仅为 76 μm。由于钯层可以承受成型温度，所以，可以在成型之前完成框架的上焊锡工艺。并且，钯层对于芯片粘贴和引线键合都适用，可以避免在芯片粘贴和引线键合之前必须对芯片焊盘和框架内引脚进行选择性镀银（以增加其黏着性），因为镀银时所用的电镀液中含有氰化物，给安全生产和废物处理带来麻烦。

2.8 切筋成型

切筋成型实际是两道工序，但通常同时完成。有时会在一台机器上完成，但有时也会分开完成，如 Intel 公司，先做切筋，然后完成焊锡，再进行成型工序，这样做的好处是可以减少没有镀上焊锡的截面面积，如图 2.37 所示。

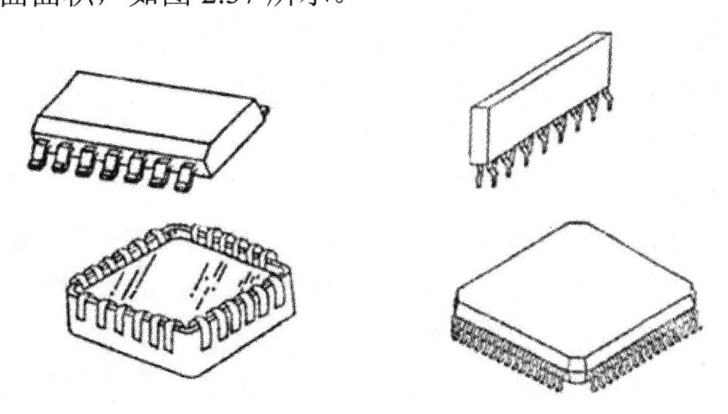

图 2.37 经过切筋成型处理后得到的芯片

所谓的切筋工艺，是指切除框架外引脚之间的堤坝（Dam Bar）及在框架带上连在一起的地方；所谓的成型工艺则是将引脚弯成一定的形状，以适合装配（Assembly）的需要。对于成型工艺，最主要的问题是引脚的变形。对于 PTH 装配要求而言，由于引脚数较少，引脚较粗，基本上没有问题；而对于 SMT 装配，尤其是高引脚数目框架和微细间距框架器件，一个突出的问题是引脚的非共面性（Lead Non Coplanarity）。造成非共面性的原因主要有两个：一个原因是工艺过程中的不恰当处理，但随着生产自动化程度的提高，人为因素大大减少，使得这方面的问题几乎不复存在；另一个原因是成型过程中产生的热收缩应力。在成型后的降温过程中，一方面由于塑封料在继续固化收缩，另一方面由于塑封料和框架材料之间热膨胀系数失配引起的塑封料收缩程度大于框架材料的收缩程度，有可能造成框架带的翘曲，引起非共面问题。所以，针对封装模块越来越薄、框架引脚越来越细的趋势，需要对框架带重新设计，包括材料的选择、框架带长度及框架形状等，以克服这一困难。

2.9 打码

打码就是在封装模块的顶面印上去不掉的、字迹清楚的字母和标识，包括制造商的信息、国家、器件代码等，主要是为了识别和跟踪。打码的方法有多种，其中最常用的是印码（Print），印码又包括油墨印码（Ink Marking）和激光印码（Laser Marking）两种。使用油墨打码，工艺过程有些像敲橡皮图章，一般是用橡胶来刻制打码所用的标识。油墨通常是高分子化合物，是基于环氧或酚醛的聚合物，需要进行热固化，或使用紫外光固化。使用油墨打码，对模块表面要求比较高，若模块表面有沾污现象，油墨就不易印上去。另外，油墨比较容易被擦去。有时，为了节省生产时间和操作步骤，在模块成型之后首先进行打码，然后将模块进行后固化，这样，塑封料和油墨可以同时固化。此时，特别要注意在后续工序中不要接触模块表面，以免损坏模块表面的印码。粗糙表面有助于加强油墨的黏着性。激光印码是利用激光技术在模块表面写标识。激光源常常是 CO_2 或 Nd:YAG。与油墨印码相比，激光印码最大的优点是不易被擦去，而且，它也不涉及油墨的质量问题，对模块表面的要求相对较低，不需要后固化工序。激光印码的缺点是字迹较淡，与没有打码的衬底差别不大，不如油墨打码明显。当然，可以通过对塑封料着色剂的改进来解决这个问题。

2.10 元器件的装配

元器件装配的方式有两种：一种是波峰焊（Wave Soldering），另一种是回流焊（Reflow Soldering）。波峰焊主要用在插孔式 PTH 封装类型元器件的装配中，而表面贴装式 SMT 及混合型元器件装配则大多使用回流焊。

波峰焊（如图 2.38 所示）是早期发展起来的一种 PCB 和元器件装配工艺，现在已经较少使用。波峰焊的工艺过程包括上助焊剂、预热及将 PCB 在一个焊料波峰（Solder Wave）上通过，依靠表面张力和毛细管现象的共同作用将焊剂带到 PCB 和元器件引脚上，形成焊接点。在波峰焊工艺中，熔融的焊料被一股股地喷射出来，形成焊料峰，故有此名。

目前，元器件装配最普遍的方法是回流焊工艺，因为它适合表面贴装的元器件，同时，也可以用于插孔式元器件与表面贴装元器件混合电路的装配。由于现在的元器件装配大部分是混合式装配，所以，回流焊工艺的应用更广泛。回流工艺看似简单，其实包含了多个工艺阶段：将焊膏（Solder Paste）中的溶剂蒸发掉；激活助焊剂（Flux），并使助焊剂作用得到发挥；小心地将要装配的元器件和 PCB 进行预热；让焊剂熔化并润湿所有的焊接点；以可控的降温速率将整个装配系统冷却到一定的温度。回流工艺中，元器件和 PCB 要经受高达 210℃和 230℃的高温，同时，助焊剂等化学物质对元器件都有腐蚀性，所以装配工艺条件处置不当也会造成一系列的可靠性问题。

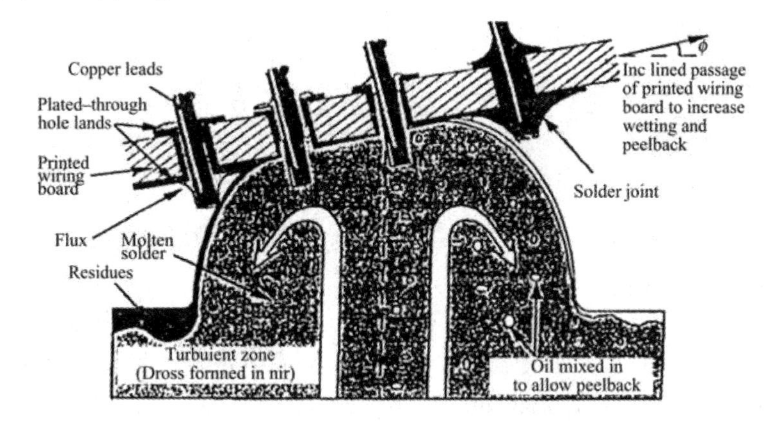

图 2.38　波峰焊简略示意图

封装质量是封装设计和制造中最重要的因素。质量低劣的封装可危害集成电路元器件性能的其他优点，如速度、价格低廉、尺寸小等。事实上，塑料封装的质量与元器件的性能和可靠性有很大的关系，但封装性能更多地取决于封装设计和材料选择而不是封装生产，可靠性问题却与封装生产密切相关。在完成封装模块的打码（Marking）工序后，所有的元器件都要进行测试，在完成模块在 PCB 上的装配之后，还要进行整块板测试。这些测试包括一般的目检、老化试验（Burn-in）和最终的产品测试（Final Testing）。最终合格的产品就可以出厂了。

复习与思考题 2

1．常用的芯片贴装有哪三种？请对这三种芯片贴装方法做出简单说明。

2．芯片互连技术有哪几种？分别解释说明。

3．简述共晶连接法、高分子连接法。

4．导电胶连接法中的各向同性材料、各向异性材料的区别是什么？

5．简述打线键合技术。

6．简述载带自动键合技术。

7．简述倒装芯片键合技术。

8．请说明热压焊和超声焊的工艺原理，并指出优缺点。

9．引线键合可能引起什么样的失效，原因何在？

10．TAB 技术的关键材料有哪些？说明这些材料应具备的性质，并举例。

11．在 FCB 技术中，最具代表性的 C4 技术使用了 Pb/Sn 焊料作为芯片凸点，请说明 Pb/Sn 焊料的优点。

12．简述倒装键合工艺特点。

13．各向异性导电胶（ACA）和倒装键合的工艺步骤是什么？

14．倒装焊接后芯片下填充料主要起了什么作用？

15．在现代成型技术中，哪一种是最主要的塑料成型技术？它的具体做法是什么？并简要说明这种成型技术的优缺点。

16．在完成灌输封装并成型之后，还需要进行哪些封装后处理技术？它们都起了哪些作用？

第 3 章 厚/薄膜技术

厚膜（Thick Film）技术与薄膜（Thin Film）技术是电子封装中重要的工艺技术。厚膜技术使用网印与烧结（Firing/Sintering）方法，薄膜技术使用镀膜、光刻（Photolithography）与刻蚀等方法，它们均用以制作电阻、电容等无源元件。该技术也可在基板上制成布线导体以连接各种电路元器件，而成所谓的混合（Hybrid）集成电路电子封装。氧化铝、玻璃陶瓷（Glass-Ceramic）、氮化铝（Aluminum Nitride，AlN）、氧化铍（Beryllia，BeO）、碳化硅（Silicon Carbide，SiC）、石英（Quartz）等均可以作为这两种技术的基板材料，薄膜技术主要使用硅与砷化镓晶圆片作为基板材料。

3.1 厚膜技术

如图 3.1 所示的厚膜混合电路是用丝网印刷方法把导体浆料、电阻浆料和绝缘材料浆料转移到一个陶瓷基板上制造的。印刷的膜经过烘干以去除挥发性的成分，然后在较高的温度下烧结，完成膜与基板的粘贴。用这种方法依次制作出如图 3.2 所示的各层，就可制成包含集成电阻、电容或电感的多层互连结构。

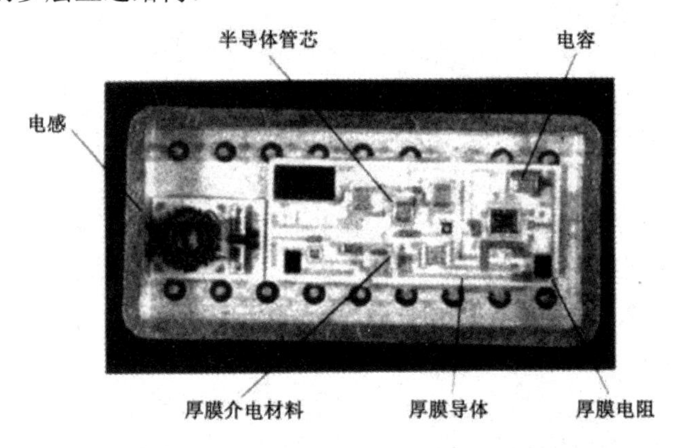

图 3.1 厚膜混合电路

所有厚膜浆料通常都有两个共性：

（1）适于丝网印刷的具有非牛顿流变能力的黏性流体；

（2）由两种不同的多组分相组成，一个是功能相，提供最终膜的电学和力学性能，另一个是载体相（黏着剂），提供合适的流变能力。

可以把厚膜浆料按不同的方式进行分类。如图 3.3 所示给出了三种基本分类：聚合物厚膜、难熔材料厚膜和金属陶瓷厚膜。难熔材料厚膜是一种特殊类型的金属陶瓷厚膜，经常把它分成独立的一类，这些材料需要在比传统的金属陶瓷材料更高的温度（1 500℃～1 600℃）下烧结，也是在还原气氛中烧结的。

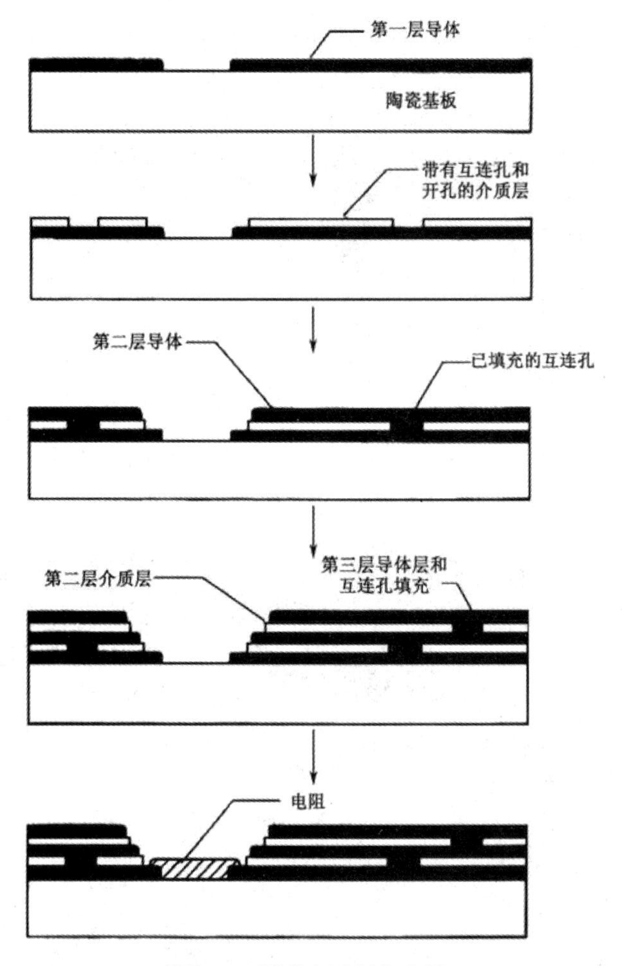

图 3.2　厚膜多层制作步骤

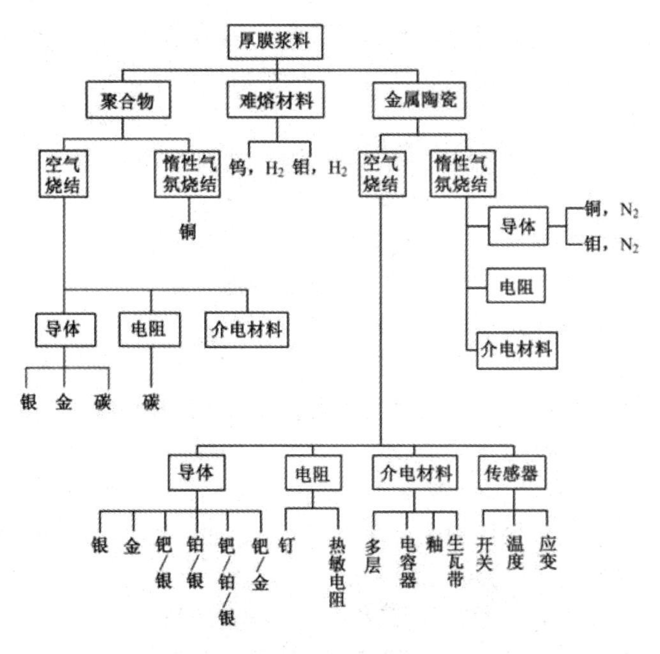

图 3.3　厚膜浆料表

聚合物厚膜是包含带有导体、电阻或绝缘颗粒的聚合物材料的混合物，它们在 85℃～300℃温度区间固化。聚合物导体主要是银和碳，而碳是最常用的电阻材料，聚合物厚膜材料常用在有机基板材料上，而不是在陶瓷基板上。

烧结态的金属陶瓷厚膜材料是微晶玻璃（玻璃陶瓷）与金属的混合物，通常在 850℃～1 000℃烧结。

传统的金属陶瓷厚膜浆料具有 4 种主要成分：有效物质，确立膜的功能；粘贴成分，提供与基板的粘贴及使有效物质颗粒保持悬浮状态的基体；有机黏着剂，提供丝网印制的合适流动性能；溶剂或稀释剂，它决定运载剂的黏度。

3.1.1 厚膜工艺流程

生产厚膜电路需要三个基本工艺：丝网印刷、厚膜材料的干燥和烧结。

1. 丝网印刷

丝网印刷工艺把浆料涂布在基板上，干燥工艺的作用是在烧结前从浆料中去除挥发性的溶剂。烧结工艺使粘贴机构发挥作用，使印刷图形粘贴到基板上。

厚膜浆料通过不锈钢网的网孔印刷涂布到基板上。在设计过程中，产生每层对应的原图，这些原图用来使涂有感光材料（即感光胶）的丝网曝光，产生图形。没有被掩膜暗区保护的感光胶受到紫外线作用而交联硬化，受到保护的部分可以用水溶液直接冲洗掉，留下与掩膜暗区对应的感光胶的开口图形区。

商品的丝网印刷机设计成丝网平行且贴近于基板，使用刮板施力迫使浆料通过开口图形区转移到基板上。工艺步骤如下：

（1）将丝网固定在丝网印刷机上；

（2）基板直接放在丝网下方；

（3）将浆料涂布在丝网上面。

刮板在丝网的表面运动，迫使浆料通过开口图形区落到基板上。利用这种方式可以用浆料印刷出非常精密的几何图形，构成复杂的互连图形。

使用丝网印刷制图已经有几千年了。在古代中国，丝绸是第一种作为筛网的材料。用沥青或类似材料盖住丝绸中不希望印上的区域，再用手迫使颜料通过图形印到布或其他的表面构成彩色的图案。用不同的颜色或图案进行连续几次这样的操作，就可以形成复杂的装饰图案。

丝绸一直是最常用的材料之一，直到开发出合成材料为止。术语“丝印”还在普遍地用来描述丝网印刷工艺。合成纤维（如尼龙）能够更好地控制丝网材料，再加上用于产生图形的感光材料的快速发展，使得丝网印刷成为更精确、可重复性好和容易控制的技术。

今天，在混合微电子工业中，主要的丝网材料是不锈钢，使用不锈钢比尼龙更容易控制，图形更精确，而且耐磨耐拉伸，原始的手工印刷参数以补偿浆料特性变化。

在制造厚膜混合微电路使用的所有工艺中，丝网印刷的工艺是最难解析的，因为涉及大量的变量，不可能测出浆料的这些参数并把它们转变成适宜的印刷机设置以得到满意的结果。很多变量并不处在工艺师的直接控制之下，它们随着丝网印刷的不断进行会发生变化。例如，浆料的黏度在印刷中由于溶剂的挥发会发生改变。

丝网印刷有两种方法：一个是接触工艺，一个是非接触工艺。前者丝网在整个印刷过程中与基板保持接触，然后通过降下基板或提起丝网使两者迅速分开。在非接触工艺中，丝网与基板分开一个很小的距离，用刮板去刮丝网就会很快恢复原状，把浆料留在了基板上。通常用非接触工艺可以获得最佳的线条清晰度，大多数厚膜浆料的印刷是用这种方法实现的。接触工艺通常用在使用模板来印刷软铅焊浆料，模板是一种固体金属，不能像没有永久变形的丝网那样，以同样方式连续地拉伸。

在丝网印刷过程中，浆料被涂布在丝网上，刮板运动，扫过丝网。来自刮板的压力迫使浆料通过丝网上的开口图形区落到基板上。粗糙的基板表面要比丝网光滑的丝线造成更大的表面张力，因此刮板过后，会使浆料仍然保留在基板上。浆料的触变性使这个工艺过程容易实现，当刮板在浆料上施加力时，浆料被稀释，更容易流动；当刮板通过后，浆料变得黏稠，并保持基板上线条的清晰度。

2．厚膜浆料的干燥

两种有机组分组成了印刷膜的黏着剂：可挥发组分和不挥发组分。在印刷以后，厚膜材料是悬浮在黏稠的黏合剂中的一些离散的玻璃或金属的颗粒，并且有黏性和易碎性。挥发的组分必须在烧结前就在低温下去除，挥发的溶剂在温度超过 100℃就会迅速蒸发，并可使暴露于高温下的烧结膜产生严重孔洞。

在印刷后，零件通常要在空气中“流平”一段时间（通常 5～15 min）。流平的过程使得丝网筛孔的痕迹消失，某些易挥发的溶剂在室温下缓慢地挥发。流平工艺对烧结成膜的精度影响很大，由于浆料的触变性使得它在印刷过程中黏度降低很多，印刷以后，黏度是相当低的，需要一定的时间使得它在干燥前恢复到较高的黏度。如果在印刷后就立刻把膜暴露在高温中，黏度将降低更多，浆料就会在基板表面铺展开来，使印刷膜的边缘清晰度受到破坏。

流平后，零件要在 70℃～150℃的温度范围内强制干燥大约 15 min。干燥通常是在低温的链式烘干炉中进行的。对于小规模的生产或实验室研究而言，干燥可以在间歇式的强制空气干燥炉中或把基板放在一块热板上进行。在生产环境中有一个把溶剂蒸发排除的抽风系统是非常重要的。某些溶剂具有强烈的气味，如果还停留在烧结炉附近，可能对烧结气氛产生有害的作用。

在干燥中要注意两点：气氛的纯洁度和干燥的速率。必须在洁净室（<100 000 级）进行干燥，防止灰尘和纤维屑落在烘干的膜上。在烧结过程中，这些颗粒将烧掉，在膜里留下孔洞，在干燥过程中必须控制升温速率，防止由于溶剂的迅速挥发导致膜的开裂。

干燥过程可以把浆料中绝大部分挥发性物质去除。在干燥阶段，大约有 90%的溶剂和黏着剂被去除。这些溶剂可以是松油醇、丁醇、高醇（如正癸醇和辛醇）、二甲苯。这些溶剂有着潜在的毒性，所以干燥必须在通风罩或其他抽风装置中进行。由于每种浆料系统都有各自的溶剂、黏着剂和润湿剂，浆料制造商都会为其材料推荐合适的干燥方案。

3．厚膜浆料的烧结

在干燥以后，零件被放在带式炉的传送带上，与干燥的工作曲线一样，每一种浆料的制造商都为他们的产品设计了精确的曲线，应该向他们咨询最新的信息。

厚膜的烧结炉必须具备以下几点：

（1）清洁的烧结炉环境；

（2）一个均匀可控的温度工作曲线；

（3）均匀可控的气氛。

为了提供清洁的环境和可控的气氛，所有的厚度烧结炉都设有密封炉管，可以使用金属炉管和石英炉管，只要设计合理，两者都能给出满意的结果。因为制造大截面积的密封用石英炉管过于昂贵，对于大规模生产用的炉子和多种气氛的炉子都必须使用金属的炉管，通常为 Inconel（注：Inconel 为 Inco 公司一种铬镍铁耐热合金的注册产品名）。所设计的厚膜烧结炉是在 1 000℃以下工作的，电阻加热炉使用缠绕的镍铬合金加热体。

在某些设计里，传统的耐火砖绝热材料已被轻质泡沫绝热材料代替，后者与前者相比有很多优点，因为它们不会像耐火砖那样吸附水分，在不使用时就可以把炉子关掉。而砖砌的炉子就不推荐这样做，因为蒸发的气体将会对砖造成损坏。在目前美国很多地方电费很高的情况下，不使用时就可以停炉，以节约费用。相反，对于砖砌的炉子，即使不用，也只能把炉子“压火”到较低的温度，但不能切断电源。

轻质绝热材料本质上具有较低的比热容，因而能够比砖更迅速地响应温度的变化。事实上，可以使它和加热元器件成为一体，这样用一个炉子就可能实现两个或更多的工作曲线。老式的炉子从 850℃稳定到 600℃需要花费 12h 上，而用泡沫或纤维材料制造的炉子只需要 1～2h。

3.1.2　厚膜物质组成

厚膜物质由有效物质、粘贴成分、有机黏着剂、溶剂或稀释剂组成。有效物质直接决定了厚膜的作用与功能，粘贴成分与有机黏着剂用以改变厚膜浆料的流体特性，溶剂为有效物质的载体。

1. 有效物质

浆料中的有效物质决定了烧结膜的电性能，如果有效物质是一种金属，则烧结膜是一种导体；如果有效物质是一种绝缘材料，则烧结膜是一种介电体。有效物质通常制成粉末形状，其颗粒尺寸为 1～10 μm，平均颗粒直径约 5 μm。颗粒的形貌可以是各种各样的，主要取决于生产金属颗粒的方法。不同的粉末制造工艺可以得到球状的、鳞片状的、圆片状的（非晶态和晶态两种）颗粒。结构形状和颗粒的形貌对达到所需要的电性能是非常关键的，必须严格控制颗粒的形状、尺寸和分布及保证烧结膜性能的一致性。

2. 粘贴成分

主要有两类物质用于厚膜与基板的粘贴：玻璃和金属氧化物，它们可以单独使用或一起使用。使用玻璃或釉料的膜称为烧结玻璃材料，它们具有较低的熔点（500℃～600℃）。烧结玻璃材料涉及两种粘贴机理：化学反应和物理反应。关于化学反应机理，熔融的玻璃与基板里的玻璃发生某种程度的化学反应；关于物理反应机理，玻璃流入到基板不规则的表面及其周围，流入孔和孔洞并黏附在陶瓷小的突出部位。总的粘贴结果是这两种因素的叠加，物理键合比化学键合在承受热循环或热储存时更易退化，通常在应力作用下首先发生断裂。玻璃也为有效物质提供颗粒和基体，使它们彼此保持接触，这有利于烧结并为膜的一端到另一端提供了一连串的三维连续通路。主要的厚膜玻璃基于 B_2O_3-SiO_2 网络状结构，并添加 PbO、Al_2O_3、ZnO、BaO 和 CdO 等改性剂以辅助改变膜的物理性能，如熔点、黏度和热膨胀系数。B_2O_3 对有效物质和基板也有优良的润湿性能，常用做助熔剂。玻璃能以预反应颗粒的形式加入，也可以使用玻璃形成体。例如氧化硼、氧化铅和氧化硅是在烧结过程中形成的。烧结玻璃导体材料往往在表面上有玻璃存在，使得后续元器件组装工艺更为困难。

第二类材料是利用金属氧化物提供与基板的粘贴。在这种情况下，一种纯金属如 Cu、Cd 与浆料混合，它们在基板表面与氧气反应形成氧化物。导体与氧化物粘贴并通过烧结而结合在一起。在烧结过程中氧化物与基板表面上断开的氧键反应形成了 Cu 或 Cd 的尖晶石结构。与玻璃料相比，这一类浆料改善了黏着性，称之为非玻璃材料、氧化物键合或分子键合材料。非玻璃材料一般在 950℃～1 000℃下烧结，这从制造方面来讲是不希望的。用于厚膜烧结的炉子损耗很快，在这个温度下长时间工作需要更多的维护。

第三种材料利用反应的氧化物和玻璃。在这种材料中，氧化物一般为 ZnO 或 CaO，在低温下发生反应，但是不如铜那样强烈。再加入比在玻璃料中浓度要低些的玻璃以增加附着力。这类材料称之为混合粘贴系统，结合了前两种技术的优点并可在较低的温度下烧结。

3. 有机黏着剂

有机黏着剂通常是一种触变的流体，有两个作用：可以使有效物质和粘贴成分保持悬浮态直到膜烧成。此外，赋予浆料良好的流动特性以进行丝网印刷，有机结剂通常称为不挥发有机物，因为它不蒸发，但是在大约 350℃开始烧尽。黏着剂在烧结过程中必须完全氧化，而不可能有任何污染膜的残留碳存在。用于这种目的的典型材料是乙基纤维素和各种丙烯酸树脂。

对在氮气中烧成的膜，烧结的气氛只含有百万分之几的氧，有机载体必须发生分解和热解聚，在作为烧结气氛的氮保护气氛中，以高度挥发的有机蒸汽的形式离开。由于铜膜的氧化，这些有机载体不易氧化成 CO_2 或 H_2O。

4. 溶剂或稀释剂

自然形态的有机黏着剂太黏稠，不能进行丝网印刷，需要使用溶剂或稀释剂。稀释剂比黏着剂较容易挥发，在大约 100℃以上就会迅速蒸发。用于这种目的的典型材料是萜品醇、丁醇和某些络合的乙醇，难挥发才能够溶解在其中。在室温下希望有较低的蒸汽压以减少浆料干燥，维持印刷过程中的恒定黏度。此外，加入改变浆料触变性能的增塑剂、表面活性剂和一些试剂到溶剂中以改善浆料的特性和印刷性能。

为了实现配制工艺，要以合适的比例将厚膜浆料的各种成分混合在一起，然后在三锟轧机中轧制足够长的时间以确保它们彻底地混合，而没有任何结块存在。

3.2 厚膜材料

3.2.1 厚膜导体材料

厚膜导体在混合电路中必须实现以下各种功能：

（1）最主要的功能是在电路的节点之间提供导电布线；

（2）它们必须提供安装区域，以便通过焊料、环氧树脂或直接共晶键合来安装元器件；

（3）它们必须提供元器件与膜布线及与更高一级组装的电互连；

（4）它们必须提供端接区以连接厚膜电阻；

（5）它们必须提供多层电路导体层之间的电连接。

厚膜导体材料有三种基本类型：可空气烧结的、可氮气烧结的和必须在还原气氛中烧结的。可在空气中烧结的材料是由不容易形成氧化物的贵金属制成的，主要的金属是金和银，它们可以是纯态的，也可与钯或与铂存在于合金形式。氮气中烧结的材料包括铜、镍、铝，其中最常用的是铜。难熔材料铝、锰和钨应该在由氮、氢混合的还原性气氛中烧结。

1. 金导体

如图 3.4 所示，金在厚膜电路中有着不同的需要。最常用于高可靠性的场合，如军事和医学用途，或为速度快而需要金丝键合。使用金厚膜的组装工艺（即焊接、环氧粘贴和引线键合）必须考虑可靠性是否需要维持在高水平，如金很容易与锡合金化并熔入含锡的焊料（如铅-锡（Pb/Sn））合金里。金和锡也能形成具有很高电阻率的脆性金属间化合物，在铅-锡焊料用于元器件或引线连接的地方，金必须与铂或钯合金化以减少金的熔入及金属间化合物的形成。金与在半导体元器件中常作为连接材料和键合引线的铝也会形成金属间化合物。铝向金中的扩散系数远高于金向铝中的扩散系数，而且扩散的速率随着温度的上升迅速增加，因此，存在金-铝界面。例如铝丝与金厚膜导体键合时，铝将扩散到金导体里，在界面留下了孔洞（Kirkendal），使键合强度降低，电阻增加。这种现象在温度约 170℃以上时将加速，可靠性降低。加入钯与金合金化，可以明显地降低铝的扩散速率，改善铝丝键合的可靠性。

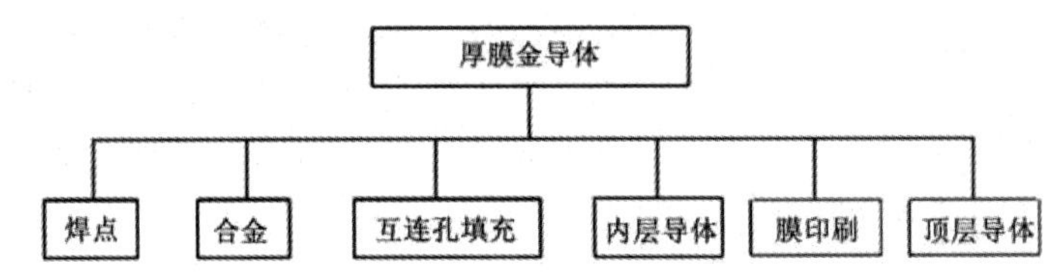

图 3.4 金浆导体在厚膜电路中的应用

2. 银导体

银的价格比金低。与金一样，银会熔入到 Pb/Sn 焊料中，尽管熔入的速率较慢。纯银可以用于几乎不存在暴露于液态 Pb/Sn 焊料的情况，也可以用镀镍进一步抑制银向焊料的熔入。

在两个导体之间施加电位时，若有液态的水存在，银也有迁移的倾向，如图 3.5 所示。带正电荷的银离子从电位较正的导体溶解到水中，两个导体之间的电场使银离子向电位较低的导体运动，在那里与自由电子结合，以金属银的形式从水中沉淀到基板上。随着时间的增加，在两个导体之间将会生长出连续的银膜，形成导电通路。其他的金属（包括金和铅）在合适的条件下也会发生迁移，由于银的离子化电位较高，银的迁移问题是最严重的。

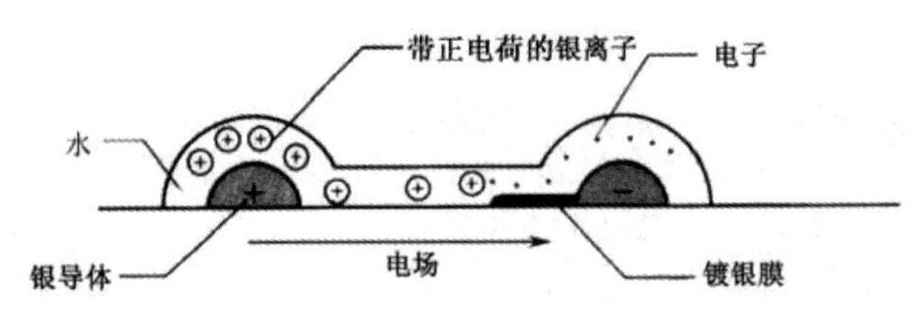

图 3.5 银离子的迁移

利用钯或铂与银合金化可以使银的熔入速率和迁移速率降低，这可以使这些合金用于软钎焊。钯/银导体用于大多数商业用途，并且是混合电路中最常用的材料。然而，加入钯也增加了电阻和成本。为了在性能和成本之间进行良好的折中，常使用银钯比为 4:1 的组分。

3．铜导体

铜基厚膜最初是作为金的低成本代替物来开发的，但在目前，在需要可焊性、耐熔入性和低电阻时铜是优选对象。这些性能对功率混合电路具有极大的吸引力。电阻率低使得铜导体印制线能够承载较高的电流，而电压降较小。可焊性使功率元器件直接焊接到金属化层上而使传热性更好。

难熔厚膜材料，一般为钨、钼和钛，也可以各种不同的结合方式彼此合金化。这些材料被设计成在高达 1 600℃的高温下与陶瓷基板共烧，然后镀镍、镀金以便芯片安装和引线键合。厚膜导体的性能概括如表 3.1 所示。

表 3.1　厚膜导体的性能概括

厚膜导体	Au 丝键合	Al 丝键合	共晶键合	Sn/Pb 钎焊	环氧粘贴
Au	Y	N	Y	N	Y
Pd/Au	N	Y	N	Y	Y
Pt/Au	N	Y	N	Y	Y
Ag	Y	N	N	Y	Y
Pd/Ag	N	Y	N	Y	Y
Pt/Ag	N	Y	N	Y	Y
Pt/Pd/Ag	N	Y	N	Y	Y
Cu	N	Y	N	Y	N

注：Y 表示“可适用”，N 表示“不适用”。

3.2.2　厚膜电阻材料

厚膜电阻是这样制造的，把金属氧化物颗粒与玻璃颗粒混合，在足够的温度/时间进行烧结，以使玻璃熔化并把氧化物颗粒烧结在一起。所得到的结构具有一系列三维的金属氧化物颗粒的链，嵌入在玻璃基体中。金属氧化物与玻璃的比例越高，烧成的膜的电阻率越低，反之亦然。

对于温度控制和气氛控制，厚膜电阻的印刷与烧结工艺是极为关键的，温度和该温度下的停留时间微小的变化都会引起电阻平均值和阻值分布的明显变化。一般，电阻越大，变化越剧烈。作为规律，较高的欧姆值会随着温度和时间增加而减小，而非常低的欧姆值（<100 Ω/μ）往往是增加的。

厚膜电阻对烧结气氛非常敏感，对使用空气烧结的电阻系统，关键是炉内的烧结区要具有很强的氧化气氛。在中性或还原气氛里在用来烧结电阻的温度下含有活性物质的金属氧化物会还原成纯金属。有时，会使电阻值降低一个数量级。高欧姆值的电阻比低欧姆值的电阻更敏感。大气的污染物，如来自碳氢化合物和卤化的碳氢化合物的蒸汽，在烧结温度下发生分解，造成很强的还原气氛，如碳氢化合物的一种裂解物为 CO，就是一种已知的最强的还原剂。在烧结炉中氧化的碳氢化合物浓度只有百万分之几就会使一个 100 kΩ的电阻的阻值降低到 10 kΩ。作为经验，在用于烧结厚膜材料的炉子附近不能有任何溶剂、卤化物或碳基的物质存在。

3.2.3 厚膜介质材料

厚膜介质材料主要是以简单的交叠结构或复杂的多层结构用做导体间的绝缘体。可以在介质层留有小的开口区或通孔以便与相邻的导体层互连。在复杂结构里，每层可能需要几百个通孔，正是以这种方式建立了复杂的互连结构。尽管大多厚膜电路只有三个金属化层，但其他的电路可能需要更多的金属化层。如果需要三层以上时，成品率开始急剧下降，从而使成本增加。

用于这种目的的介质材料必须是结晶的或可再结晶的。以浆料形式存在的这些材料是在相对较低的温度下熔化、比烧结温度更高的玻璃混合物。在烧结过程中，当它们处于液态时，混合在一起形成了一种熔点比烧结温度更高的均匀组分。因此，在随后的烧结中，它们以固态的形式存在，这样就为随后各层烧结提供了一个稳定的基础。相反，非晶玻璃总是会以同样的温度熔化，这作为介质是不能接受的，因为这种玻璃会下沉使下面的导体层短路，或浮上来形成开路。另外，可二次加入陶瓷颗粒来促进结晶和调整膨胀系数（TCE）。

介质材料有两个互相矛盾的要求，一方面，它们要形成连续的膜以消除层间的短路；另一方面，它们必须包含小到 0.010 in（0.25 mm）的开口区。一般说来，介质材料每层要印刷和烧结两次，以消除针孔和防止层间的短路。

厚膜介质材料的 TCE 必须尽可能地接近基板材料以避免加工几层之后基板过分弯曲和翘曲。过分地弯曲可能会给随后的工艺带来严重的问题，特别是在真空下吸住基板或把基板安装在加热台上。此外，弯曲带来的应力能够引起介质材料开裂，特别是它被密封的时候。厚膜材料制造商通过开发与氧化铝基板 TCE 几乎完全匹配的介质材料可以解决这个问题。在存在严重失配的场合必须在基板的底部印刷匹配的介质层以减少弯曲，但这会使成本明显增加。一种是可再结晶的介质材料，一种是为与氧化铝 TCE 匹配而专门配制的介质材料，这两种不同的介质材料 TCE 失配的影响如表 3.2 所示。

表 3.2 基板弯曲（%）与层数

介质材料	层数			
	2	4	6	8
两种晶体填料	0.6	0.8	1.2	2.4
可再结晶填料	1.6	5.5	—	—

具有较高介电常数的介质材料也可用于制造厚膜电容器。它们一般比片式电容器具有更高的损耗正切，并占用大量空间。尽管最初的电容误差较大，但是厚膜电容器可以经过修整达到很高的精度。

3.2.4 釉面材料

介质釉面材料是可以在较低温度（通常在 550℃附近）下烧结的非晶玻璃。它们可以对电路提供机械保护，免于污染和水在导体之间的桥连，阻挡焊料散布，改善厚膜电阻调阻后的稳定性。

贵金属如金和银，从本质上来讲是很软的，特别是金，是所有金属中延展性最好的，当它受到摩擦或用尖锐的物体刮擦时，最终结果很可能是导体之间的金属桥连导致短路。涂覆釉面能够减少损伤，也可以在组装过程中叠放基板，对基板起到保护作用。

离子态的污染与液态的水结合可以加速两个导体之间的金属迁移。釉面材料有助于限制实际接触陶瓷表面的污染物的数量，也有助于防止在导体之间形成水膜。陶瓷基板是一种非常容易“润湿”的表面，因为在微观上它是非常粗糙的，引起的毛细管作用造成水迅速铺展，在导体之间形成连续的水膜。透明的玻璃是非常光滑的，使水凝成水珠，就像在蜡的表面一样，有助于防止水在导体间形成连续的水膜，因而，抑制了迁移过程。

在焊接带有很多引脚的元器件时，使每个引脚下的焊料量相同是绝对必要的。设计良好的釉面图案可以防止焊料润湿其他电路区域和流到焊盘以外，使焊料的量保持一致。此外，釉面也有助于防止导体之间焊料的桥连。

釉面材料长期以来用于激光调阻后厚膜电阻的稳定化，在这个用途里，加入一种绿色的或棕色的颜料来强化钇-铝-石榴石（YAG）激光束的通过量。靠近光谱较短波长一侧的颜色如蓝色，倾向于反射一部分 YAG 激光束，减少了在电阻里平均的功率水平。对于釉面在强化电阻稳定性，特别是具有高欧姆值的影响而言，还存在着一些争论。某些研究已经表明，尽管釉面对较低阻值的电阻是有益的，但它实际中会使高值电阻有较大漂移。

3.3 薄膜技术

与厚膜技术不同，薄膜技术是一种减法技术，整个基板用几种金属化层淀积，再采用一系列的光刻工艺把不需要的材料刻蚀掉。与厚膜工艺相比，使用光刻工艺形成的图形具有更窄、边缘更清晰的线条。

典型的薄膜电路是由淀积在一个基板上的三层材料组成的，如图 3.6 所示。底层有两个功能：一方面它是电阻材料；另一方面它提供了与基板的粘贴。中间层或是通过改善导体的粘贴或是通过防止电阻材料扩散到导体中而起着电阻层与导体层之间界面的作用。顶层起着导电层的作用。

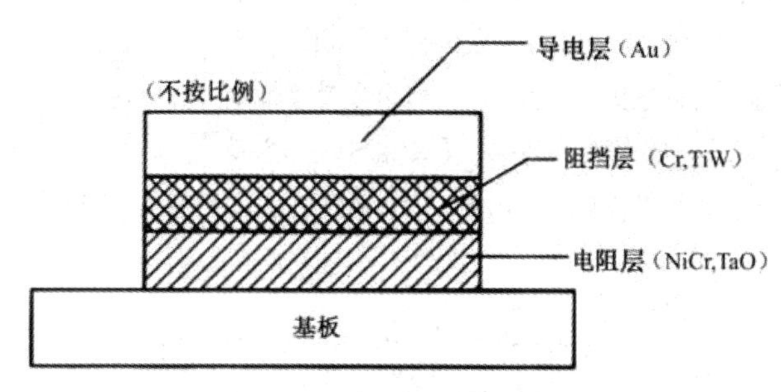

图 3.6　薄膜结构

薄膜的含义不仅是指膜的实际厚度，更多地是指在基板上淀积膜的方式。薄膜可以通过某种真空淀积技术或通过电镀淀积出来。

1. 溅射

溅射是薄膜淀积到基板上的主要方法。在一般的三级真空溅射中，如图 3.7 所示，在一个大约 10Pa 压力的局部真空里通过气体放电形成一个导电的等离子体区，用于建立等离子体所用的气体通常是与靶材不发生反应的某种惰性气体，如氩气。基板和靶材置于等离子体中，基板接地，而靶材具有很高的 AC 或 DC 电位，高电位把等离子体中的气体离子吸引到靶材上，具有足够动能的这些离子与靶材碰撞，撞击出具有足够残余动能的粒子，使其运动到达基板并黏附其上。

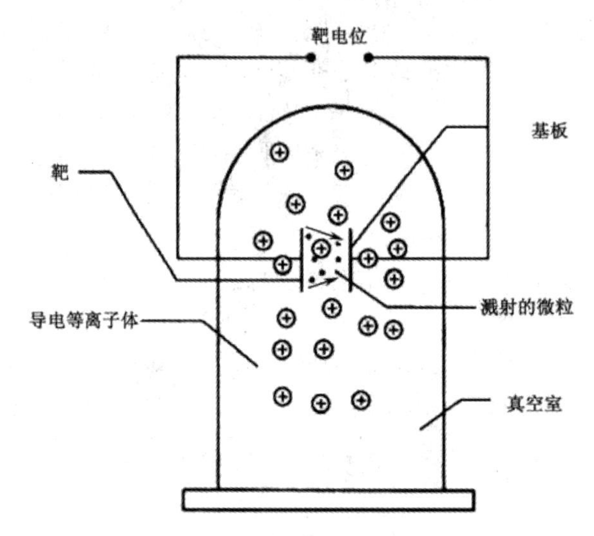

图 3.7　三极真空管溅射

膜与基板附着的机理是在界面形成的一层氧化物层，所以底层必须是一种容易氧化的材料。可以在靶材施加电位前用氩离子随机轰击对基板表面进行预溅射的方法来增强黏附力。这一过程可以去除基板表面的几个原子层，产生大量断开的氧键，促进氧化物界面的形成。溅射颗粒的动能在它们与基板碰撞时转变成在基板上所产生的余热，进一步增强了氧化物的形成。

一般的三极真空管溅射是一个非常缓慢的过程，需要几小时才能得到可使用的膜。在关键的位置，通过使用磁场，可以使等离子体在靶材附近聚集，大大地加速了淀积的过程。在靶材施加的电位一般是频率大约 13 MHz 的射频（RF）能。RF 能可以通过传统的电子振荡器或通过磁控管来产生。磁控管能够产生非常大的功率，因而淀积速率更高。

在氩气中加入少量的其他气体，如氧气和氮气，可以在基板上形成某些靶材的氧化物或氮化物，这种技术称之为反应溅射法。可用来形成氮化钽，这是一种常用的电阻材料。

2．蒸发

当材料蒸汽压超过周围压力时，材料就会蒸发到周围的环境里，这种现象即使是在液态下都可能发生。在薄膜工艺中，待蒸发的材料被置于基板的附近加热，直到材料的蒸汽压大大地超过周围环境气压为止，如图 3.8 所示。蒸发的速率正比于材料的蒸汽与周围环境气压的差值，并与材料的温度紧密相关。必须在真空（$<10^{-6}$torr，1torr=133.322 Pa）中进行蒸发，有以下三个原因。

（1）可以降低产生可接受蒸发速率所需的蒸汽压力，因此，降低了蒸发材料所需的温度。

（2）可以通过减少蒸发室内气体分子引起的散射，增加所蒸发的原子平均自由程度。而且，蒸发原子能够更多地以直线的形式运动，改善了淀积的均匀性。

（3）可以去除气氛中容易与被蒸发的膜发生反应的污染物和组分，如氧和氮。

在 10^{-6}torr 时，为了得到可接受的蒸发速率，需要蒸汽的压力为 10^{-2}torr。表 3.3 列出了常用材料的表，包含有它们的熔点和蒸汽压为 10^{-2}torr 时的温度。

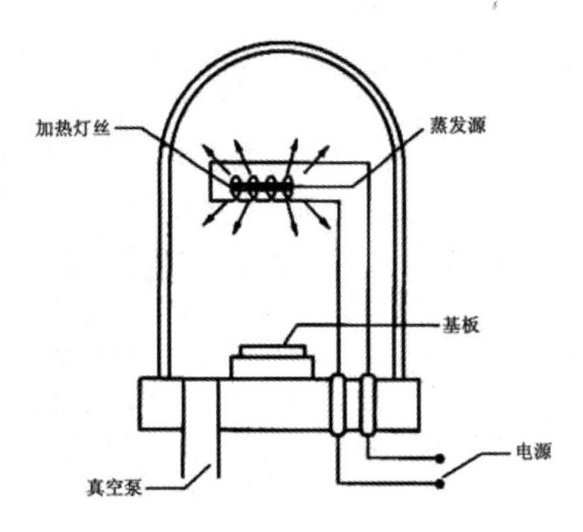

图 3.8　蒸发工艺

表 3.3　用于薄膜用途可选金属的熔点和 $P_V=10^{-2}$torr 时的温度

材　料	熔点/℃	$P_V=10^{-2}$torr 时的温度/℃	材　料	熔点/℃	$P_V=10^{-2}$torr 时的温度/℃
铝	659	1 220	镍	1 450	1 530
铬	1 900	1 400	铂	1 770	2 100
铜	1 084	1 260	银	961	1 030
锗	940	1 400	钽	3 000	3 060
金	1 063	1 400	锡	232	1 250
铁	1 536	1 480	钛	1 700	1 750
钼	2 620	2 530	钨	3 380	3 230

“难熔”金属（高熔点金属），如钨、钛和钼，常常在蒸发过程作为盛放其他金属的载体，或称“舟”。为了防止与待蒸发的金属发生反应，舟的表面可以涂覆氧化铝或其他陶瓷材料。

假定是从一个点状的源开始蒸发的，蒸发出的原子密度可认为距法线呈余弦分布，如图 3.9 所示。在考虑基板与源的距离时，应在淀积均匀性与淀积速率之间权衡。如果与基板过近（或过远），那么淀积越厚（或越薄），则在基板表面的淀积均匀性越差（或越好）。

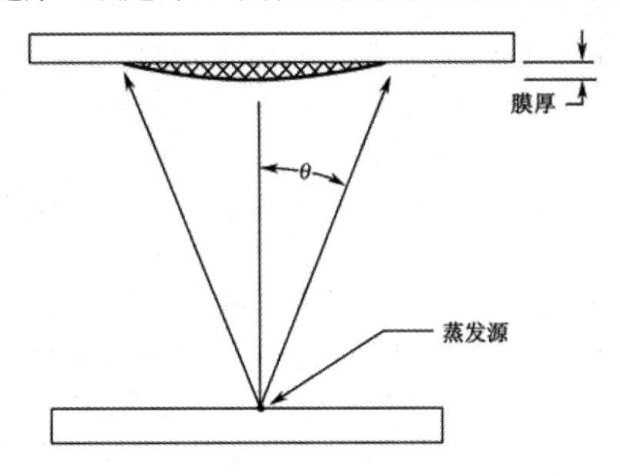

图 3.9　从一个点状源的蒸发

一般来说，蒸发粒子的动能要比溅射粒子的小得多，为了促进氧化物粘贴界面的生长，需要把基板加热到大约 300℃。这可以通过直接加热安装基板的平台或辐射的红外线加热来完成。最常用的蒸发技术是电阻加热和电子束加热。

通过电阻加热的方法进行蒸发，通常是在难熔金属制成的舟或用电阻丝缠绕的陶瓷坩埚中进行的，或把蒸发料涂覆在电热丝上进行。加热元器件通过电流，产生的热使蒸发料受热。由于蒸发料容易淀积到蒸发室的内侧，用光学的方法监测熔化的温度是有些困难的，必须用经验的方法进行控制。也有可以控制淀积速率和厚度的闭环系统，但是它们相当昂贵。一般来说，只要控制得当，用经验的方法就可以获得适当的结果。

电子束蒸发法具有很多的优点。通过电场加速的电子流在进入磁场后转向并呈弧线运动，利用这种现象，把高能电子流直接作用在蒸发物质上。当它们轰击到蒸发料时，电子的动能转变成热能。电子能量的参数是容易测量和控制的，所以电子束蒸发更容易控制。此外，热能将更集中和强烈，使得在较高的温度下蒸发成为可能，也减轻了蒸发料与舟之间的反应。

3. 溅射与蒸发的比较

蒸发可以得到较快的淀积速率，但是与溅射相比存在某些缺点。

（1）合金的蒸发，如镍铬合金，是很困难的，因为两者的蒸汽压不同。温度较低的元素往往蒸发得较快，造成蒸发膜的成分与合金的成分不同。为了获得一定成分的膜，熔化的成分必须含有更多的 10^{-2}torr 温度较高的元素，而且，熔化的温度必须严格控制。与此相反，溅射膜的成分与靶材的成分相同。

（2）蒸发仅局限于熔点较低的金属。实际上难熔金属和陶瓷通过蒸发来淀积是不可能的。

（3）氮化物和氧化物的反应淀积极难以控制。

4. 电镀

电镀是把基板和阳极悬挂在含有待镀物质的导电溶液里，在两者之间是施加电位实现的。电镀的速率是电位和溶液浓度的函数，用这种方法可以把大多数金属镀在导电体的表面上。

在薄膜技术中，常用的方法是溅射只有几个埃（Å）厚的金膜，再通过电镀使金膜增厚。这是非常经济的，所使用靶材很少。为了进一步节约，某些公司在基板上涂覆光刻胶，金只镀在图形需要的地方。

5. 光刻工艺

在光刻工艺中，基板涂覆光敏材料，紫外光通过在玻璃板上的图形进行曝光。光刻胶有正负两种，其中正性光刻胶由于耐蚀性很强，所以使用最普遍。未用光刻胶保护的不想要的部分可以通过湿法（化学）蚀刻或干法（溅射）蚀刻去除。

一般来说，需要两种掩膜。一种对应着导体图形；另一种既对应着导体图形，又对应着电阻图形，常常称之为复合图形。作为复合掩膜的代替方法，可以使用只含有电阻图形并与导体图形稍有叠加的掩膜以允许有些错位。复合掩膜是首选，因为它可以使第二次金蚀刻工艺得以进行，以去除第一次蚀刻后可能留下的任何桥连或游离的金。

化学蚀刻仍然是薄膜蚀刻的最常用方法，但是越来越多的公司开始采用溅射蚀刻，虽然需要更多的固定设备。使用这种技术，基板涂覆光刻胶，图形采用与化学蚀刻完全相同的方式曝光。然后将基板置于等离子体中，接通电位。在溅射蚀刻工艺中，基板实际上是作为靶材使用的，不需要的物质通过气体离子撞击到未掩蔽的膜上而得到去除。由于光刻胶的膜要比溅射的膜厚得多，所以并不受影响。与化学蚀刻相比，溅射蚀刻有下列两个主要优点。

（1）膜下的材料不存在任何钻蚀问题，气体离子以基板的法线方向大致呈余弦分布撞击基板。这就意味着没有任何离子从切线方向撞击膜，因而侧面平直。与其相反，化学蚀刻的速率在切线方向与法线方向是相同的。因此，造成与薄膜厚度相等的钻蚀。

（2）由于不再需要用来蚀刻薄膜的烈性化学物质，所以对人体的危害较小，而且没有污水处理的问题。

使用溅射蚀刻的最大障碍是需要对固定设备进行投资。大部分新系统都把使用溅射蚀刻作为一个重要的选择，随着越来越多的用户投资新设备或开始新的薄膜工艺，该方法将使用得更加广泛。

3.4 薄膜材料

实际上溅射工艺可以淀积任何材料，而大多数有机材料出气太多，所以不能进行溅射。也可以使用各种各样的基板材料，但是它们一般必须含有一种氧的化合物，才能使膜粘贴。

1. 薄膜电阻

用于薄膜电阻的材料应提供与基板粘贴的能力，这就限制了只能选择可以形成氧化物的材料，电阻膜最初是在基板上以一个分立点的形式形成的，这些点位于基板的缺陷或其他不规则区附近，这些地方具有多余的断开的氧键。这些点进一步扩展成岛，然后连接形成连续的膜。一个岛周边的地方就叫做晶界，它们是电子碰撞的源。存在的晶界越多，TCR 就越负，然而，与厚膜电阻不同，晶界并不引起噪声。进而，激光调阻在这种没有玻璃的结构里也不会造成微裂纹。电阻漂移的内在机构也不存在于薄膜中。因此，薄膜电阻具有比厚膜电阻更好的稳定性、噪声和 TCR 特性。

最常用的电阻材料是镍铬耐热合金（NiCr）、氮化钽（TaN）和二氧化铬。尽管 NiCr 具有优良的稳定性和 TCR 特性，如果不用溅射的石英或蒸发的一氧化硅（SiO）进行钝化，它对潮湿引起的腐蚀非常敏感。另外，TaN 可以通过直接把膜在空气中烘烤达到钝化，这个特点已经使 TaN 代替 NiCr 合金，但 TRC 稍差，除非在真空中退火几个小时以消除晶界的影响。NiCr 合金和 TaN 在氧化铝上的最大方块电阻都比较低，NiCr 合金大约 400 Ω/□，TaN 大约 200 Ω/□。这就需要复杂的图形才能达到高的电阻值，这就导致所需面积增大，并有可能使成品率降低。二硅化铬具有高的最大方阻（1 000 Ω/□），因而，在很大程度上克服了这个局限。二硅化铬的稳定性和 TCR 可与 TaN 相比。

TaN 工艺由于其稳定性很高而得到广泛的使用。按照这种工艺，氮在溅射过程就加入到氩气中，在基板的表面与纯 Ta 原子反应生成 TaN。在大约 425℃下将膜在空气中加热 10min，在 TaN 上形成 TaO 膜，可以在相当高的温度上减少氧的进一步扩散。这层膜有助于维持 TaN 膜的成分而使电阻值稳定。TaO 基本上是一种介质材料。在膜的稳定化过程中，电阻值增加。在给定的时间和温度下，增加的量取决于膜的方块电阻率。方块电阻率较小的膜增加的比例要小于方块电阻较高的膜。随着膜加热时间的增长电阻增加，这使不同基板之间方块电阻率控制在一个适当的精度成为可能。

2. 阻挡层材料

当前用做导体材料时，金与电阻之间需要一种阻挡层材料。因为当金直接淀积在 NiCr 合金上时，Cr 具有一种通过金扩散到表面的倾向，既影响引线键合，又影响芯片的共晶键合。

为了减轻这个问题，在 NiCr 上淀积薄薄一层纯镍，而且，镍还可以显著改善表面的可焊性。

金与 TaN 的黏着性是非常差的，为了提供必需的黏着性，可以在金与 TaN 之间加入薄薄的一层 90%Ti/10%W。

3．导体材料

由于金很容易引线键合和芯片键合，耐变色和耐腐蚀能力很好，因此在薄膜混合电路生产中金是最常用的导体材料。在某些用途里常常使用铝和铜。值得注意的是，铜和铝可以直接与陶瓷基板粘贴，而金需要一个或几个中间层，因为它们并不能形成粘贴所必需的氧化物。

4．薄膜基板

尽管在淀积过程中基板的温度升高，但这一温度并未达到厚膜烧结工艺的温度。这样，就使得薄膜工艺可选择的基板材料更多，可以使用像玻璃和低温陶瓷这类材料。

最好的材料是高纯（99.5%）氧化铝，即蓝宝石，它是氧化铝的一种，使用在重要的高频领域。薄膜基板必须具有比厚膜基板更平整的表面，CLA 在 3～4 μm（0.76～1.02 μm）。烧结后的基板要优于抛光的基板，因为在抛光的过程中往往带来表面的不平整等问题。

光洁的表面对得到一致和可靠的产品是非常关键的，因为即使是光洁度达到 3～4 μm（0.76～1.02 μm），电极膜的厚度仍远远小于表面起伏，这样电阻的稳定性就会变差。此外，导体在有污点的地方会比较薄，这将导致引线键合和芯片粘贴的失效。

某些新材料，如 AlN，一开始更适合用在薄膜工艺中，因为不需要对基板进行特殊的处理。

3.5 厚膜与薄膜的比较

尽管与厚膜相比，薄膜工艺提供了更好的线条清晰度、更细的线宽及更好的电阻性能，但是下列因素制约了它不如厚膜那样被广泛应用。

（1）由于相关的劳动增加，薄膜工艺要比厚膜工艺成本更高，只有在单块基板上制造大量的薄膜电路时，价格才有竞争力。

（2）多层结构的制造极为困难，尽管可以使用多次的淀积和刻蚀工艺，但这是一种成本很高、劳动密集的工艺，因而限制在很少的用途里。

（3）在大多数情况下，设计者受限于单一的方块电阻率。这需要有较大的面积去制造高阻值和低阻值的两种电阻。

常用的做法是在厚膜基板的性能或空间有局限的地方利用薄膜电路。文献中业已报道使用薄膜和厚膜淀积在同一基板上，但并未得到广泛的使用。厚膜与薄膜工艺的综合比较如表 3.4 所示。

表 3.4　厚膜与薄膜工艺的综合比较

薄　膜	厚　膜
5～2 400 nm	2 400～24 000 nm（1mil）
间接（减法）工艺——蒸发、光刻	直接工艺——丝网印刷、厚膜材料的干燥和烧结
与危险化学品、刻蚀剂、显影剂、镀液排放和处置相关的问题	无须使用化学刻蚀或镀液
与从刻蚀液中回收贵金属的问题	无须回收贵金属

续表

薄　　膜	厚　　膜
多层制备困难，一般只是单层 MCM 电路使用聚酰亚胺作为介质材料的多层	低成本的多层工艺
只限于低方块电阻率材料 NiCr 和 TaN，100Ω/□	通过使用几种不同方块电阻率（从 1 Ω/□～20 MΩ/□）的浆料能够获得宽范围的电阻值
电阻对化学腐蚀敏感	能够承受苛刻环境和高温的稳定电阻
低 TCR 电阻，（0±50）$\times10^{-6}$/℃	TCR±（50～300）$\times10^{-6}$/℃
线条分辨力达到 1 mil（25 μm）；对于溅射刻蚀有可能达到 0.1 mil（2.5 μm）	线条分辨力为 5 mil（125 μm）～10 mil（250 μm）
高成本单批工艺	低成本的工艺，连续的、传送带式的
初始设备投资高（大于 200 万美元）	初始设备投资低（少于 50 万美元）
更精细的线条清晰度，更适于 RF 信号	对于 RF 应用，线条清晰度不好
引线键合性较好；均质材料；镀液杂质能够影响引线键合	引线键合受浆料中杂质的影响；导体是非均质的

复习与思考题 3

1．厚/薄膜技术在芯片封装中的应用有哪些？

2．什么是厚膜技术？简述其概念。

3．厚膜导体材料在混合电路中应具备哪几种功能？

4．厚膜技术制造中金导体、银导体的应用领域分别是什么？

5．请解释厚膜电阻材料的电性能。

6．厚膜技术的工艺流程有丝网印刷、厚膜材料的干燥和烧结。分别说明上述三种工艺的基本内容。

7．什么是薄膜技术？画出淀积在一个基板上的三层材料的结构图（导体层、阻挡层、电阻层和基板）。

8．薄膜制备的技术有哪几种？请举例说明。

9．通过厚膜与薄膜的比较分析，简述它们各自的优缺点。

第4章　焊接材料

芯片封装中常用的焊接材料为焊料（Solder）与锡膏（Solder Paste/Cream），本章除了叙述这两种材料之外，对助焊剂的种类与焊接表面的清洁与处理方法，以及无铅焊料在绿色封装中的应用也加以阐述。

4.1　概述

焊料应用的历史可追溯自罗马帝国时代的水管焊接工程，当时使用成分质量比相同的铅-锡合金（50wt%铅-50wt%锡）到今天仍然是常见的焊接材料之一。

在印制电路板（Printed Circuit Boards，PCB）成为微电子元件组装主要的基板材后，低熔点、共晶成分的铅-锡合金遂被发展成为引脚插入式（PTH）元件引脚焊接的标准材料。焊锡材料在电子封装技术的演进中一直没有重大变化，近年来表面贴装技术（SMT）发展成为重要的元件键合方法后，焊接方法与焊锡选择成为芯片封装工艺的重点技术之一。在表面贴装技术键合中，元件与基板之间的焊接点除了提供电、热传导之外，还必须担负起支撑元件重量的功能。现代芯片封装使用的焊接材料种类繁多，焊锡具有良好的抗疲劳性质以抵抗因材料热膨胀系数差异所造成的应力破坏。

用可焊接性来评价元件与基板焊接能力。可焊接性是指动态加热过程中，在基体表面得到一个洁净金属表面，从而使熔融焊料在基体表面形成良好润湿的能力。可焊接性取决于焊料（如焊锡）或焊膏（如锡膏）所提供的助焊接效率及基板表面的质量。

可润湿性是指在焊盘的表面形成一个平坦、均匀和连续的焊料涂敷层。这是焊料在焊盘表面形成良好焊接能力的基本要求，润湿性差的焊料在焊盘表面会出现反润湿、不润湿或针孔现象。反润湿是指熔融焊料在表面铺展开后又发生收缩，形成一个粗糙不规则的表面，其表面上存在与薄焊料层相连的较厚焊料隆起的现象，在反润湿中具体表面并没有暴露出来。不润湿定义为熔融焊料不与基板表面相粘，而是基板表面暴露的一种现象。

在常用的待焊接基板中，为了获得良好的润湿而放置焊接的需求取决于基板固有的可润湿性。可润湿性按下列顺序排列：Sn、Sn/Pb > Cu > Ag/Pd、Ag/Pt > Ni。随着基板表面的变化，用可焊接性能也可能会发生变化。由于基板表面状态改变，使用相同的助焊剂也可能会导致不同的结果。对助焊活性的要求也取决于再流温度和技术条件，在环境气氛下对再流焊操作要比蒸汽相再流、热空气再流或激光再流操作需要更多的焊剂。惰性气体或还原气氛可以通过影响润湿及残留物的特性来改变再流性能。

4.2　焊料

焊料是指连接两种或多种金属表面，在被连接金属的表面之间起冶金学的桥梁作用的材料，是一种易熔合金，通常由两种或三种基本金属和几种熔点低于 425℃的掺杂金属组成。

焊料之所以能可靠地连接两种金属，是因为它能润湿这两个金属表面，同时在它们中间形成金属间化合物。润湿是焊接的必要条件。焊料与金属表面的润湿程度用润湿角来描述，如图 4.1 所示。润湿角是熔融焊料沿被连接的金属表面润湿铺展而形成的二者之间的夹角 θ，润湿角 θ 越小，说明焊料与被焊接金属表面的可润湿程度（可焊性）越好。一般认为当润湿角 θ 大于 90°时，其金属表面不可润湿（不可焊）。

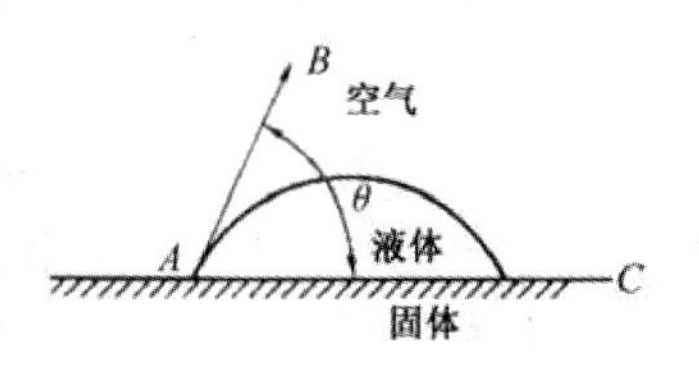

图 4.1　焊接材料的湿润角

在焊接工艺中，常用的焊料按照其形式的不同，可以分为：棒状焊料、丝状焊料和预成型焊料。

（1）棒状焊料。

棒状焊料用于浸渍焊接和波峰焊接。使用中将棒状焊料溶于焊料槽中。浸渍焊接和波峰焊接工艺中，在停止焊接期间，焊料静止时间越长，液面氧化导致浮渣量增多。所以，应在焊料槽中加入适当的防氧化添加剂，以降低氧化速度和提高润湿性。由于焊料中各种成分的比例不同，所以焊料槽内存在成分不均匀的情况。特别是在添加 Ag 的焊料中，由于 Ag 比重大，容易沉积在焊料槽的底部，所以在焊接工艺中必须进行充分搅拌。另外，沉积的 Ag 会堵塞焊料喷出口，焊接操作时必须注意，发现问题应及时处理，避免焊接质量问题。

（2）丝状焊料。

丝状焊料用于烙铁焊接场合。丝状焊料采用线材引伸加工——冷挤压法或热挤压法制成，中空部分填装松香型焊剂，焊接过程中能均匀地供给焊剂。在有些情况下也采用实心丝状焊料。

（3）预成型焊料。

预成型焊料主要在激光等再流焊接工艺中采用，也可用于普通再流焊接工艺。这种焊料有不同的形状，一般有垫片状、小片状、圆片状、环状和球状，根据不同需要选择使用。

常用的焊料按照其采用材料的不同，可以将其划分为铅-锡合金焊料、铅-锡-银合金、铅-锡-锑合金及其他铅锡合金。

1．铅-锡合金

焊锡一般为铅-锡（Pb-Sn）二元合金，常见的焊锡化学成分有一定的规范，应用于电子封装的焊锡以接近共晶成分的铅-锡合金为主。铅-锡二元合金的共晶点约在 183℃，相当于 61.9wt%锡成分之处（见图 4.2），成分决定的误差使 37%铅-63%锡合金被定义为共晶焊锡。由于微小的成分差异对焊锡的性质并无重大影响，40%铅-60%锡合金遂成为“标准”的共晶焊锡。

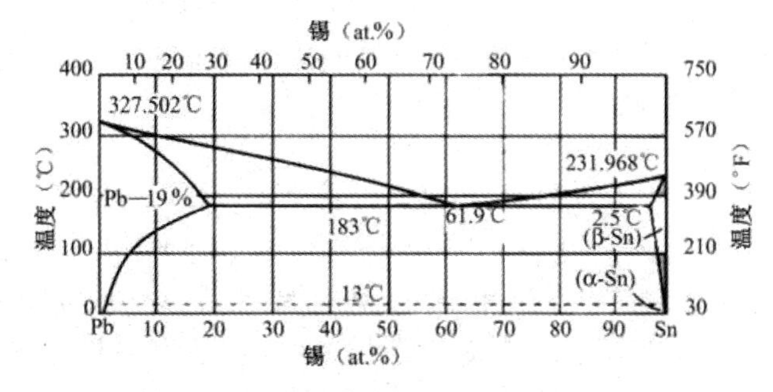

图 4.2　铅-锡合金相图

高铅含量的铅锡合金常被称为高温焊锡，其中的锡含量可达 10%，它们的强度事实上与共晶焊锡相似，但因为在 183℃～300℃的温度范围中能保持固体状态，因此这种焊锡适用于在分段式焊接（Step Soldering）工艺中作为封装元器件的固定材料。高锡含量的铅锡合金通常供防腐蚀等特殊需求的焊接使用，锡的含量愈高，焊锡的机械强度愈大，但价格也随之增高。

锡的另一种重要特性为，熔融的锡很容易与其他金属反应形成金属间化合物，常见的铅或锡金属间化合物如表 4.1 所示。金属间化合物会改变熔融焊锡的表面张力而增加其润湿性，也是焊接反应发生的特征，但它往往是具有极高脆性的离子键化合物，热膨胀系数也与金属或铅-锡合金不同，故过量的金属间化合物存在时一般认为对焊接接点的性质有害。

表 4.1　常见的铅或锡金属间化合物

杂 质 元 素	金属间化合物
铝	—
锑	SbSn
铋	$BiPb_3$
镉	—
铜	Cu_6Sn_5，Cu_3Sn
金	$AuAn_4$，$AuSn_2$，AuSn，Au_2Pb，$AuPb_2$
铁	FeSn，$FeAn_2$
镍	Ni_3Sn_2，Ni_3Sn_4，Ni_3Sn，$NiSn_3$
银	Ag_3Sn
锌	—

2．铅–锡–银合金

银是少数能加入铅-锡合金中以增加焊锡的机械强度而不严重损害焊锡性质的元素，银的添加量与锡含量有关，通常不超过 2wt%，过量的添加会产生 Ag_3Sn 金属间化合物。接近共晶成分的铅–锡合金一般添加银而成为 36%铅–62%锡–2%银合金，它的优点是可降低某些镀银材料（如镀银的陶瓷基板表面）在焊接时银膜的溶解速率，使焊锡的润湿性不会在键合过程中因银镀层的溶解而降低。其他标准的铅–锡–银焊料有 88%铅–10%锡–2%银、93.5%铅–5%锡–1.5%银、97.5%铅–1%锡–1.5%银的合金。

3．铅–锡–锑合金

添加锑的目的也是改善焊锡的机械强度，但锑的效果较银稍差，过量添加也对焊锡的润湿性有损害。锑的价格比锡低廉，因此以锑取代焊锡中部分的锡可以降低焊锡的成本，但锑不能取代 6wt%以上的锡，否则将形成 SbSn 金属间化合物而使得焊锡脆化。在共晶焊锡中，锑的取代量通常以 3.5wt%为上限。

4．其他铅锡合金

焊锡中添加铜（如 38.7%铅–60%锡–1.3%铜或 48.9%铅–50%锡–1.1%铜）的目的在于减小铜的溶解速率，以延长铜焊接工具的使用寿命；95%锡–5%锑与 96.5%锡–3.5%银为高强度焊接合金，其具有优良的抗湿变及抗疲劳破坏特性；80%金–20%锡共晶合金与 65%锡–25%银–10%锑合金为接点强度有特殊要求的焊锡；添加铟的焊锡可增加其在陶瓷表面的润湿性，铟同时可抑制金在焊锡中的溶解；铟、铋或镉可与铅、锡组成熔点低于铅锡共晶温度（183℃）的合金，适合低熔点的焊接工艺或高热敏感性元件的焊接应用。

焊锡的纯度对焊接结果有直接的影响。除了为改善焊锡性质所添加的元素之外，焊锡中含有少量残留元素也可能对焊接特性造成特定的影响。铝在焊锡中会迅速氧化，而在焊锡表面形成浮渣（Doss），影响焊接点的外观，故焊锡中铝的含量通常限制在 0.005%以下。锑的存在会影响焊锡的润湿能力，但 0.2%～0.5%的锑添加量可提升焊锡的机械强度，同时可以致铝氧化及锡发生同素异形（Allotropic）相变化的功能。

微量的铋对焊接特性无重大的损害，某些接近共晶成分的焊锡中甚至添加有 2%～3%的铋以改善焊锡接点的外观；但在一般的焊锡中，铋含量被限制在 0.25%以下。镉的作用与铝相近，其含量也被限制在 0.001%以下。铜为印制电路板的导体材料，它会熔于锡槽（Solder Bath）中形成金属间化合物，因此在波焊（Wave Soldering）的过程中，焊锡的铜含量被限制在 0.3%以下以防止粒状焊点（Gritty Joints）的产生。

金为电子封装中最常见的抗氧化保护层材料，它很容易与焊锡反应生成金属间化合物，当金在焊锡中的含量超过 0.5%以上时，对焊接点的外貌会有影响，含量超过 4%以上时则会使焊接点脆化。因成本的因素，厚的金电镀层在当今的电子封装中已极少见；但金若被使用为焊垫表层材料时，应对镀金的元器件进行两次焊锡淀积（Solder Dip），第一次先将金熔去，第二次则镀上新的焊锡层以供保护之用。铁为锡槽常见的容器材料，它会形成金属间化合物而产生粒状焊点，但铁熔入焊锡的速度极慢，一般的焊锡中铁的含量限制在 0.02%以下。铅可视为高锡含量焊料（96.5%锡-3.5%银或 95%锡-5%锑焊料）的杂质元素，它的含量限制在 0.2%以下以防止脆性三元金属间化合物的产生。镍为金或铅锡保护层的底层材料，它与焊锡的反应发生在金或铅锡保护层被熔去之后，它与焊锡也会形成金属间化合物而产生砾壮焊点，但镍熔入焊锡中的速度极慢，一般的焊锡中镍的含量限制在 0.08%以下。

磷可加入焊锡中作为抗氧化剂，但含量超过 0.01%时会降低焊锡的润湿能力，甚至产生锡或铅的磷化物而形成粒状焊点，磷杂质的另一个来源为焊点的镍底层，因此焊锡中磷含量限制在 0.01%以下。锡只对铅-银焊的性质形成破坏，例如它会使铅银焊锡的熔点自 304℃降至 179℃，因此铅-银焊锡不能使用在镀有铅锡保护薄层的元器件工艺中。锌与焊锡的反应与铝及镉相似，它会在焊接点表面形成氧化膜从而影响焊接点的修复特性，并可能加速腐蚀反应，故使用黄铜的元器件表面必须再镀上镍作为锌的扩散阻挡层，焊锡中锌含量约限制在 0.005%以下。

焊锡可以依重量的不同制成棒、块、线、板、带等不同的等级与外观形状，或与助焊剂、黏着剂混合而制成锡膏以供各种封装键合工艺应用。

4.3 锡膏

锡膏是焊料金属粉粒和助焊剂系统的混合物，一般放置于塑料瓶中，在不使用的情况下需要在低温环境下保存，如图 4.3 所示。焊料金属粉粒是锡膏的主要成分，也是焊接后的留存物，它对再流焊接工艺、焊点高度和可靠性都起着重要作用。应根据焊接对象的实际需要和焊接工艺合理选择焊料金属粉粒的成分、颗粒形状和尺寸。助焊剂系统是净化焊接表面、提高湿润性、防止焊料氧化和确保焊点可靠性的关键材料。

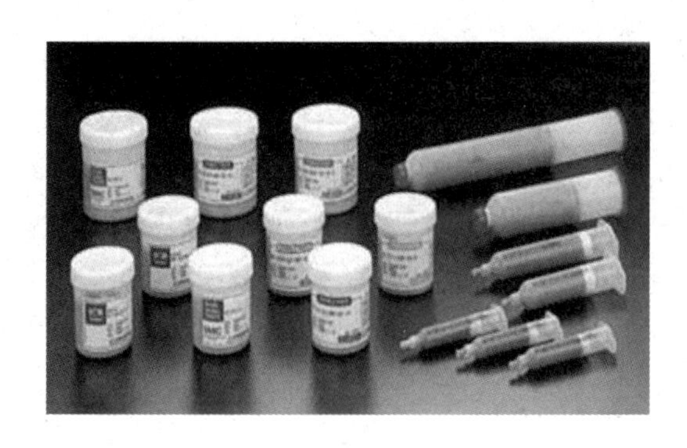

4.3　常用的焊膏

锡膏也是一种使用历史悠久的焊接材料，最早的锡膏是用铅的粉粒与氧化锌及矿油脂蜡混合制成的，是为烙铁焊接技术开发前焊接铜的材料。电子工业用锡膏的开发源自厚膜混合电路（Thick-Film Hybrid）封装金属化工艺的需求，它的优点为不需使用复杂的焊接工艺设备，而仅将锡膏涂布在金属焊垫上，再置上封装元器件并施予回流热处理即可形成键合，工艺简易的优点使锡膏成为元器件与印制电路板键合常见的焊接材料。早期的锡膏中含重量比例相近的锡与铅；为配合日益精密的工艺所需，今日使用的锡膏则可能由 5～15 种复杂的成分组成，铅锡的比例也有各种不同的变化。

制作锡膏必须先制成金属粉粒，如图 4.4 所示。金属粉粒工艺为先依据设计所需成分配制焊锡合金，再将合金熔化并以气相微粒化（Gas Atomization）或旋转散布（Spin Disk）微粒化技术将其制成微粒。一般而言，旋转散布微粒化技术可以获得大小较为均匀的金属粉粒（直径长度比约 1:1.5）。制成粉粒必须是在以振动或气流筛选法取得一定粒径比例范围的金属粉粒，筛选后的粉粒必须检查其形状是否均匀及表面是否平滑明亮，若表面晦暗且粗糙不平则表示制作过程中有氧化现象，则将影响后续焊接点的品质。锡膏使用的金属粉粒直径为 5～150 μm，其又依粒径分布区分为 4 个等级（见表 4.2）。

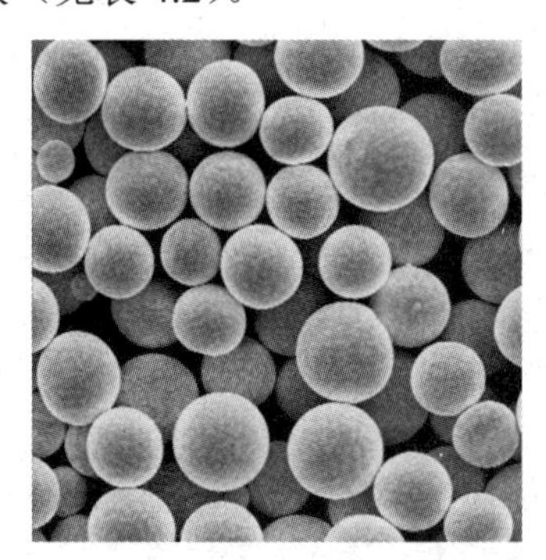

图 4.4　锡膏中的金属粉粒

表 4.2　锡膏依金属粉粒粒径分布的分类

等　级	1%重量以下的锡粉粒径大于（μm/mil）	90%重量以上的锡粉粒径范围（μm/mil）	10%重量以下的锡粉粒径小于（μm/mil）
1	150/6	75～150/3～6	75/3
2	75/3	45～75/2～3	45/1.8
3	45/1.8	20～45/0.8～1.8	20/0.8
4	36/1.4	20～36/0.8～1.4	20/0.8

锡膏可利用厚膜金属化的网印或盖印（Stencil Printing，也称为金属板印刷）技术将其印制到电路板上，金属粉粒必须能配合使用网板的间隙规格以获得均匀的印刷效果。粉粒选取的通则约为：使用网印时，网板网目（Mesh）与粉粒直径的比值大于 2；使用镂印时，金属镂板间隙（Stencil Opening）与粉粒直径的比值则应大于 42。使用盖印的一个优点为膜板没有阻碍锡膏通过的网线，因此可以得到比较一致的印刷结果。

4.4 助焊剂

在元器件焊接的过程中，助焊剂（Fluxes）的功能为清洁键合点金属的表面，降低熔融焊锡与键合点金属之间的表面张力以提高润湿性，提供适当的腐蚀性、发泡性（Foaming）、挥发性与黏着性，以利焊接的进行。助焊剂的成分包括活化剂（Activation）、载剂、溶剂与其他特殊功能的添加物，如触变剂、成膜物质、稳定剂、抗氧化剂等。

活化剂为焊剂中助焊功能的主要成分，它通过化学反应去除被焊表面的氧化层，并减小熔融焊料表面张力以增加润湿性，还和其他杂质反应提高助焊性能。活化剂含有腐蚀性化学物质，在助焊剂中它通常是微量的酸剂、卤化物或二者的混合物。高活性的助焊剂使用的活化剂可能为盐酸、溴酸、磷酸或胺氢卤化物（Amine Hydrohalides）；中、低活性的助焊剂使用的活化剂则有羧酸（Carboxylic Acids）与二羧酸（Dicarboxylic Acids）；某些助焊剂使用油酸（Oleic）或硬脂酸（Stearic）等脂肪酸类（Fatty Acids）为活化剂。助焊剂可以依其活性高低区分为 L（Low Activity）、M（Moderate Activity）、H（High Activity）三个等级；也可依活化剂的种类与特性区分为 R（Rosin）、RMA（Rosin Mildly Activated）、RA（Rosin Activated）、RSA（Rosin Super Activated）、SA（Synthetic Activated）、OA（Organic Acid）、IA（Inorganic Acid）等数种，其中 R、RMA 与 RA 三类大约相当于 L 等级。

载剂通常为固体物质或非挥发性液体，在焊接过程中它是输送活化剂使其与键合点表面的金属氧化层产生作用的载体，同时也是热传导层与氧化层的保护层。助焊剂也可以根据其中所含的载剂种类区分为天然松脂（Rosin-Based）助焊剂、合成树脂（Resin-Based）助焊剂、水溶性（Water Soluble，WS）有机助焊剂与合成活化（Synthetic Activated，SA）助焊剂等 4 种。载剂通常为天然树脂或合成树脂，以天然松脂胶（Gum Rosin）为主要载剂的助焊剂具有最低的活性与腐蚀性；合成树脂的种类有由松木树干提炼而得的松木树脂（Wood Rosin）、由纸浆中提炼而得的高油树脂（Tall Oil Rosin），或这两种树脂再经过氧化、聚合化、酯化（Esterification）等化学工艺改进其热稳定性、清洁性、硬化性、黏着性后所得的树脂材料。

在水溶性有机助焊剂与合成活化助焊剂中的载剂种类相似，一般为乙二醇（Glycols）、聚乙二醇（Polyglycols）、聚乙二醇表面活化剂（Polyglycol Surfactants）与甘油醇（Glycerol）的混合物，它的特点为焊接完成后可以用水清洗除去，但水洗必须快速进行，以免其中的卤化物与酸剂残余过久造成腐蚀。

溶剂为液态助焊剂的重要成分。在电路板波峰焊键合的过程中，溶剂将活化剂与载剂传送到电路板的焊垫表面，随即因受热而完全蒸发以免发生焊锡溅射（Spattering）。常见的溶剂为乙醇、乙二醇醚（Glycol Ethers）、脂肪烃（Aliphatic Hydrocarbons）、松油烃（Terpene Hydrocarbons）与水。高沸点的溶剂则常见于固体助焊剂中。

助焊剂可以用发泡式（Foam Fluxing）、波式（Wave Fluxing）或喷洒（Spraying）等方法

涂布到印制电路板上。发泡式涂布法利用压缩空气通过多孔的圆柱体使助焊剂呈泡沫状沿一长管涂布到电路板表面，此方法可以得到相当薄且均匀的涂层，对电路板上的电镀导孔的涂布效果尤佳；波式涂布法则参见 6.3 节元器件与电路板连接中的讨论；喷洒则使助焊剂通过喷嘴后涂布到电路板上。在涂布过程中，应随时注意槽中的助焊剂是否保持一致，因助焊剂含有挥发的成分，故助焊剂浓度将愈来愈高，应随时监测助焊剂的固体成分比例或比重以维持稳定的涂布品质。对于低固体成分比或比重测定不易的助焊剂，则可以测量其酸碱度值的变化。涂布过程中，助焊剂同时也将印制电路板上的各种污物除去。为了避免污染对焊接品质的影响，定时更换助焊剂为必要的步骤，发泡式涂布的助焊剂使用约 30～40h 后就需更换。波式涂布的助焊剂则可使用较长的时间，一般约一个月更换一次。

助焊剂的选择必须考虑产品功能、产品规范、电路板与元器件的焊接、组装过程的设计、清洁步骤、成本、对环境污染等因素。例如，军用电子焊接一般仅允许使用中低活化性的助焊剂，通信电子焊接则需使用低腐蚀性助焊剂以保证长时间的使用寿命；对贴锡能力不良或表面污染严重的金属则需使用高活化性的助焊剂；气密性封装元器件清洁容易，可使用高活性的助焊剂。反之，对无封盖或基板与元器件间距离过小的元器件，则需使用低活性的助焊剂，以避免清洁不易的困扰；如果清洁工艺使用有机溶剂，则可选用松脂、树脂或合成活化助焊剂；如果使用水为清洁剂，则需选用水溶性助焊剂；如果水清洗过程中有添加皂化剂（Saponifier），则也可以使用松脂或树脂助焊剂；如果采用无须清洁的工艺，则应选择低腐蚀性、低酸性、低固体成分、低残余量的松脂或树脂助焊剂。

4.5 焊接表面的前处理

电子封装的焊接要求在极短的时间内（通常少于 5 s）完成一定可靠度的键合；焊接工艺的快速时效特性（或称为贴锡能力）是指熔融焊锡能否在金属表面上顺利润湿而完成键合的能力。熔融焊接与金属接触时，可能发生润湿（Wetting）、无润湿（Nonwetting）、受到其他非焊锡与金属原有特性影响（如水分蒸发）的抗润湿（Dewetting）三种反应。沾锡能力与焊锡、助焊剂及被焊接的金属种类有关，助焊剂必须有清除表面氧化物的功能以使焊锡能与金属反应，助焊剂活性愈高，清洁的效果愈好，但助焊剂并非对每一种金属的氧化表层均有相同的清洁功能，故应针对金属的种类选择所使用的助焊剂。焊锡成分与其纯度也影响沾锡能力，焊锡应尽可能选用高纯度者以免杂质元素形成的氧化物阻碍焊锡的润湿。

金属表面的贴锡能力由表层氧化物除去的难易度、表层的钝化能力及其与焊锡间形成金属键合的难易程度决定，沾锡能力的大小可以利用沉浸检视法（Dip and Look）、润湿天平测量法（Wetting Balance Test）与润湿时间测定法（Wetting Time Test）等方法评定。沉浸检视法模拟元器件焊接的条件将试片沉浸于焊锡中，再以目视检查其缺陷，它是使用最多的方法，缺点为仅能对焊接结果做主观的判定，对焊接过程的影响则无能为力；润湿天平测量法是在润湿过程中测量表面张力变化，它能提供数量化的测试结果，也能对整个焊接过程提出评估，其缺点是设备昂贵；润湿时间测定法可以用锡球试验（Globule Test）或旋转沉浸试验（Rotary Dip Test）进行，前者以导线劈开一粒焊球，然后测量焊锡润湿导线表面所需的时间，再将转盘以不同的速度通过锡槽，测量出形成完全润湿的时间，但这些方法有耗时的缺点且只能提供定性、主观的判读结果。

为维持良好的沾锡能力，电子封装键合点金属表面通常施予适当的处理以获得清洁的表面并与焊锡反应形成优良的键合，清洁后金属表面常镀上保护层以免清洁度受环境因素的二次破坏，因各种键合金属的沾锡能力的差别，这些保护层同时也担负金层沾锡能力的调整与提升的功能。电子元器件封装的工艺通常需要经过数个高温过程，故焊垫金属或待焊接的表面往往不可避免地长有一层氧化层，必须除去以免影响键合。键合点金属表面的清洁可以用酸类、助焊剂或化学溶剂清洗等方法完成，在化学清洗的过程中应小心使用溶剂，尤其勿侵蚀封装密封材料的部分（如陶瓷封装中玻璃与铁镍引脚材料的界面）。

清洁后金属表面的保护膜层则通常以热焊锡沉浸（Hot Solder Dipping）或电镀方法制备，热焊锡沉浸为金属引脚与键合点末端常用的表面涂层方法，它的优点为工艺简单，可以得到高贴锡能力与长储存寿命的金属表面，其缺点是沉浸过程的高温容易伤及元器件。焊锡沉浸若作为封装初阶段的表面保护，则沉浸前应维持金属表面的完全清洁；焊锡沉浸若为改善的沾锡能力，则基板金属表面原有的镀膜应先除去并以新的焊锡层取代之，二次沉浸（Double Dipping）为最常使用的方法。焊锡沉浸使用的焊锡最好与未来焊接工艺的材料相同；如不可能，则可使用共晶或接近共晶成分的焊锡，沉浸的时间通常为 2～3 s。

电镀或化学镀层通常作为封装元器件最终的保护层、扩散阻挡层或焊接金属的键合点表面层。电镀保护层的金属种类因功能的需求而有所不同，铜与镍为黏着层与扩散阻挡层常见的材料，金、银或锡为合金化镀层（Alloyable Finish）常用的材料，锡为最理想的材料；金很容易与焊锡中的锡成分产生脆性金属间化合物，因此应避免作为焊接表面的保护层；银因保护功能不好且容易与其他金属反应长成须晶，故也不是理想的表面保护层；锡与焊锡合金可作为熔融镀层（Fusible Finish）的常用材料；锡也可以使用化学电镀或沉浸镀膜（Electroless/Thin Immersion Plating）方法在电路板的键合金属表面形成保护层。

焊锡为电镀熔融镀层（Plated Fusible Finish）最常见的材料，而它也是印制电路板最常见的表层保护层材料，使用此技术应注意焊锡因表面张力的作用在电镀导孔（Plated Through Holes，PTH）的边缘（称为 Knee）是否发生覆盖不完整的现象，而且也应注意其黏着性质的调整以防止焊锡的厚度不足。

使用电镀进行表面保护层的制作应注意电镀槽污染或电镀液添加物衍生的有机镀膜污染，这些镀膜污染可能产生抗润湿、须晶成长、电镀层剥落（Platting Flaking）、焊点松脱（Slippery Solder Joints）等破坏。

4.6 无铅焊料

电子产品中有关铅的使用问题已经被世界范围内的立法机构、制造商和有关人士评议争论了 12 年之久。特别是在美国，支持和反对的观点都有自己的道理。在全球范围内，北美、欧盟和亚洲，在技术和法律的实际进程上都不相同。技术在发展，市场也在变化，达成一致意见仍需要努力。但总的来说，市场正朝着增强环保意识的绿色封装技术方向发展。

各种不同的组织都在致力于使产业界明白使用无铅材料的重要性。例如，瑞典生产工程研究所（IVF）已经建立了“电子工业环保设计网络指南”，它向电子行业发布有关立法和技术发展方面的最新信息。国际锡研究学会（ITRI）成立无铅材料技术中心，并且 IPC 创建了一个网上的无铅论坛。像表面组装技术协会（SMTA）与国际微电子和封装协会（IMAPS）这样的专业组织已经举办专题讨论会来发布有关的知识和信息。

对于生产商和制造商，废弃物的再生、回收和循环再利用应该成为一个长期努力的目标。

一种产品应该设计成对环境的影响最小，并且要考虑它的整个生命周期。生命周期评估包括所有投入到产品中的能量和资源，以及相关的废弃物和由此产生的健康和生态负担问题。总的来说，目的就使减少从生产到消亡的整个过程中对环境造成的影响。

4.6.1 世界立法的现状

1．美国

减少铅危害法案（S.391）已经在 1991 年生效，对含铅焊料进行限制，禁止一些含铅焊料，并限制其他焊料中的铅含量低于 0.1%。在 1993 年 4 月，减少铅危害法案（S.729）问世。在这个法案中，除了禁止在管道系统中使用铅焊料之外，还包括一个详细目录和有关清单、新的使用注意要求及产品标识。EPA（美国环保署）必须对所有含铅产品进行清点，然后列出一个对人们健康和环境有可能造成的危害“相关清单”。任何人在任何时候都可以向 EPA 提出申请，将某一产品加入这个“相关清单”中。任何制造或进口某种不在这个“相关清单”中的含铅产品都必须向 EPA 提交一份报告，在“相关清单”上的产品必须有所标识。

1994 年 5 月 25 日，减少铅危害法案（S.729）在美国参议院获得通过。而且，铅税法案（HR2479 和 S.1357）也在 1993 年 6 月开始生效，对所有美国境内铅的冶炼及进口的所有含铅产品征收每磅 0.45 美元的税。

资源保护回收法（RCRA）将焊渣和锡炉渣归类为废弃金属，而不是有害废弃物，因为它们是可再生利用的。然而，如果它们被当成废弃物，它们就必须通过有毒特性浸出程序（TCTP）测试，而 TCTP 所允许的最大铅的含量为 5×10^{-6}，焊渣和锡炉残渣将会无法通过这项测试。因此，它们无法从 RCRA 有害废弃物法规中得到豁免。

废弃铅焊材料如果能回收再生或返回到供应商那里，就不会把它们认为是有害物质。容器的铅质量含量不超过 3%将被认为是无害的，将不会受到有害废弃物法规的约束。

2001 年，美国 EPA 严格了有害物质排放评估报告（TRI）的要求，通过将铅和铅化合物的报告极限值由生产和加工的 25 000lb（其他用途为 10 000lb）改为 100lb。这项在有毒排放物评估（TRI）程序下的新的 EPA 法案于 2002 年 7 月 1 日开始生效，它要求所有使用 100lb 铅或铅化合物的生产、加工和其他的单位每年都要对它们的 TRI 铅排放进行报告。这个 100lb 铅的极限值相当于使用典型的电子焊料 63%Sn37%Pb 合金约 270lb。这个新的 TRI 铅法则要求在 0.1lb 以内可以免于报告，这也是仅 1.6oz 或 45.3g。对于一年的周期而言，这是一个极小的量，这对各单位在计算它们的年度铅用量时提出了极高的要求。

2．日本

最近颁布的家用电子产品回收法要求对家用电子产品的铅进行回收。受到这部法律、日本 EPA 和政府有关减少铅的使用和增加再利用的引导方针的推动，许多日本电子公司公布了自主的开发计划来减少或消除铅在焊料中的应用。

一些公司已经在工业生产中实现了无铅焊料。例如，Hitachi、Matsushita（Panasonic）和 NEC 宣布，在 2002 年将铅的用量减小到 1997 年的一半，2003 年完全停止使用含铅的焊料。

大多数公司，包括 Sony、Toshiba、NEC、Hatachi 和 Matsushita 都有自己开发和挑选的一个合适的无铅合金成分的计划。

3．欧洲

在欧洲的提案中，用于这个行业的两个主要的指导性法规如下。

（1）WEEE：废弃电子电气设备指令。

（2）ROHS：关于在电子电气设备中禁止使用某些有害物质指令。

欧盟的指令建议 WEEE 在 2006 年前生效。

根据这个议案，WEEE 规定："……含铅元器件不得用于将最终采用垃圾填埋处理、燃烧处理或分类回收法的任何电气电子设备（EEE）……，"这里 EEE 定义为依靠电流或电磁场来正常工作的设备，且设备的设计使用电压额定值不超过交流 1 000 V 和直流 1 500 V。

WEEE 指令的首要目的是阻止废弃电气电子设备，以及再利用、再生和为了减少废弃物处理而进行的其他形式的再回收。它同时也想改善所有与电气电子设备生命周期有关的工业操作者，特别是直接涉及报废电气电子设备处理的操作者的工作环境。

ROHS 指令的目的是使各成员国限制电气电子设备中有害物质使用的法规同一化，并且为废弃电气电子设备的合乎环境要求的回收和处理做出贡献。

ROHS 规定禁止使用的物质包括：铅、汞、镉、六价铬、多溴联苯（PBB）、多溴二苯醚（PBDE）。

在 1994 年，环境部长 Noric 发表声明说"……从长远来看，减少铅的使用对于减少铅对人类健康和环境的危害是必须的……"。

4．实用化的例子

在欧洲和日本，由于法规的推动，行业开始朝着"绿色制造"和环境意识工作场所转变。一个值得仿效的无铅生产已经成功地应用于生产 Panasonic-Matsushita 的小型光盘播放器。据制造商报道，这得益于它具有相对较低的熔点（210℃），可提供相同的工作能力，且在最终产品的质量和可靠性方面都与使用 63%Sn37%Pb 时相同。

如图 4.5 所示的是 Panasonic MR100 的主电路卡，它从 MJ30 和 MJ70 型播放器演化到这类播放器/录放器。所有这三种产品的主卡都是用无铅的 Sn/Ag/Bi/Cu 合金制造的。

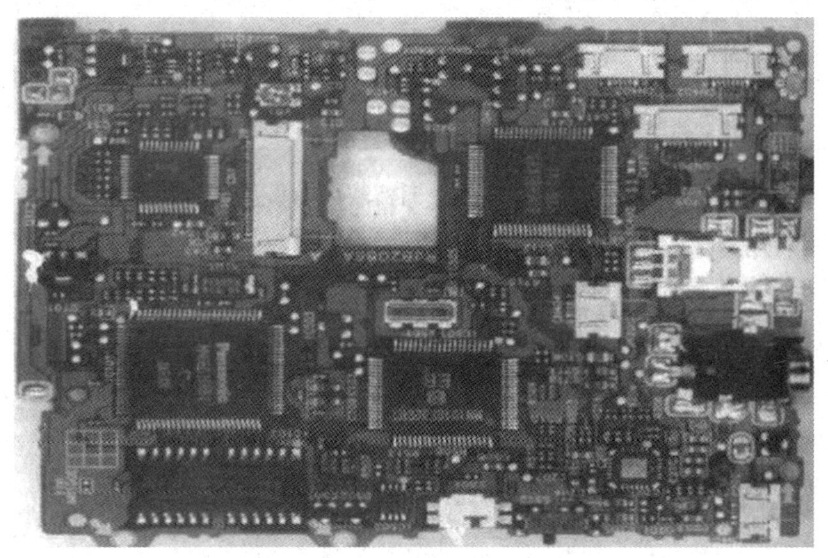

图 4.5　Panasonic MR100 小型光盘播放器的主电路卡

4.6.2 技术和方法

回顾大约 12 年前，当行业开始“认真”地探索和进行用于电子产品制造的无铅焊料研究时，行业达成的共识是：任何企图取代 Sn/Pb 共晶或近共晶成分的可行的无铅焊料都不可能是非锡基体系的（例如，锡的质量百分数至少为 60%）。

这个结论是建立在理论与实践基础之上的。理论观点包括在常用基板上的冶金结合能力、再流过程中的动态润湿性及元素间的冶金“交互作用”或冶金化现象。实践因素包括自然资源的可利用性、可制造性、毒性和成本。

当时的另一个疑问是：未来的焊料将由什么构成？环境友好和无失效的焊点技术是理想中的乌托邦还是可以最终达到的性能？Sn/Pb 共晶焊料合金和近共晶或含 Ag 的质量分数为 2% 的焊料一起，成功地实现力学性能、电和热连接的功能已有几十年了。然而，电子产品的工作温度（高于室温）明显高于焊料合金的再结晶温度。基于材料原理，即使是在环境工作温度下，它仍然是任何工程材料所经受的最高使用温度。因而在使用周期内，在焊点的内部会发生局部疲劳显微裂纹和整体蠕变显微裂纹。

有充分的理由可证明，常见的疲劳失效和富铅相有关。因而认为，在一个正确设计的锡基无铅焊料中不含铅相会使力学性能提高，导致焊料强化。由于对电子和微电子组件中互连的完整性和可靠性要求越来越高，一个较好的焊料总能找到它的用武之地。

在设计无铅焊料时，选择组成元素和它们的具体用量时要考虑两个关键的因素：①这种元素和锡形成合金的能力；②当与锡合金化时，它们降低熔点的能力。

基于冶金学，如 In、Bi、Ag、Cu、Al、Ga 和 Zn 这些元素都是可以降低锡熔点以制造出具有满足电子封装和组装所需性能的锡基合金的候选元素。表 4.3 列出了候选元素在特定温度范围内使锡熔点下降的估计值。

表 4.3 候选元素在特定温度范围内使锡熔点下降的估计值

元素	熔点下降值			元素	熔点下降值		
	160℃～183℃	183℃～199℃	200℃～230℃		160℃～183℃	183℃～199℃	200℃～230℃
In	2.3	2.1	1.8	Cu	—	—	7.1
Bi	1.7	1.7	1.7	Al	—	—	7.4
Mg	—	—	16.0	Ga	2.6	2.5	2.4
Ag	—	—	3.1	Zn	—	3.8	3.8

（1）合金强化原则。从材料的观点来看，晶态合金可以通过以下的一种机制或几种机制复合来发生变形：

① 滑移；

② 位错攀移；

③ 晶界剪切；

④ 晶粒内的空位或原子扩散。

普遍认识到，疲劳失效和材料开裂经常是由位错滑移和塑性变形的局部化引起的。而且在低温、高应力的条件下，塑性变形的动力学遵循幂定律的位错攀移控制机理。在高温、低应力的情况下，晶界滑动成为速率控制过程。因而，为了强化遭受因外部温度波动、电路功率耗散和电路板电源通断引起的应力状态的常见焊料的性能，可以考虑选用下面列出的几种方法。

（2）强化方法。焊点经常暴露在高温条件（高于室温）下，原子的迁移率增加，位错的迁移率也增加。例如，空位等其他的晶体缺陷也会有所增加。此外，环境的影响（氧化、腐蚀）也变得更加显著。

能够潜在地阻碍以上材料现象的方法可以提高焊料的性能，因而可达到在新的及将在应用中所需的性能水平。这些方法包括：

① 非合金化掺杂物的微观结合；

② 微观组织化；

③ 合金强化；

④ 选择性填料的宏观混合。

这些方法包括工艺和材料两方面的因素。例如，固溶是一种广泛采用的强化机制，固溶时溶质原子通常可以降低堆垛层错和有力地控制扩散行为。以上述方法中的任何一种方法设计合金的目标，都要设置适当的参数以达到下列属性：

① 与实际含铅对应物接近的相转变温度（液相线温度和固相线温度）；

② 适当的物理属性——特别是电导率和热导率及热膨胀系数；

③ 能够与元器件和基板的界面基体相兼容的冶金属性；

④ 足够好的力学性能，包括剪切强度、抗蠕变性能、抗等温疲劳性能、抗热机械疲劳性能和微观结构稳定性；

⑤ 本征润湿能力；

⑥ 环境储存稳定性；

⑦ 相对较低的（或没有）毒性。

（3）合金设计。对于锡基焊料而言，可用的候选合金元素数量很少，仅限于 Ag、Bi、Cu、In 和 Sb。然而，掺杂元素却可以扩展到很多元素和化合物。冶金相互作用（反应）及与温度升高有关的显微结构的改变，为开发新型无铅焊料提供了严格的科学依据。

二元相图提供了有关冶金反应条件和程度的总体信息，而完整的多元系相图还很少。但是二元相图给合金设计图提供了有用的起点。

经过几十年的研究发现，所设计的多元素合金成分的实测结果与候选元素的锡基焊料之间的属性和性能的预期特性非常接近。

为了说明这一点，如发现 Se 和 Te 很容易使锡基合金变脆。Sb 的量不恰当将会危害合金的润湿性。焊料的疲劳性能对 In 原子在锡基体晶格中的分布很敏感。不恰当的 Bi 用量将会使含 Bi 的第二相析出，这可使焊料变得很脆。Sn 和 Cu、Ag 或 Sb 的金属间化合物的形成，可显著地影响合金的强度和疲劳寿命，而这又取决于每一种元素的浓度及元素间的相对浓度。

虽然总体性能就像上述所说的那样可以预测，但是一个高性能合金成分需要达到元素间的一个错综复杂的极佳平衡是很难的。在每一个成分体系中，有用的产品经常只是一种特定的成分或最多是一个较窄的成分范围。在过去的十年中，对许多成分都进行了开发和研究。在世界范围内，公布的无铅焊料合金配方专利超过了 75 项。但其中大多数已公开的成分并不适合于工业用途。然而，也存在能够实际应用的无铅合金，它们能提供很好的性能，这些性能要优于对应的含铅合金。

新焊料合金必须具备与实际生产技术和最终使用环境兼容的特性。必须测量基本材料属性，如液相线/固相线温度、电导率/热导率、在常用表面上的本征润湿性、力学性能及环境储存稳定性。在目前的构架中，电（热）导率和储存稳定性不像本征润湿能力、力学性和相转变温度那样，对一个特定体系的组成十分敏感。最关键的是通过对材料科学和冶金现象的深入应用来优化这些性能。

4.6.3 无铅焊料和含铅焊料

无铅焊料的驱动力主要是出于性能方面的需要和环境/健康方面的考虑。可以很好地证明，焊料互连的常见热疲劳失效与富铅相有关。因为固溶度有限和锡的析出，富铅相不能用锡的溶质原子进行有效强化。在室温下铅在锡基体中有限的溶解度使它无法改善塑性形变滑移。在温度循环（热机械疲劳）条件下，富铅相易于粗化并最终导致焊点开裂。因此，希望在所设计的锡基无铅焊料中不含有铅相，从而改善力学性能，强化焊料。

在世界范围内，一些公司已经把无铅焊料制成了商业产品。许多制造商已经开始了它们自己的研究项目，来开发和挑选一种适当的无铅合金成分。

4.6.4 焊料合金的选择

一般来说，焊料合金的选择基于以下准则：

（1）合金熔化范围，这与使用温度有关；

（2）合金的力学性能，这与使用条件有关；

（3）冶金相容性，需要考虑溶解现象和有可能生成的金属间化合物；

（4）金属间化合物的形成速率，与使用温度有关；

（5）其他使用相容性，如银的迁移；

（6）在特定基板上的润湿性；

（7）成分是共晶还是非共晶；

（8）环境因素的稳定性。

4.6.5 无铅焊料的选择和推荐

1. 无铅焊料的选择

人们已从最简单的合金（一种二元系）直到包括两种以上元素的十分复杂的体系，对无铅材料进行了充分的考虑、设计和研究。由于它们性能上的优势，6 种体系和它们对应的成分脱颖而出，这 6 种体系分别是：

（1）Sn/Ag/Bi；

（2）Sn/Ag/Cu；

（3）Sn/Ag/Cu/Bi；

（4）Sn/Ag/Bi/In；

（5）Sn/Ag/Cu/In；

（6）Sn/Cu/In/Ga。

本教材并不对这些体系逐一进行详细的讨论，有些成分受专利保护。想从这些体系中选择一种成分，就需要对相关的已知无铅合金及 63%Sn/37%Pb 进行比较。下面对这 6 个体系进行了总体比较，并分别按熔点（如表 4.4 所示）和抗疲劳性能（如表 4.5 所示）进行排列，以供最终选择参考。

表 4.4　按熔点对可用合金成分进行的排序

合　金	熔点 T/℃	Nf
85.2Sn/4.1Ag/2.2Bi/0.5Cu/8.0In	193～199	10 000～12 000
88.5Sn/3.0Ag/0.5Cu/8.0In	195～201	>19 000
93.5Sn/3.1Ag/3.1Bi/0.5Cu	209～212	6 000～9 000
91.5Sn/3.5Ag/1.0Bi/4.0In	208～213	10 000～12 000
92.8Sn/0.7Cu/0.5Ga/6.0In	210～215	10 000～12 000
95.4Sn/3.1Ag/1.5Cu	216～217	6 000～9 000
96.2Sn/2.5Ag/0.8Cu/0.5Sb	216～219	6 000～9 000
96.5Sn/3.5Ag	221	4 186
99.3Sn/0.7Cu	227	1 125
参照物 63Sn/37Pb	183	3 656

表 4.5　按抗疲劳性能对可用合金成分进行的排序

合　金	熔点 T/℃	Nf
88.5Sn/3.0Ag/0.5Cu/8.0In	195～201	>19 000
91.5Sn/3.5Ag/1.0Bi/4.0In	208～213	10 000～12 000
92.8Sn/0.7Cu/0.5Ga/6.0In	210～215	10 000～12 000
85.2Sn/4.1Ag/2.2Bi/0.5Cu/8.0In	193～199	10 000～12 000
93.3Sn/3.1Ag/3.1Bi/0.5Cu	209～212	6 000～9 000
96.2Sn/2.5Ag/0.8Cu/0.5Sb	216～217	6 000～9 000
95.4Sn/3.1Ag/1.5Cu	216～217	6 000～9 000
96.5Sn/3.5Ag	221	4 186
92Sn/3.3Ag/4.7Bi	210～215	3 850
99.3Sn/0.7Cu	227	1 125
参照物 63Sn/37Pb	183	3 650

2. 无铅焊料的推荐

一种优化的成分由某种具体应用的性能要求决定。表 4.4 和表 4.5 提供了所选合金的相关性能，这些合金显示出最好的前景。

可考虑以下成分：

（1）Sn/3.0～3.5Ag/0.5～1.5Cu/4.0～8.0In；

（2）Sn/3.0～3.5Ag/3.0～3.5Bi/0.5～0.7Cu；

（3）Sn/3.3～3.5Ag/1.0～3.0Bi/1.7～4.0In；

（4）Sn/0.5～0.7Cu/5.0～6.0In/0.4～0.6Ga；

（5）Sn/3.0～3.5Ag/0.5～1.5Cu；

（6）Sn/3.0～3.5Ag/1.0～4.8Bi；

（7）99.3Sn/0.7Cu；

（8）96.5Sn/3.5Ag。

熔化温度（液相线温度）是一个重要的选择依据。适当的再流曲线可以在一定温度上弥补无铅合金的高熔点（高于 183℃）。对于表面贴装，焊料合金的熔点低于 215℃可提供必要的工艺窗口。对于再流工艺，峰值温度应该控制在 240℃以下，最好低于 235℃；对于波峰焊，温度应低于245℃。合金的本征润湿能力对焊点的质量和完整性及生产成品率有至关重要的影响。

总之，通过对无铅焊料的研究，已经在提高抗蠕变能力和抗疲劳性能方面取得了技术进步，并且已有高抗疲劳性能的可行的合金得到确认。

复习与思考题4

1. 基本的焊接材料有哪些？
2. 简述焊锡的种类和成分构成。
3. 解释助焊剂的概念，助焊剂的成分是什么？
4. 为什么焊接表面要进行前处理？
5. 无铅焊料选择的一般要求是什么？

第 5 章　印制电路板

印制电路板是电子封装中最重要的元器件组装基板，本章叙述印制电路板的种类、材料、工艺与检测方法。以上各章中，无论是裸芯片、各种芯片的互连、各种单芯片的封装（SCM），如果不将它们安装到基板上，是不能完成电子部件或电子整机功能的，MCM 就是将多个裸芯片安装到多层互连基板上才完成一部电子整机或电子系统功能的。

本章的多层互连基板封装包括插板、插卡封装，广义上讲，就是在各类基板上安装各类互连 SCM、MCM、裸芯片及其他元器件后所形成的电子功能部件，也就是人们常说的二级电子封装（如图 1.4 所示）。各类基板必然是多层的，而尤以多层 PCB 应用更多、更广。各类元器件的安装形式为插装、双面贴装或插/贴混装，最终将发展为完成 SMT 的表面贴装所使用的多层 PCB 基板。

5.1　印制电路板简介

印制电路板（Printed Wiring Boards，PCB）为覆盖有单层或多层布线的高分子复合材料基板，它的主要功能为提供第一层次封装完成的元器件与电容、电阻等电子电路元器件的承载与连接，用以组成具有特定功能的模块或产品。印制电路板为当今电子封装最普遍使用的组装基板，它通常被归类于第二层次的电子封装技术，常见的印制电路板有硬式印制电路板（Rigid PCB）、软式印制电路板（Flexible PCB 或 Printed Boards，FPB，称为可绕式电路板）、金属夹层电路板（Coated Metal Boards）与射出成型（注模）电路板（Injection Molded PCB）等 4 种。

除了金属夹层电路板与少部分的射出成型（注模）电路板外，印制电路板通常以玻璃纤维强化的高分子树脂板材披覆铜箔电路而制成，它的工艺是一系列的机械、化学与化工技术的整合，包括机械加工（钻孔、冲孔……）、电路成型、叠合、镀膜（电镀、无电电镀、溅射或化学气相沉积）、蚀刻、电性与光学检测；多层印制电路板包括内层电路的设计与刻蚀、电路板之间的叠合等。早期的电路板有酚醛类树脂（Phenolics）与纸板叠合，再覆盖上刻蚀的铜箔电路制成，现在的印制电路板在工艺、材料、结构设计、电性能等方面均有长足的进步，所能提供的封装密度也较早期增加百倍。

按照电子产品功能的设计与需求，一块印制电路板上可能只连接数个电子元器件，也可能连接数百个电子元器件，无论简单或复杂的电路结构，印制电路板可按照导体电路的层数区分为单面、双面和多层印制电路板。单面印制电路板上刻蚀的铜箔电路仅覆盖于电路板的一面，板上有钻孔以供电子元器件引脚固定使用；双面印制电路板则有铜箔电路板覆盖于电路板的两面，电路板上同时也制出导孔，其孔壁上覆有电镀铜膜以提供基板两面电路的连通，电镀导孔可以大幅提高电路连线的密度。多层印制电路板上含有两层以上的电路结构，它可以用单面及双面铜箔电路披覆的电路板叠合制成，并制出各种形式的电镀导孔，形成垂直方向的导通。

5.2 硬式印制电路板

硬式印制电路板的材料可区分为绝缘体材料与导体材料，绝缘体材料又可区分为高分子树脂（Resins）与玻璃纤维强化材料（Reinforcements）两大类，导体材料以铜为最常见。

5.2.1 印制电路板的绝缘体材料

FR-4 环氧树脂（FR-Epoxy）为硬式印制电路板最常使用的高分子树脂材料，它的名称的 FR 来自阻燃（Flame Retarded）的缩写，具有价格低廉和优良的特性。四溴双酚醛 A 二缩水甘油醚（Diglycidyl Ether of Tetrabromobisphenol）A 为 FR-4 溴化环氧树脂的主要化学成分，它的化学结构如图 5.1 所示，树脂的阻燃性是来自于其中溴的添加。图 5.1 还列出了 FR-4 环氧树脂其他的化学成分。

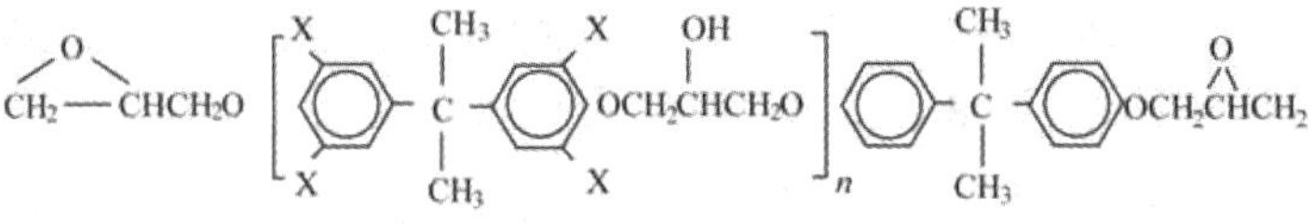

（a）溴化环氧树脂

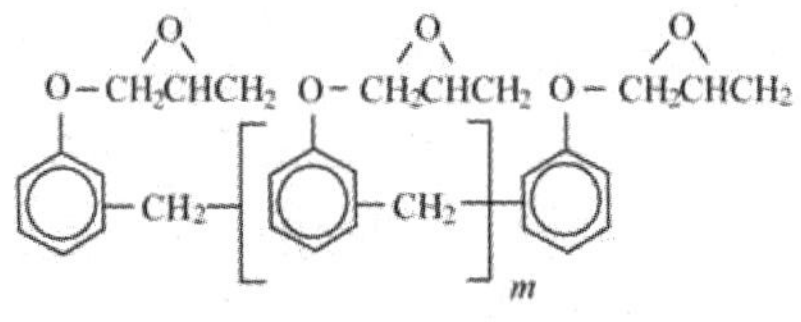

（b）酚醛清漆树脂

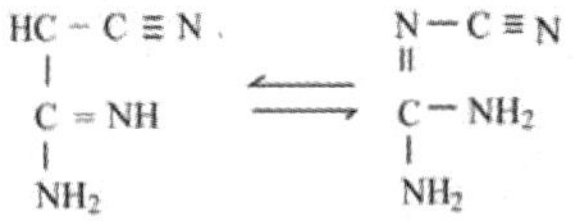

（c）DICY硬化剂

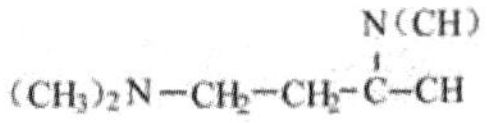

（d）TMBDA催化剂

图 5.1 印制电路板树脂原料的化学结构

例如，可以增加交联密度的酚醛清漆树脂（Epoxy Novolac Resin）、双氰基硫二胺硬化剂（Dicyandiamide-cured Agent，DICY）与四甲基丁烷氨（Tetra methyl Butane Diamine，TMBDA）催化剂的化学结构，FR-4 环氧树脂具有优良的性能与低廉的价格，因此在印制电路板的应用中有悠久的历史，它的工艺与处理方法几乎已成为电子封装工业的标准。

为适合特殊应用的需求，许多高性能的树脂材料也被应用于制作电路板。例如，聚亚硫胺（PI）树脂具有很高的玻璃转移温度（Glass Transition Temperature T_g，聚亚硫胺的 T_g 260℃～300℃）、高热稳定性及低热膨胀系数等优点使它成为高性能、高可靠度的多层印制电路板材料，但因原料昂贵使得聚亚硫胺的应用普遍程度不如 FR-4 环氧树脂。BT 树脂（三氮甲苯双马来硫亚氨，Bismaleimide Triazine）与氰酸盐脂类（Cyanate Ester）等耐火环氧树脂的玻璃转移温度介于 FR-4 环氧树脂与聚亚硫胺树脂之间，它们的主要优点为具有 2.8 左右的介电系数，电路信号传输的品质因此可以获得提高，铁氟隆/聚四氟乙烯（Teflon/Polytetrafluoroethylene，PTEE）树脂更具有 2.1 左右的介电系数，主要用于微波集成电路的电子封装，但铁氟隆树脂电路板价格高，而且它与铜的黏着性不佳，工艺难度高使得铁氟隆树脂电路板的应用受到限制。苯并环丁烯（Benzocyclobutene，BCB）材料因具有优良的电、热与黏着性，也是深具潜力的印制电路板树脂材料之一。印制电路板常见的树脂原料的电、热特性比较如表 5.1 所示。

表 5.1　印制电路板常见的树脂原料的电、热特性比较

材料种类	玻璃转移温度（℃）	热膨胀系数（ppm/℃）	介电系数	介电强度（kV/mm）	散失因子
环氧树脂	100～175	>20	3.5	20～35	0.003
硅胶树脂	<–20	>200	3	20～45	0.001
聚亚硫胺	>260	50	3.5	>240	0.002
BT 树脂	>275	50	3.5	36	0.018
苯并环丁烯	>350	35～36	2.6	>400	0.000 8
铁氟隆	NA	70～120	2.1	17	0.000 2
聚酯类	175	36	3.5	30～35	0.005
丙烯树脂	114	135	2.8	15～20	0.01
氨基甲酸酯	—	—	3.5	16	0.035

在玻璃纤维强化材料部分，具有长纤维形状的 E-玻璃（E-Glass）是印制电路板最常见的无机纤维强化材料，FR-4 环氧树脂/E 玻璃纤维为最常见的组合，它也是从单面到 10～12 层的印制电路板最普遍使用的绝缘部分的原料。其他的无机高强度化的材料还有 S-玻璃（S-Glass）、D-玻璃（D-Glass）、石英或硅石玻璃（Silica Glass）的纤维等，它们的化学成分与主要的物理性质如表 5.2 所示。

表 5.2　玻璃纤维强化材料的化学成分与物理性质

纤维种类	化学组成							物理性质		
	SiO_2	Al_2O_3	CaO	MgO	B_2O_3	Fe_2O_3	Zr_2O_3	热膨胀系数（ppm/℃）	介电系数	相对价格
E-玻璃（%）	52～51	12～16	15～25	0～6	8～13	—	—	5.04	5.8	1～5
S-玻璃（%）	64～66	22～24	<0.01	10～12	<0.01	0.10	<0.1	2.8	4.52	5～10
D-玻璃（%）	73～75	0～1	0～2	0～2	18～21	—	—	2	3.95	10～20
石英（%）	99.97	—	—	—	—	—	—	0.54	3.78	30～40

5.2.2　印制电路板的导体材料

铜为印制电路板最常见的导体材料。在电路板工艺中，无覆盖的铜箔电路可以用加层（Additive）或减层（Subtractive）的技术电镀到高分子绝缘基板上。铜箔的规格以一平方英尺面积上覆盖的铜箔重量（盎司/平方英尺）表示，常见的标准规格有 1/8、1/4、3/8、1/2、3/4、1、2、3、4、5、6、7、10、14 盎司等，最常见者为 1 盎司铜（相当于约 35 μm 的厚度），其次为 1/2 盎司铜（相当于约 17 μm 的厚度）与 2 盎司铜（相当于约 70 μm 的厚度），超薄的 1/8 盎司铜与超厚的 5 盎司以上的铜覆盖电路板仅在特殊情况下使用。铝也曾被使用制作印制电路板的电路连线，但非常少见。

电镀的锡或铅锡薄层可作为电路板在铜箔电路制作时刻蚀的选择，铅锡层也可再施予回流处理覆盖在铜焊垫表面以供后续的焊接与组装工艺使用。印制电路板上的焊锡层也可以利用热空气焊锡涂布（Hot Air Solder Leveling，HASL）的方法制成，HASL 的方法是将电路板

沉浸于熔融的焊锡中，完成涂布之后，即以高速吹拂的热空气除去多余的焊锡以获得适当厚度的镀层。镍与金也为印制电路板上常见的导体材料，厚度 0.65～2.45 μm，含钴的电镀硬质金膜为制作电路卡边缘指状焊接点（Edge-Card Connector Fingers）与按键表层（Gold Tabs）的材料，电镀的金也是电路刻蚀的掩膜或焊垫的表层材料。2.45 μm 厚的镍则通常作为铜与金之间的扩散阻挡层；钯有时也被镀于镍与金之间形成铜-镍-钯-金的多层薄膜结构。

5.2.3　硬式印制电路板的制作

硬式印制电路板的工艺可区分为绝缘基板制作与电路布线图案制作两大部分，其工艺流程如图 5.2 所示。

绝缘基板的制作通常由已沉浸（Impregnation）树脂的玻璃纤维织布开始。织布中的玻璃纤维通常有各种不同的规格和编织方法，电子封装的应用通常选用含微细、质轻的玻璃纤维织布（称为 A-Stage）。织布通常为卷状或为已切成适当大小的薄片，其中的树脂又常以施加烘烤热处理而呈半成品状态（称为 B-Stage），施加约 10MPa 以上的压力，30～60 min，175℃的热蒸汽处理使得预浸材料中的树脂熔融，并除去其中的挥发性成分而成为硬化成型的薄片（称为 C-Stage），叠片（Lamination）的厚度变化为 0.1～3.18 mm，而以 1.5 mm 最为常见，单面和双面的印制电路板通常以此厚度的叠片再覆上铜箔电路制成。表 5.3 为各种印制电路板绝缘板的特性比较。

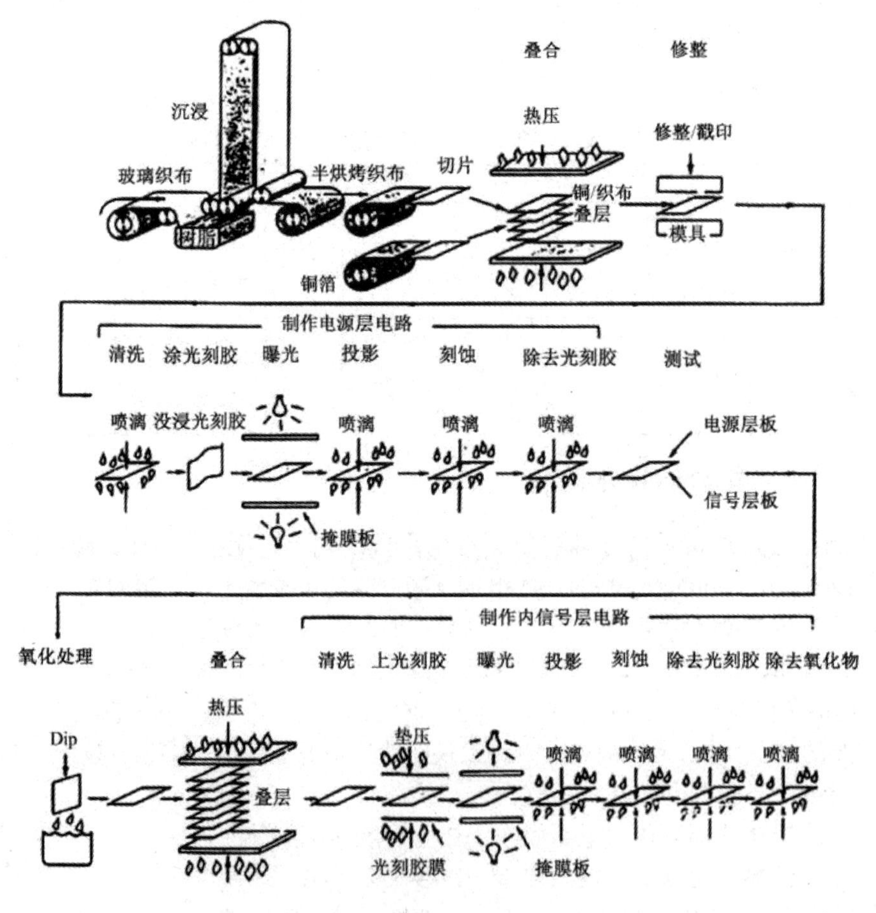

图 5.2　硬式印制电路板的工艺流程（前部分）

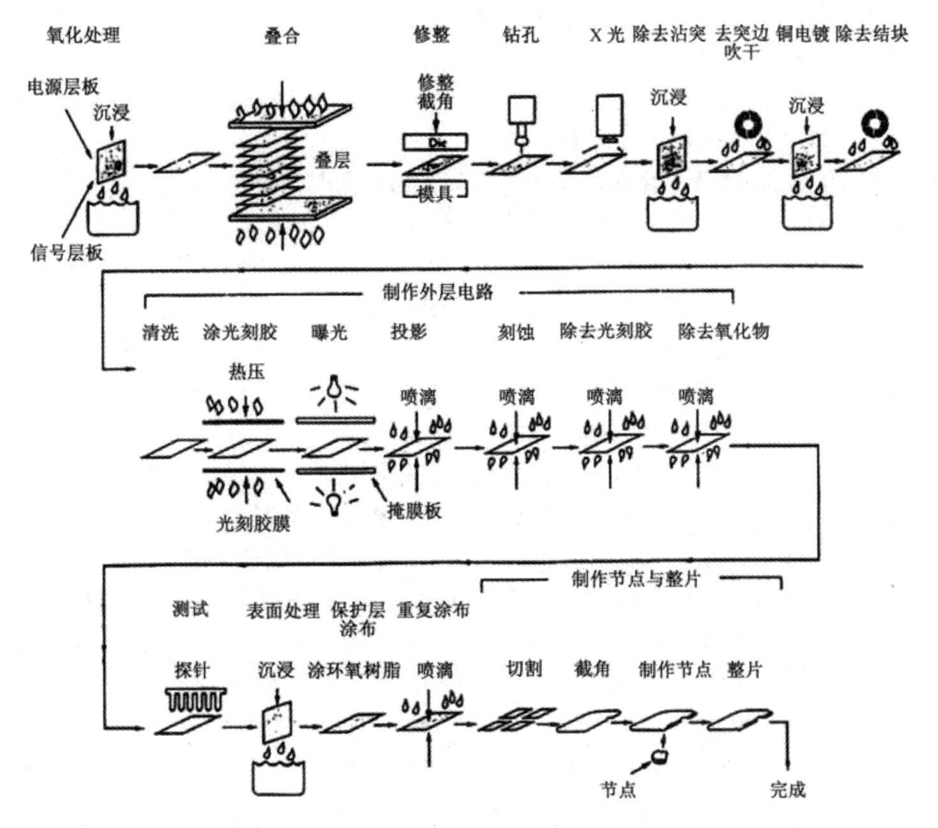

图 5.2　硬式印制电路板的工艺流程（后部分）

表 5.3　各种印制电路板绝缘板材的特性比较

电路板 组成	介电常数 （1 MHz 时）	介电强度 （kV/mm）	崩溃电压 （kV）	玻璃转移温度 （℃）	热膨胀系数 （ppm/℃）	热传导系数 （W/m℃）	吸水性 （%）	价格 比率
FR-4+玻璃	4.1～4.2	48～56	70～75	125～135	12～16	0.35	1.1～1.2	1
BT 树脂+E-玻璃	3.85～3.95	48～56	70～75	180～190	—	—	0.8～0.9	—
氰酸盐酯+E-玻璃	3.5～3.6	32～40	65～70	240～250	—	—	0.6～0.7	—
PI+E-玻璃	3.95～4.05	48～56	70～75	>260	11～14	0.35	1.4～1.5	2～3
PTFE+E-玻璃	2.45～2.55	32～40	40～45	327	24	0.26	0.2～0.3	15
FR-4+压盐酸纤维	3.9	—	—	125	6～8	0.12	0.85	—
PI+压盐酸纤维	3.6	—	—	250	5～8	—	1.5	—
FR-4+石英纤维	—	—	—	125	6～12	—	NA	—
PI+石英纤维	4.0	—	—	260	6～12	0.13	0.5	14
PI+Kevlar	3.6	—	—	180～200	3～8	0.12	1.8	4～8

织布叠片外层覆盖铜箔时通常以连续电镀法（Continuous Electrodepostion）进行，此方法为使用一个具有电阴极的金属鼓通过电镀槽并在其上镀成铜箔，铜箔除去后，与金属鼓接合处的一面较为光滑，一般作为电路板电路的外表面以增进未来电路刻蚀的精确度；铜箔与电镀液接触的粗糙面则与树脂基板进行热压叠合，以利用表面粗糙特性增加其黏着强度，电路板制造商通常又依据未来叠合的树脂基板种类、制造工艺和使用温度等条件在铜箔粗糙面进

行适当的电化学处理或长成金属氧化物以加强黏着强度，碱洗氧化（Alkaline Oxidation）处理即为使铜箔表面粗糙化常见的处理方法，其他如苯并三唑（Benzotriazoles）的聚合物（Chelates）可与铜箔上的氧化物形成稳定温度达 200℃的键结，它可作为腐蚀抑制剂，与有机材料部分也有优良的黏着性，因此也是铜箔表面化学处理常见的方法之一。

铜箔与玻璃纤维板材进行叠合时通常以高分子树脂为黏着剂，环氧树脂与聚氨基甲酸酯（Polyurethanes，PU）为使用温度低于 125℃～150℃的电路板最常见的黏着剂，PU 树脂的水解反应是其不适用于电性与结构稳定程度要求较严格的环境的主要原因。丙烯类树脂为热稳定性较高的黏着剂，聚亚硫胺硅氧烷混成树脂（Polyimidesiloxane Hybrids）则为所开发出的另一种高温黏着剂；对更高的使用温度与低介电常数要求的基板则可以使用聚全氟化碳树脂（Polyperfluorocarbons）为黏着剂。

单面的印制电路板可将覆有铜箔的电路板以减层技术将不需要的铜箔部分除去，以获得所需的电路布线图形；若使用没有铜箔披覆的电路板则可使用加层技术在所需的部位镀上铜箔电路。双面的印制电路板可在两面覆有铜箔的电路板上以减层技术制成导线电路，再经钻孔并以电镀技术制成电镀导孔完成上、下两面电路的导通，电镀导孔的工艺如图 5.3 所示。多层印制电路板的制作与双面印制电路板的工艺观念相似，但它多了内层电路的制作，因此工艺步骤也较为复杂烦琐，基本的工艺为将数层已制有铜箔电路图型与导孔的叠片依设计需要施予热压黏合，再制成电镀导孔与外层电路以形成三维空间的电路连线结构。

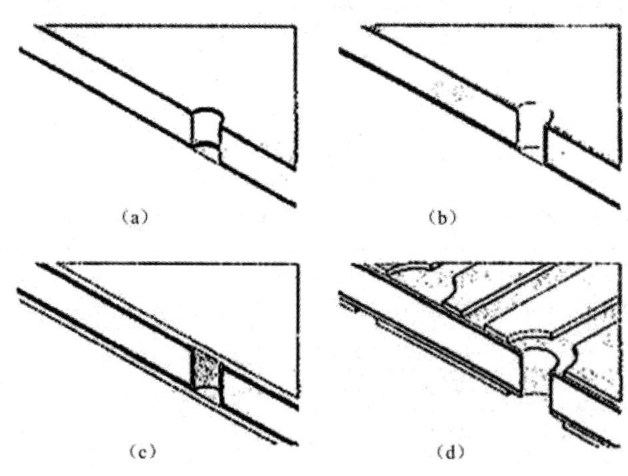

图 5.3　电镀导孔的工艺

导孔可以采用机械式钻孔技术钻成，激光钻孔（Laser Drill）与光刻成像/刻蚀技术应用于微细导孔的制作。在导孔的制作中，准确的钻孔位置与孔壁平滑与否为工艺的关键，钻孔过程的发热会使钻屑中树脂材料软化而黏于钻孔面的铜导线上（称为黏突，Drill Smear），必须除去以免形成孔壁在进行无电电镀铜膜时的障碍或于元器件焊接时脱落而形成断路。环氧树脂类的印制电路板可用铬酸（Chromic Acid，H_2CrO_4）、硫酸（Sulfuric，H_2SO_4）或高锰酸钾（Potassium Permanganate，$KMnO_4$）除去黏突；对使用聚亚硫胺或其他特殊树脂的电路板，电浆蚀刻为常用的方法；对玻璃纤维的突出物则以氢氟酸（Hydrofluoric Acid，HF）溶去。钻孔过程中，铜箔部分产生的突边（Burr）也应磨去，否则突边也将被电镀上铜膜而使导孔的尺寸产生误差。

无电电镀为导孔壁镀铜膜用的方法。无电电镀必须先将孔壁做清洁与活化处理，最常见的活化元素为钯，随后铜膜被镀上，镀膜的厚度一般约 2.5 μm。无电电镀制程应注意铜膜厚度的均匀及活化处理的酸剂对内层铜膜的氧化物产生过度的侵蚀，否则会使铜膜沿导孔形成一个粉红色的凹环（称为 Pink Ring），残余的化学物质可能存留于孔中而造成腐蚀。

垂直方向的导孔制成后，多层印制电路板最外层两面的铜箔再以光刻成像与刻蚀技术制成所需的电路图型，但是在电路制作之前，必须先以电镀工艺使外层电路与导孔部分的铜箔增厚（导孔壁的铜膜通常达 0.025 mm 的最低厚度），以增加其承载的强度。电镀完成后的铜箔电路表面通常又覆上一层铅锡电镀膜，以作为未来元器件焊接的焊锡键合点与电路的保护，此焊锡层也可以作为后续铜箔刻蚀除去时的掩膜，一般铅锡镀层的厚度约为 7.5 μm。铅锡电镀完成后，即可覆上光刻胶并用刻蚀技术将不需要的铜箔部分除去以制成铜箔电路，在蚀刻步骤中注意防止铜电路部分过度的侧蚀刻。除去光阻剂后，焊锡再以回流处理使其熔融而完全覆于铜箔电路之上，铜电路侧面通常又先以助焊剂清洁，或施予蚀刻处理以使焊锡能有确实、完整的涂布。

5.3 软式印制电路板

软式印制电路板与硬式印制电路板结构相似，但所使用的基板具有挠曲性。依导线电路的结构，软式电路板可区分为单面（Single-Sided）、双面（Double-Sided）、单面连接（Single-Access）、双面连接（Double-Access）、多层（Multilayer）、硬挠式（Rigid-Flex）与硬化式（Rigidized）等数种，它们的结构与优缺点比较如表 5.4 所示。

表 5.4　各种软式电路板的结构与优缺点比较

种　类	优　点	缺　点
单面 FPBs 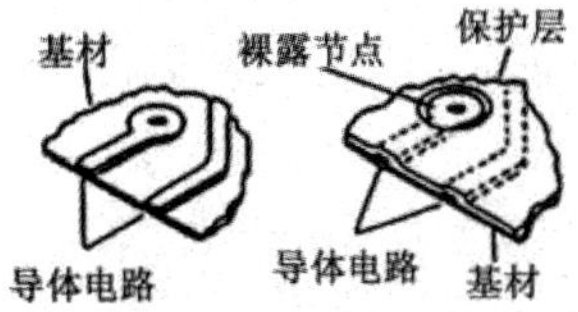 基材 裸露节点 保护层 导体电路 导体电路 基材	价格最低廉	不能制作多层电路
双面 FPBs 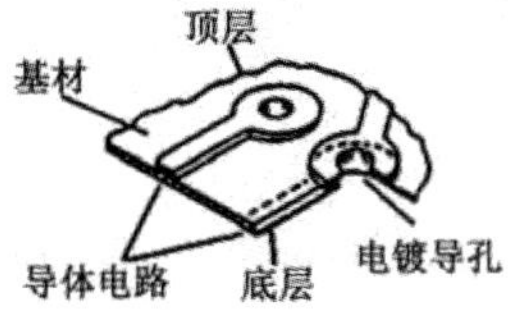 顶层 基材 导体电路 底层 电镀导孔	可制成高密度电路 可减少焊接点数目	价格较高 挠曲性较差
双面连接 FPBs 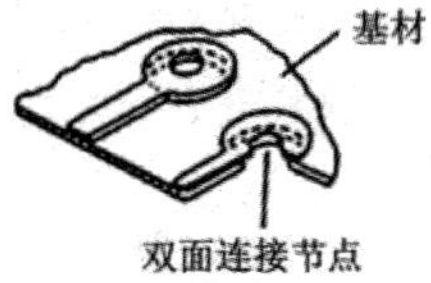 基材 双面连接节点	可减少组件数目 元器件可在电路板两面连接	价格较单面连接 FPBs 高
多层 FPBs 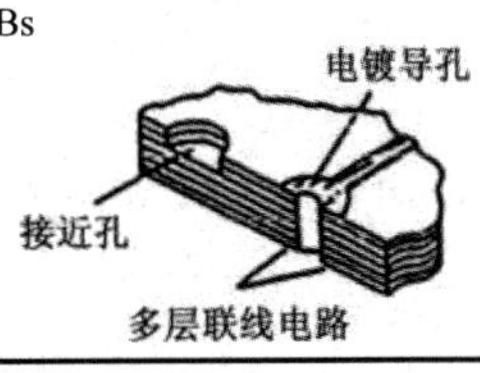 电镀导孔 接近孔 多层联线电路	允许高密度元器件连接 电遮蔽性佳 可控制阻抗电性	价格高 可靠度较低 挠曲性差 不可进行修护

续表

种　类	优　点	缺　点
硬挠式 FPBs 软式电路板（无黏结） 硬式多层电路板	具多层 FPBs 优点 具局部挠曲性	同多层 FPBs
硬化式 FPBs 软式电路板 无导线强化板	可缓和变形 良好的元器件支撑性	仅具单面焊接能力

软式印制电路板的制作方法是一般以黏着剂将导体电路与绝缘板材黏合，新型材料中也有不需要黏着剂即可将导体绝缘板材黏结，它又被称为无黏着剂叠层软式电路板。铜为软式印制电路板上最常见的导体材料，铜箔可分为电镀（Electrolytically Deposited，ED）铜箔与滚压退火（Rolled-Annealed，RA）铜箔两种，RA 铜箔因而有较低的强度与较优良的韧性，所制成电路板也具有较佳的挠曲寿命。

其他的导体材料有铍-铜合金、铝、Inconcel/不锈钢与导电性高分子膜（Conductive Polymer Thick Films，PTF）等，铍铜合金只在无须精密电镀的电路部分使用，导电性高分子膜为掺有银或碳等导体微粒的高分子材料，PTF 电路的制作为先以网印的方法将 PTF 厚膜材料涂布在绝缘基板上，再经烘烤处理形成电路连线。PTF 电路的工艺比铜箔电路简单，故有价格低的优点，它的缺点则为高电阻率（约为铜箔电路的 100 倍），热传导的能力（小于 2W）与热、化学稳定性较差，而且 PTF 电路不能进行焊接，仅能以压力接着或导电性黏着剂进行电路连通。

软式印制电路板制作使用的黏结材料的种类有多元脂类（Polyster）、环氧树脂、丙烯类、酚醛类、聚亚硫胺及氟碳树脂等，它们必须与绝缘基板有相容的特性，也因为黏着剂的种类对钻孔与导孔电镀的性质有重要影响，采用时必须考虑工艺条件、使用的化学药品与成品功能需求等。

软式印制电路板制作常用的绝缘基板材的种类有聚亚硫胺、多元脂类、氩硫酸纤维、强化复合纤维及氟碳树脂等，其中以多元树脂类的聚乙烯对苯二甲脂（Polyethylene Terephthalate）为使用最多的基板材料，一般厚度在 25～125 μm，宽度在 50～60 cm。

绝缘基板的选择除了考虑电绝缘性与机械支撑强度外，挠曲性与结构尺寸的稳定度也是重要的因素。挠曲性依电路板的应用可区分为静态（Static）与动态（Dynamic）两种。在静态应用中，软式电路板仅在安装时施予必须的弯曲或折叠，此后除了必要的维护之外几乎不再有变形的行为，故静态应用的软式电路板通常有较粗的导体连线，基板材料一般为氩硫酸纤维酯类或树脂/玻璃纤维复合材料。在动态应用中，软式电路板则随时会被挠曲，故铜导线应有最薄的厚度，且必须无针孔、刮痕等缺陷，以期有最大的挠曲寿命。

5.4　PCB 多层互连基板的制作技术

PCB 基板是一块具有复杂布线图形及组装各种元器件的载体。在制作过程中，涉及布线图形走线、通孔、元器件焊盘图形布局及其形状、规格、尺寸、导线与焊盘的连接关系、测试点设置等，都要遵循一定的原则和规范，这些均与一般 SMT 使用 PCB 基板相同。由于 SMT 近 20

年的发展已非常成熟，PCB 基板的设计技术已有大量的专著，在国内外已形成一系列标准文件，所以有关这方面的内容不再赘述，对 PCB 基板的工艺制作技术只做简要论述。

5.4.1 多层 PCB 基板制作的一般工艺流程

原则上说，多层 PCB 基板的制作工艺与普通的 PCB 基板并无大的差别，可以说大体相同。只是 PCB 基板电路布线更庞大复杂、完成的功能更多、性能要求更高，因此相应的 PCB 基板的布线密度更高，线宽及间距更小，图形要求更精密，基板又要多层叠加，多层间又需要适宜的通孔连接，无疑会使 PCB 基板的工艺制作难度大为增加。但多层技术是建立在单层 PCB 基板制作技术基础之上的，在未形成多层叠加之前，每一层也就如同一般 PCB 单层板一样，叠加起来增加了一些特殊的工艺技术，主要是通孔及其连接技术。多层 PCB 基板制作的一般工艺流程如图 5.4 所示。

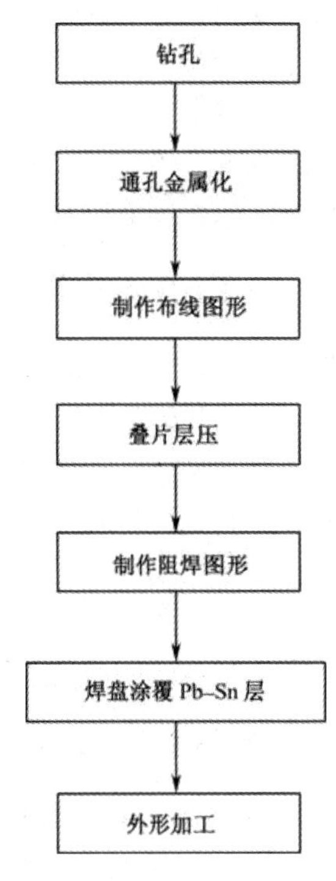

图 5.4 多层 PCB 基板制作工艺流程

5.4.2 多层 PCB 基板多层布线的基本原则

为了减少或避免多层叠层布线的层间干扰，特别是高频应用下的层间干扰，两层间的走线应相互垂直；设置的电源层应布置在内层，它和接地层应与上下各层的信号层相近并可能均匀分配，这样既可防止外界对电源的扰动，又避免了因电源线走线过长而严重干扰信号的传输。如图 5.5 所示的是根据这些基本原则形成的 PCB 多层基板的结构及布线走向。

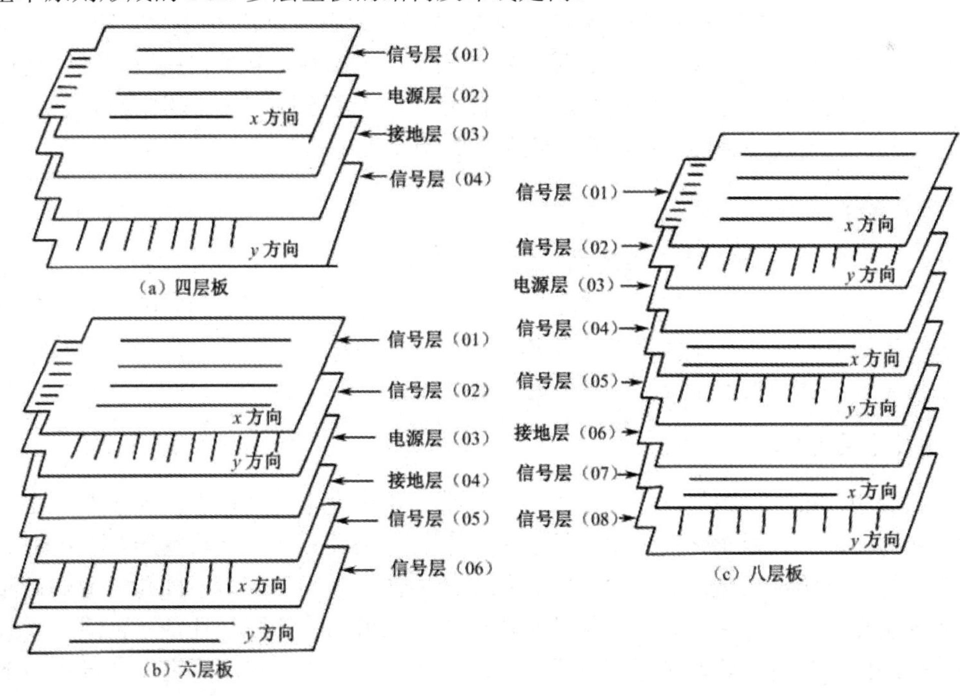

图 5.5 PCB 多层基板的结构及布线走向

从图 5.5 中还可以看出，任何多层板的电源和接地层都是最基本的单元，与它们上下的敷铜板（不腐蚀出布线图形）相层压就构成了最基本的四层板，然后每组四层板的上下两层，根据具体电路制作出两层信号层，这样每四层一组再叠加压起来，就可方便制作成任意层的 PCB 多层基板。事实上，国际上正是以 4 层板的层压方式生产内层图形（电源层及地线层）为定型设计的敷铜板，从而达到了标准化、成批量、高质量、低价格的要求。

5.4.3 PCB 基板制作的新技术

近几年来，以 LSI、VLSI、ASIC 为基础、以电子计算机为核心的信息技术高速发展，各种新型的电子封装如 BGA、CSP、FC、DCA 等层出不穷，这使得各种电子整机得以轻、薄、小型化，特别是个人计算机、移动电话正走向千家万户，各种 PC 卡、IC 卡的需求不可限量。加上 SMT 的长足进步，这些都促使 PCB 基板（插板/插卡）向薄型、超薄型多层板方向发展。薄型、超薄型 PCB 多层板一般为 4～20 层，厚度在 0.3～2.0mm 之间，所有的内层厚度可薄到 0.02～0.05mm，最厚为 0.127mm。这类 PCB 基板都是与细线宽、窄间距、微小孔径、埋孔、盲孔等紧密结合的，使其加工制作具有许多特殊性，下面介绍几种新工艺、新技术。

1．薄和超薄铜箔的采用

常规的 PCB 多层板使用的铜箔厚度为 18 μm 或 35 μm，而 PCB 多层板还往往使用厚度在 18 μm 以下的薄铜箔，如 9 μm，甚至 5 μm 的厚度，这是由 PCB 多层板的细线宽、窄间距（0.10 mm 或 0.05～0.08 mm）所决定的。对于细、窄的线条，如果在光刻过程中恰好在线条上形成数微米的针孔，腐蚀线条时因有侧向腐蚀，厚铜箔待深度腐蚀透、侧向也差不多断条了，这会使阻抗大为增加，给传输性能、可靠性都会带来严重的后果。而薄铜箔则不然，因侧向腐蚀小，线条的一致性会大为提高。

对于更小的线宽（如 0.05～0.08mm）要求时，除了采用薄或超薄铜箔以外，对铜箔的结构及制作方法也有要求。由于电镀的铜箔晶粒结构是竖式圆柱形状的，所以刻蚀时刻蚀剂会顺相垂直“切割”铜箔，使细线的侧壁陡直；而滚轧退火铜箔的晶粒结构则是卧式圆柱形状，因而具有抗刻蚀的特性，刻蚀的速度不一致会造成锯齿状线条。

2．小孔钻削技术

由于 PCB 多层板有孔径小、密度高、定位精度高的特点，对小孔钻削技术提出了更高的要求，必须采用数控机床高速钻削、冲孔和激光打孔方式。对于厚度远远小于等于 0.1mm 的内径基片，内设有埋孔，基于经济和成本的考虑，大多采用冲孔方法，而层压后的通孔多采用数控钻孔完成，以有利于保证薄型多层板的加工质量。

3．小孔金属化技术

由于孔径小，板厚径比孔深不断加大，孔的金属化难度也随之增加，因而要求相应的加工技术不断提高。小孔金属化的质量与孔金属化前有很大关系。小孔往往涉及层压板的多层材料结构，每一层的金属化都要附着牢固才能耐热冲击。为了保证多层板孔的金属化质量，钻完孔的多层板要进行污腻处理。传统的使用强酸、强碱的去污腻法往往不再适用或效果不好，取而代之的是先进的等离子法和碱性高锰酸钾去污腻技术。在高频高压电场作用下，将抽真空后充入的 N_2、O_2 或 CF_4 气体离化成为离子、电子、自由基、游离基团和紫外线辐射离子组成的混合等离子气体，它们具有很强的化学活性。若将钻孔后的 PCB 多层板放入其中，孔壁内外的各种有机聚合物及污腻与等离子体反应，就可去除污腻并获得一定凹浊的孔壁，从而达到利于小孔金属化的目的。层内埋孔及层压板的通孔表面也由传统的含磨料尼龙针状辊的机械削改为浮石粉板刷机磨削。

此外，利用各种商品化的基材清洗、调节剂，不仅改善绝缘孔壁的亲水性，还能够调节孔壁的电荷特性，增强金属化（化学镀）时孔壁对活化剂的吸附能力，使小孔、微孔金属化的可靠性大为提高。

4．深孔电镀技术

无论是埋孔还是通孔金属化，特别是通孔的金属化，都希望具有一定的厚度，阻值小且孔壁镀层平整、光滑、无结瘤、镀层细致、延伸率高及连接可靠的金属化层，而小孔细、深，无疑会给加工达到这些要求的金属化带来的困难。除了对常规工艺进行深入研究、改进提高外，还应该注意应用一些新工艺、新技术。例如，黑孔技术及直接孔金属化技术就是国外近几年推出的两种金属化新技术。

（1）黑孔技术。黑孔技术是一种将以导电碳粉为基础的水溶性悬浊液均匀布在孔壁，使孔壁均匀导电以达到获得均匀电镀层的新工艺。工艺流程是：钻孔→去毛刺→清洗→整孔→水洗→黑孔→抗氧化处理→水洗→烘干→全板电镀。

美国 OLIN 公司已率先将该项新技术所需的各种溶剂全部商品化，并发展成为全自动化传送的生产线，极大地提高了生产效率。同时得到美国电子电路互连封装协会的认证，使其进入高可靠印制电路板的加工领域。

（2）直接孔金属化技术。孔金属化（Direct Metallization System，DMS）技术，是先用含高锰酸钾的溶液对非金属孔壁进行氧化处理，使其吸附一层 MnO_2，然后进行有机单分子催化或活化处理，使孔壁均匀地涂覆了一层有机单分子膜，接着浸入稀酸（稀 H_2SO_4）溶液中，完成氧化聚合反应，就得到含盐类的高分子导电膜，这层导电膜具有完成板电镀铜加厚的导电能力。DMS 技术工艺流程是：钻孔→去毛刺→整孔→水洗→微蚀→水洗→氧化→水洗→催化→固着→水洗→全板电镀。

5．精细线条的图形刻蚀技术

传统 PCB 层板布线图形刻蚀技术是用粘贴厚的干膜抗蚀后进行光刻、腐蚀布线图形的，由于膜厚及工艺的限制，这种分辨率较低的干膜抗蚀剂只能制作 0.15 mm 以上的布线图形，而液体光敏抗蚀剂和点沉积光敏抗蚀剂能弥补干膜抗蚀剂分辨率不够高的弱点，以高分辨率刻蚀出精细线条图形，液体光敏抗蚀剂能在大规模工业生产中分辨并刻蚀出 0.10 mm 的精细布线图形，而电沉积光敏抗蚀剂更可分辨并刻蚀出 0.05～0.08 mm 的更精细布线图形。

为刻蚀好精细布线图形，板面的前处理也是很重要的。用浮石研磨技术代替含磨料的尼龙针刷磨，能获得更加均匀细致的板面粗面化处理表面，以有利于刻蚀细线条。

此外，更加先进的电化学清洗以粗化前处理新工艺，可进一步提高板面处理质量及生产效率。为提高光敏抗蚀剂的分辨率，缩短光化学反应的诱导期，这类曝光机带有光度积分仪，以有效地控制曝光量，同时，还需要采用大功率曝光灯以提高光化学反应的激发效率。有的还带有平行光入射曝光的精度。

6．真空层压技术

层压板的每层间都有一层半固化黏着剂，在加热加压中，半固化黏着剂中的低分子挥发物及吸附的气体都要溢出，在一般条件下层压，难免有少量的挥发物或气泡滞留在层间，影响多层板的平整度及产生缺胶、分层及树脂流动引起的层间电路错位等。而采用真空层压技术，不仅可使层压时的压力明显下降，而且在真空状态下，加热加压的低分子挥发物及气泡更便于排除，且树脂的流动阻力减小，能更均匀地流动，从而使层压的板厚偏差明显减小，这对制作精细布线图形的薄型和超薄层压板、真空层压技术尤显重要。

7．先进的表面涂覆处理技术

由于多层层压板，特别是薄型和超薄型层压板的表面组装密度很高，又多为表面贴装的薄型或窄间距的 SMD，如 TQFP、TSOP、C4、BGA、CSP 等，既要求 PCB 的焊盘平整度高（平面性好）又要求其可焊性好，还要避免窄引脚间焊接的桥连。因此，对 PCB 层压板的表面进行特殊处理就显得十分重要。这些特殊处理主要有高平整度的可焊层涂覆处理技术、助焊剂涂覆处理技术及阻焊剂涂覆处理技术等。

（1）可焊层涂覆处理技术。要到达电镀 Pb/Sn 焊料涂覆的高平整度，若用一般的红外热熔法，Pb/Sn 融化时的表面张力会使焊盘中间厚边缘薄，用热风整平技术可以满足贴装焊接较大间距焊盘 SMD 的需求，但对 0.5～0.3 mm 的窄间距焊盘 SMD，就难以满足高平整度及焊料量精确的要求。在焊盘位置上采用化学镀或电镀方法镀取 0.1～7 μm 厚的 Pb/Sn 或 Ni-Au 层，能达到高平整度及定量精确的焊层且可焊性好的要求，许多薄板制造商正在大力开发中。

（2）助焊剂涂覆处理技术。为了达到良好的焊接效果，预涂覆助焊剂是必不可少的。这类助焊剂应耐高温，至少经焊接温度的冲击仍有良好的可焊性，它是一种既助焊、防氧化又起绝缘三重作用的耐高温材料。显然，一般的松香助焊剂难以担此重任。这种有三重作用的耐高温材料大多数属于烷基咪唑类的水溶液有机化合物。用浸涂的方法就可获得 0.3～0.6 μm 均匀膜厚、焊接性能很好的这类助焊剂。由于此技术具有工艺简单、易于控制、成本低、操作环境好等优点，所以国际上有了迅速的发展和应用，日本、美国的一些大的 PCB 厂都建立了自动化的生产线，我国也有许多厂家采用了这类助焊剂，也有的厂家开发生产了助焊剂。

（3）阻焊剂涂覆处理技术。在 SMT 中，为了防止微细引脚间距的 SMD 焊接过程中出现桥连现象，必须在焊盘间涂覆一层阻焊剂。由于焊盘间中心间距小，两相邻焊盘间距往往小于 0.10 mm，使用传统的丝网印制法已难以胜任，光敏阻焊干膜由于膜层较厚，容易在 SMD 的引线与焊盘间形成支点引起焊接时出现元器件竖起的“石碑”效应。为此高精密的 PCB 多层板普遍采用液态光致成像阻焊剂（LPSR）工艺。涂覆 LPSR 可用细丝网印制或流延法（也称垂帘、帘式法），后者生产效率高、适于大规模生产，但设备费用高。涂覆后需经烘烤，去除阻焊剂的挥发成分，成为干膜后，经曝光、显影去除金属焊盘上的阻焊剂，就制出所需的阻焊膜图形。最后阻焊剂再经光固化、热固化处理，就可获得高性能的阻焊膜。应用这种 LPSR 在工业上已能制作出 0.07 mm 高分辨率的阻焊膜图形。

5.4.4 PCB 基板面临的问题及解决办法

1．PCB 面临的问题

PCB 面临的主要问题有以下几个。

（1）随着电子设备的小型化、轻薄、多功能、高性能及数字化、SMC/SMD 也相应薄型化、引脚间距日益缩小、IC 新的封装形式如 BGA、CSP 和 MCM 的使用将更为流行，裸芯片 DCA 到 PCB 上也更为普遍。所有这些都要求 PCB 技术必须更新，以适应高密度组装的需要。

（2）传统的环氧玻璃布 PCB 板的介电常数较大（一般$\varepsilon \geqslant 6$），导致信号延迟时间增大，不能满足高速信号的传输要求。

（3）当前低成本的 PCB 基板的主流间距为 0.20～0.25 mm（2.54 mm 网格间过 2～3 线），而要制作 0.10 mm 以下的线条及间距，更小的通孔不但价格高、成本增加，成品率也难以保证。

（4）传统的 PCB 的功率密度难以承受，散热是个问题。

（5）制作传统的 PCB 板面临严重的环境污染问题，这就要求尽量使用对环境污染小的基板材料。新的 PCB 设计制作增加了难度。

① 应根据市场的需求动向设法减少 PCB 的层数，而又要提高 PCB 的组装密度，并力求简化设计及工艺过程。

② PCB 还面临其他一些问题，如高精度的焊膏涂覆，焊剂配方适应耐热性，防止环境污染及开发新材料、新工艺问题等。

2．解决 PCB 问题的新技术

为解决 PCB 面临的上述问题，已研制开发一些新工艺、新技术，如关键小通孔的加工已在探讨使用化学方法或激光技术。通常在 PCB 上形成 50 μm 线宽和间距均采用光刻法，而如今采用激光直接成像（Laser Direct Imaging，LDI）技术，通过 CAD/CAM 系统控制 LDI 在 PCB 涂有光刻胶层上直接绘制出布线图形。这样，可通过提高劳动生产效率、缩短设计和生产周期、由设计到制造的全过程实现自动化来保证产品的质量。由日本松下公司提出了一整套解决 PCB 问题的方案，称之为完全内部通孔（All Inner Via Hole，ALIVH）技术。这种技术能达到 PCB 密度高、层数少、设计简化、工艺简单可靠等目标。基本解决了当前 PCB 面临的许多问题。

ALIVH 技术实质上是一种 PCB 的组合加厚布线技术，是由印制电路板厂家和原材料厂家共同提供的。

5.5 其他种类电路板

5.5.1 金属夹层电路板

金属夹层电路板制作的观念来自于陶瓷工艺品的搪瓷技术（Porcelain Enamel Technology，PET），其可利用粉体静电吸附镀着（Electrostatic Powder Coating）、生胚片叠合、电泳镀膜（Electrophoresis）或射出成型等技术将有机或无机绝缘材料薄膜（如环氧树

脂、热塑化型高分子材料、陶瓷、玻璃陶瓷等）覆盖到低碳钢片、不锈钢片、铝、铜、钼、钛、Kovar（19%镍–17%钴–54%铁）、Alloy42（42%镍–58%铁）或三层金属复合材料（如铜/Invar/铜，Invar 也称为恒范钢，是具有 1.5 ppm/℃低热膨胀系数的 54%铁–36%镍合金）的表面而制成金属夹层基板。

金属夹层电路板可以借复合金属板材的比例调整热膨胀系数使其与硅及氧化铝等材料的热膨胀系数相近，以减少热应力破坏的发生。著名的例子有美国 TI 公司的铜覆盖恒范钢（Copper-Claded-Invar）与 PTFE 玻璃纤维覆盖石墨（PTFE-Glass and Graphite）的电路板，前者可以改变铜与 Invar 的比例获得热膨胀系数迥异的电路板，后者则利用石墨负热膨胀系数的特性使电路板的等效热膨胀系数接近 6～7 ppm/℃。同时此种电路板也有相当好的热传导性质，缺点是石墨为良导体，故制作时必须将其导体层完全绝缘，而且此种电路板脆性高，使用时须谨慎。

金属夹层电路板由于具有金属夹层，因此能提供良好的热传导性、机械强度与电防护特性，对高操作温度的电子元器件封装是理想的基板材，但是它有重量大、价格高、导孔制作较为困难、镀膜厚度不均匀时易发生卷屈等缺点，这使得金属夹层电路板在微电子工业中使用的程度不如以树脂玻璃纤维为基材的印制电路板。

5.5.2 射出成型电路板

射出成型电路板通常用于低价位的印制电路板制作，它可以利用射出成型技术将高分子基板在模具中成型，随后以传统的电镀工艺完成电路布线图形的制作，也可将所需的导体电路置于模具中的适当位置，高分子树脂被挤入成型并与导体电路叠合，在经模具脱离后即得所需的电路板。

射出成型基板使用的高分子树脂与前述硬式印制电路板的树脂材料成分有所不同，其中通常添加适量的填充剂以改善材料的热性质与机械性质，以配合射出成型工艺的进行。导热性填充剂的添加目的在使基板有高热传导速率，氧化铝、碳化硅或氮化铝填充剂的添加则可使基板有低热膨胀系数的特性。

5.5.3 焊锡掩膜

焊锡掩膜（Solder Masks，也称为绿漆）为覆于印制电路板上的高分子材料薄层，它的功用在防止后续工艺中因焊锡溢流造成短路，并提供电路板上的导体连线对外来环境侵害的保护，它也因而成为所有印制电路板上所有保护薄层的总称。

焊锡掩膜的材料可分为热烘烤硬化型环氧树脂（Thermally Cured Epoxies）与紫外光烘烤硬化型丙硫酸醋酯（UV Curable Acrylates）两种，它可利用网印、干膜覆盖，或结合这两种方法优点的液态光成像（Liquid Photoimageable）技术涂布到电路板表面形成外层保护。焊锡掩膜的规格要求须符合 IPS-SM-840B 规范，必须消除针孔、刮痕或孔洞缺陷，且厚度均匀地覆盖于所需的表面上。与电路板之间应有良好的黏着性，不会在未来组装与焊接的工艺中剥落，必须能承受未来工艺中所有焊接与清洁工艺的温度变化与化学侵蚀，也必须有相当的加工与耐磨耗性。同时，要求有良好的电绝缘性、抗吸水性与抗电迁移性，耐燃性不能超过 UL 90V-1 的标准，符合工艺与客户所提的各项特殊需求等。

5.6 印制电路板的检测

印制电路板的检测包括电性与成品质量的检查，常见的测试方法为低压短路/断路（Low Voltage Shorts/Opens）的电性测试与目视筛检（Visual Screening）的光学试验，对高密度连线、结构复杂的印制电路板，更为精密、严格的高压高电阻短路/断路（High Voltage，High Resistance Shorts/Opens End-of-Line）试验，兼具内、外层检测能力的光学试验方法已被开发出来。试验方法的选择按客户的需求、产品使用的环境设计、工艺的能力等因素选定，其中工艺的能力是钻孔、叠合、电路制作等步骤可能产生的缺陷及其能否达成产品设计需求的能力，在以上的因素分析完成之后，试验方法的选择依测试的成本而定。

电性试验通称为短路/断路试验，其配备包括数据收集分析的个人电脑、电性测量与控制机体、探针控制器（Bed-to-Nails Handler）、切换机台（Switch Matrix）、探针夹具（Fixturing）等，通常以 10～40 V、10～20 mA 的直流电流通于电路板的导体电路中以测量其电阻的变化。对“完美”的短路/断路电路缺陷的定义为，短路指接近于零的电阻，断路则指趋近无限大的电阻。对高密度连线、高性能的电路板而言，往往要求测出类短路/断路（Near Shorts/Opens）缺陷，类短路缺陷通常由叠层间的瑕疵或污染引起，类断路缺陷则通常由连线截面的突然缩小所致，前者需高电阻试验测试，后者则需低电阻试验测试。

光学试验比较原始设计与实际成品的光学成像以检查质量，配备包括光源、试片传送装置、光敏探测器、数据转换与分析的软/硬设备等。光学试验所能探测到的缺陷种类可分为电路原始缺陷与后续工艺相关缺陷两种，后者是指电路板结构可能因后续组装过程的应力或使用等所致的缺陷，光学试验与电性试验相辅相成，尤其适合探测低压短路/断路试验无法测到的类短路/断路缺陷。

印制电路板检测的另一项重要方法为破坏性试验，它利用光学显微技术对印制电路板的横截面进行观察，试片准备方法则与一般金相实验的试片准备相似。金相实验的优点为可对印制电路板的横截面结构（如电镀导孔、多层印制电路板的叠层结构、金属键合点表面及电路排列情况）进行直接观察，可检测印制电路板垂直方向的缺陷，如不良的钻孔（Poor Drilling 或 Nail heading）、过度刻蚀（Etch Back）、树脂黏着污迹（Resin Smear）、孔洞（Resin Recession 或 Voids）、电镀团块（Plating Nodules 或 Folds）、厚度不均匀、裂隙等。

复习与思考题 5

1．请解释印制电路板的概念，常见的印制电路板有哪几种？
2．解释硬式印制电路板的工艺流程并画出其工艺流程图。
3．解释软式印制电路板的概念，并说明它的应用领域。
4．简述 PCB 多层互连基板的制作技术及其面临的问题和解决办法。
5．印制电路板的检测项目包括哪些？具体说明电性能实验的内容。

第 6 章　元器件与电路板的接合

6.1　元器件与电路板的接合方式

集成电路芯片完成第一层次封装后，依据封装元器件引脚的形状，引脚与电路板的接合技术可分为通孔插装技术（THT，如图 6.1 所示）和表面贴装技术（SMT，如图 6.2 所示）两大类。在所有的接合中，引脚主要的功能为提供热与电能信号的传导，表面贴装接合元器件的接点还须承载元器件的重量。接合方式的选择则依封装元器件的形状、电路板上元器件与电路连线的密度、元器件更换与修护能力（Reworkability）、可靠度、功能需求、制作成本等因素而定。通孔插装是电子封装中使用历史最悠久的元器件与电路板结合方式，表面贴装技术则为因应电子封装“轻、薄、短、小”的趋势而开发的，它在封装市场上应用的比例已超过通孔插装。

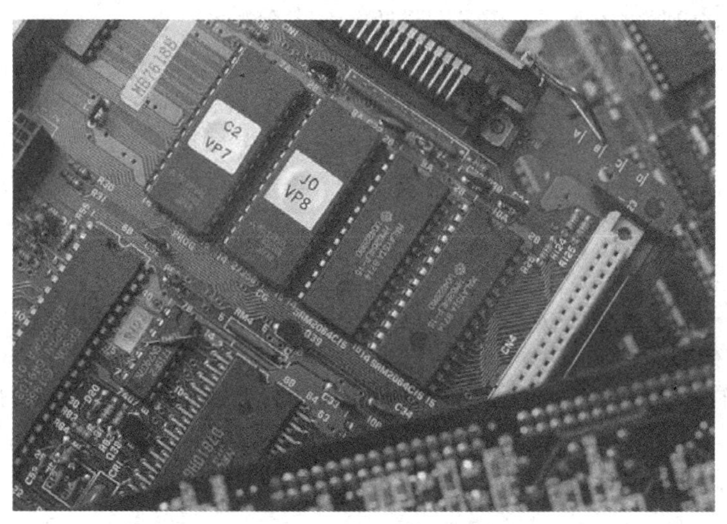

图 6.1　通孔插装技术

图 6.2　表面贴装技术

在同一片印制电路板上可混合使用通孔插装与表面贴装技术，此接合又称为混合技术（Mixed Technology，MT）电路板接合。依据元器件在电路板上的分布，MT 技术可概括分为三种类型：第一种为电路板正面或反面接合的均为表面贴装元器件；第二种为表面贴装与引脚插入式元器件的混合；第三种则指电路板正面为通孔插装元器件，反面为表面贴装接合元器件。

引脚插入式结合依引脚插入导孔后的形状变化可区分为直插型（Straight Through）、弯曲型（Clinched）、半弯曲型（Scmiclinched）、铲型（Spaded）、迂回结合型（Offset Land Mounting）等（如图 6.3 所示）；依导孔内壁是否镀有铜膜，焊接完成的形式可区分为支撑焊接点（Supported Hole）与无支撑焊接点（Unsupported Hole），如图 6.4 所示。表面贴装技术的封装元器件可区分为引脚式与无引脚式两种，引脚式元器件的引脚形状可区分为鸥翼形、钩形、粗柄形等。

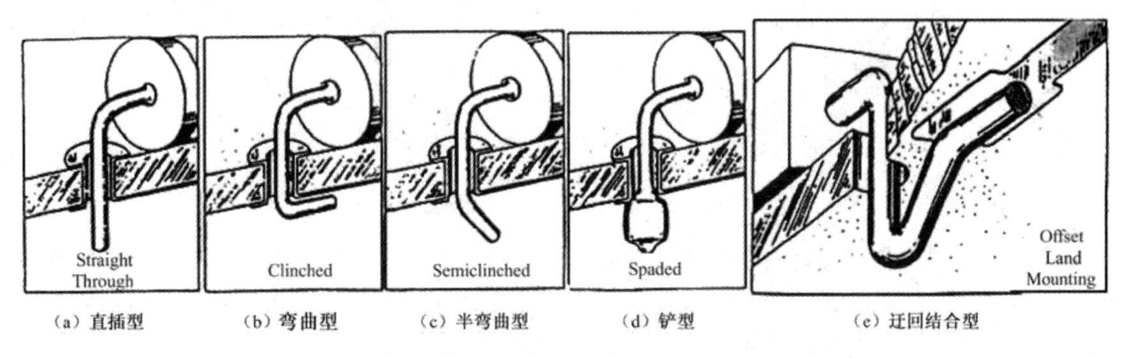

（a）直插型　（b）弯曲型　（c）半弯曲型　（d）铲型　（e）迂回结合型

图 6.3　通孔插装式元器件接合引脚的形状变化

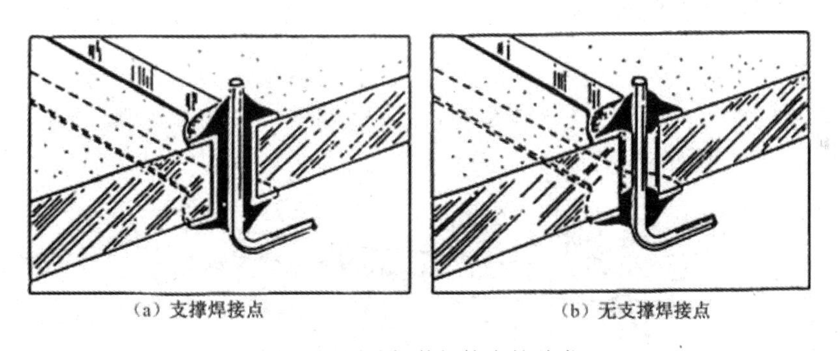
（a）支撑焊接点　（b）无支撑焊接点

图 6.4　通孔插装焊接点的种类

6.2　通孔插装技术

通孔插装为封装元器件与电路板接合最常见的方式，元器件引脚与电路板上的导孔接合又可区分为弹簧固定与针脚的焊接两种方式，这两种接合的方法如下所述。

6.2.1　弹簧固定式的引脚接合

弹簧固定式接合为将引脚插入已固定于电路板上的双叉型弹簧夹中（如图 6.5 所示），此方法的开发是因为陶瓷材料与高分子树脂制成的印制电路板的热膨胀系数差异过大，如果直接将陶瓷封装元器件焊接在电路板上容易导致热应力破坏，使用弹簧固定接合利用簧片松弛的效应可以缓解热应力的破坏，此方法具有便于更换损害或升级元器件的优点。弹簧固定接合的步骤为，元器件先经对齐、制动机具（Actuator）再将引脚推入弹簧夹，机具的推力同时负有磨去表面污染层以形成低接触电阻接触面的任务。引脚数过多时，推力的总和可能相当大，故弹簧固定式接合通常分段进行。

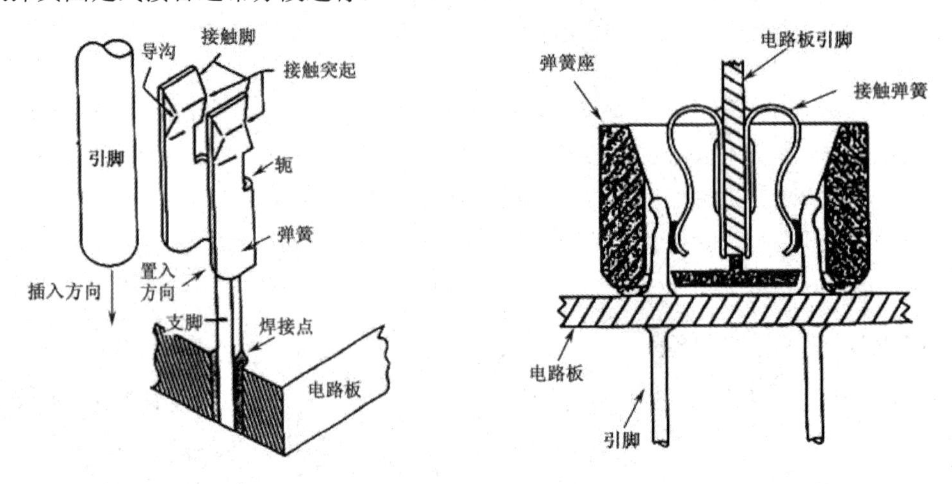

图 6.5　弹簧固定式的引脚接合

弹簧夹材料应具有良好的耐磨耗性与低摩擦系数，弹簧夹材料一般为铍铜合金，它的表面应先镀一层氨基磺酸镍（Sulphamate Nickel），再镀上钯以改善腐蚀及磨耗性，最后表面再镀上金以降低接触电阻及提供焊接时良好的焊锡润湿性。

6.2.2　引脚的焊接接合

焊接为引脚与印制电路板接合一种重要的方式，波峰焊（Wave Soldering）为通孔插装元器件常见的焊接技术，它的基本工艺步骤为：助焊剂涂布→预热→焊锡涂布→多余焊锡吹除→检测/修护→清洁（如图 6.6 所示）。

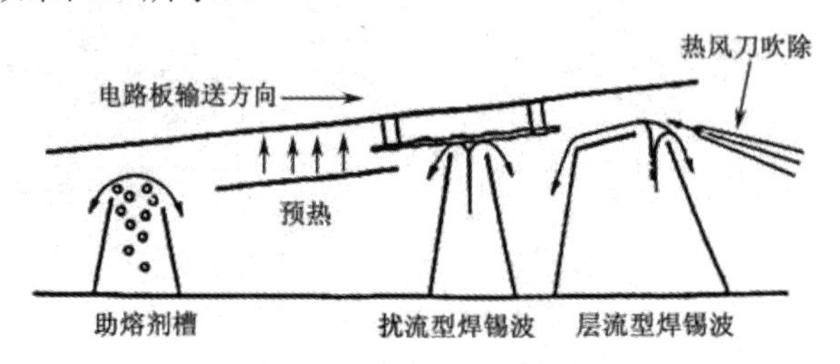

图 6.6　波峰焊的过程

助焊剂涂布的目的在于清洁印制电路板上金属焊接表面与电镀导孔内壁，常见的涂布方法为发泡式涂布。发泡式助焊剂中含有加强发泡性的添加剂，其利用打气装置使压缩空气通过多孔的管道（称为 Flux Stone），并在助焊剂中产生气泡，泡沫状的助焊剂再通过烟充式的管道涂布到印制电路板上，烟充管道的上缘通常有附有毛刷的装置以控制泡沫的高度并使助焊剂均匀地涂布。

波式助焊剂涂布适用于大量生产及混合式元器件接合的电路板，在底部也接有封装元器件时的焊接过程，其利用直流马达与推进扇叶经喷口产生助波式的助焊剂，故适合高密度、高黏滞性的助焊剂的涂布。因助焊剂是以高压推进的，故波式涂布较发泡式涂布有更强的涂布能力，也因其送料量较多，故盛装助焊剂的容器也较大，基本不受工艺温度变化的影响。

使用波式涂布应注意调整助焊剂喷口的平面与电路板输送带平面平行，喷出的助焊剂液面应恰好接触电路板的表面，避免使整个电路板沉浸其中，否则将增加未来清洁的难度。

助焊剂也可利用喷洒（Spray）或以毛刷（Brushing）涂布，但这些方法往往有过度涂布、助焊剂损耗较快、设备的保养与清洁较为困难、操作的环境需有良好的通风设备等缺点。助焊剂涂布完成后，通常又以空气刀装置将多余的助焊剂除去，以防止其滴入后续的预热装置中并产生残留的结块。

电路板预热的目的为：

（1）使助焊剂中的溶剂挥发并干燥；

（2）提升助焊剂的活性使其具有更强的清洁能力，以增加焊锡在电路板的接合点、电镀导孔与封装元器件的引脚表面的润湿性；

（3）加温过程可以平衡封装元器件的温度不均匀现象，以防止热爆震波的产生，对于设计过于复杂的电路板该步骤尤为重要。一般预热的温度约为125℃，电路板移入加热装置中时，温度上升的梯度及均匀程度应谨慎控制；离开时，温度不可过高，以免助焊剂失去活性而降低焊锡的润湿性。

波峰焊为通孔插装最常见的焊锡涂布方法，载有封装元器件的电路板通过锡槽时，槽中持续涌出的焊锡除了提供焊锡的涂布外，还有刮除及清洁结合点表面金属氧化层的作用。焊锡沉浸的高度1/3～1/2的电路板厚度，在多层印制电路板中，沉浸的高度更可达1/4电路板厚度。在理想的情况下，焊锡波与电路板移动的方向相反，移动的速度应调整至相同，电路板输送带与焊锡系统通常维持6°～8°的倾斜以获得最佳的涂布效果，此倾斜的设计可减小电路板离开时焊锡波与电路板所形成的凹面半径，可抑制焊锡的过度涂布，进而减低水柱状焊点（Icicles）或相邻焊点发生架桥（Soler Bridge，或称为搭接短路）短路的缺陷（如图 6.7 所示）。

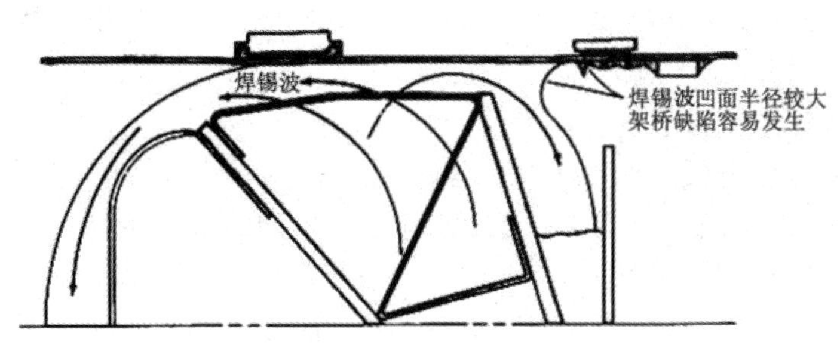

（a）水平式电路板输送焊锡涂布

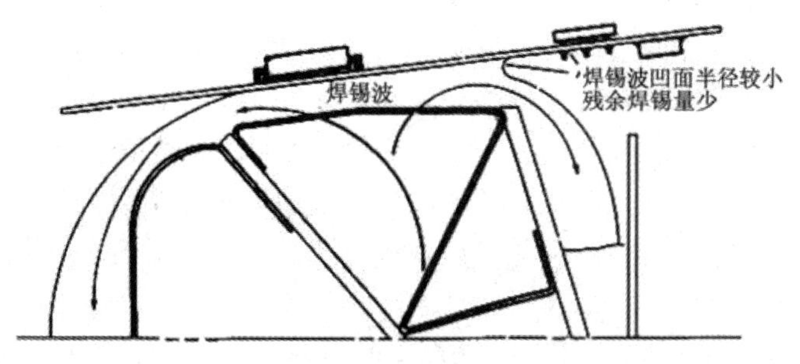

（b）倾斜式电路板输送焊锡涂布

图 6.7　水平式与倾斜式电路板输送焊锡涂布结果的差异

电路板经过焊锡槽的时间也应适当地调整，过长时间的涂布可能导致元器件的高温损坏；时间过短，则电路板温度不足，并降低了焊锡的润湿性。

为适应各种不同的元器件与电路板的焊锡涂布需求，焊锡槽中焊锡的波形也有许多不同的变化，如图 6.8 所示为焊锡的波形变化，常见的波形有对称波（Symmetrical Wave）、不对称波（Unsymmetrical Wave）、双波（Double Wave）、阶梯波（Cascade Wave）等。

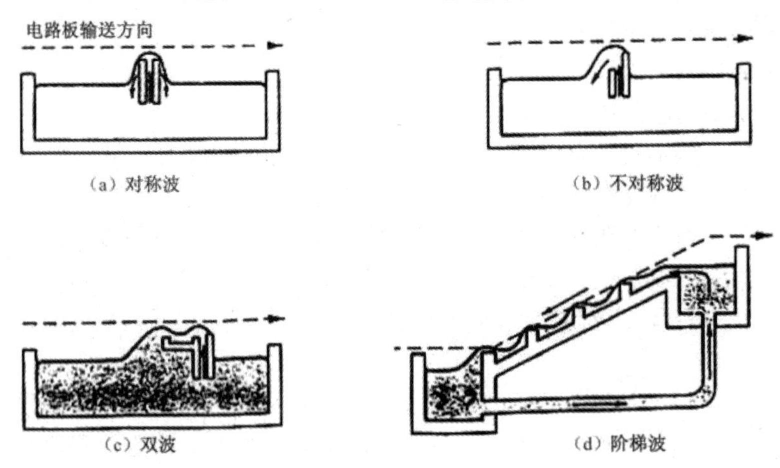

图 6.8　焊锡的波形变化

不对称波是指焊锡在与电路板输送相反方向有大部分的流动量，与电路板输送相同的方向仅有小部分的流动，是波峰焊最常见的焊锡波形。焊锡波的调整还包括波前的倾斜与高度变化等，以获得适当的焊锡与电路板的接触时间与均匀的涂布效果。

近年来表面贴装技术广泛地应用，使焊锡波形的设计变化更多，最主要的变化为：在一般层流型（Laminar Wave）波峰焊前加入扰流型（Turbulent Wave）波峰焊，扰流型波峰焊接高速泵使焊锡通过调节板产生脉动状的焊锡波。

使用扰流型焊锡的目的为：

（1）增强焊锡对焊垫表面氧化层磨刮清洁的能力；

（2）增强焊锡深入涂布的能力，以避免漏焊（Soler Miss 或 Soler Skip）发生；

（3）加速助焊剂挥发气体的排除，以避免导孔与焊垫发射焊锡填充不足的现象。后续的层流型波峰焊除具有继续涂布的功能外，还具有将扰流型波峰焊产生的过度涂布除去的功能，以避免发生相邻焊接点产生架桥短路的现象。

以空气刀（高压热空气）将多余的焊锡吹除，为选择性工艺步骤，但现在对引脚密度日益增多带来的表面贴装元器件接合或设计复杂、高密度连线的电路板与元器件的接合，此工艺步骤已成为电路板与元器件接合过程标准的步骤。空气刀是以高压热空气将焊接点上多余的焊锡或电路板上焊接处残余的焊锡吹除。研究显示，此步骤可使焊点有更精确的微细结构，降低多余焊锡凝固时产生的应力，对接合完成的电路板可靠度的提升有很大的帮助。最新研究显示，使用空气刀的焊锡涂布系统可免除电路板倾斜输送的设计与使用锡油，对工艺的简化也有帮助。

回流焊（Reflow Soldering）技术、波峰焊与红外线（IP）回流焊的混合工艺（或称为 Single-Pass Soldering，SPS）等也可应用于引脚插入式元器件与电路板的焊接。回流焊技术适用于表面贴装技术元器件的接合，这将在下一节中讨论。SPS技术可提供精准的温度变化控制，用于混合技术电路板或高难度电路板与元器件的接合，此技术的另一优点为缩短焊锡在熔融状态的时间，可抑制金属间化合物的成长与焊接点应力破坏的发生。

6.3 表面贴装技术

表面贴装技术舍弃了在电路板上钻孔以供元器件引脚插入固定的方法，而仅将必要的IC封装元器件、电容、电阻等置放在电路板上，再以适当的焊接技术完成它们的接合。其装配过程主要可以分为：锡膏印刷、元器件贴装、再流焊接三大部分。表面贴装技术与通孔插装技术有不同的设计规则与接合观念，它适用于高密度、微小焊点的接合。焊接点必须同时负担电、热传导与元器件重量的支撑是表面贴装技术的特征。

表面贴装技术的优点包括：

（1）能提升元器件接合的密度；

（2）能减少封装的体积和质量；

（3）获得更优良的电气特性；

（4）可降低生产成本，因为它更能符合电子封装“轻、薄、短、小”的趋向，因此超越通孔插装而成为目前封装元器件与电路板接合的主流技术。

表面贴装接合的密度较高，因此它的接合检测是一项较困难的技术，元器件与基板材料热膨胀系数差异引致的热应力是影响表面贴装技术接合可靠度的重要因素。

因为表面贴装元器件仅需贴于电路板上即可进行焊接，因此它的引脚形状也有L型、I型、J型或无引脚等，这些引脚的特性比较如表6.1所示。

表6.1 表面贴装型元器件引脚特性比较

特性 \ 引脚形状	L型	J型	I型
与未来高引脚封装的相容性	极佳	佳	不良
封装高度	极佳	佳	不良
引脚刚性	不良	极佳	佳
与多次焊接制程的相容性	极佳	佳	佳
过焊时自动对齐能力	极佳	佳	不良
焊接后检查容易程度	佳	佳	佳
清洗能力	佳	极佳	极佳
封装效率	不良	极佳	佳

6.3.1 SMT组装方式与组装工艺流程

SMT的组装方式及其工艺流程主要取决于表面组装组件（SMA）的类型、使用的元器件种类和组装设备条件。大体上可将SMA分成单面混装、双面混装和全表面组装三种类型共六种组装方式，如表6.2所列。

表 6.2　表面贴装型元器件引脚特性比较

序号	组装方式		组件结构	电路基板	元器件	焊接工艺
1	单面混合组装	先贴法		单面 PCB	表面贴装及通孔插装元件	一般采用先贴法，先 A 面回流焊，后 B 面波峰焊
2		后贴法		单面 PCB		
3	双面混合组装	SMD 和 THC 都在 A 面		双面 PCB	表面贴装及通孔插装元件	先 A 面回流焊，再 B 面波峰焊
4		THC 在 A 面，两面都有 SMD		双面 PCB	表面贴装及通孔插装元件	先 A 面回流焊，再 B 面波峰焊
5	全表面组装	单面表面组装		单面 PCB	表面贴装元器件	A 面回流焊
6		双面表面组装		双面 PCB	表面贴装元器件	先 A 面回流焊，再 B 面回流焊

1．单面混合组装

单面混合组装即表面组装元器件（SMC/SMD）与通孔插装元件（THC）分布在 PCB 不同的一面上混装，但其焊接面仅为单面。这一类组装方式均采用单面 PCB 和波峰焊接（现一般采用双波峰焊）工艺，具体有两种组装方式。

（1）先贴法即在 PCB 的 B 面（焊接面）先贴装 SMC/SMD，而后在 A 面插装 THC，如图 6.9 所示。这种方法工艺简单、组装密度低。

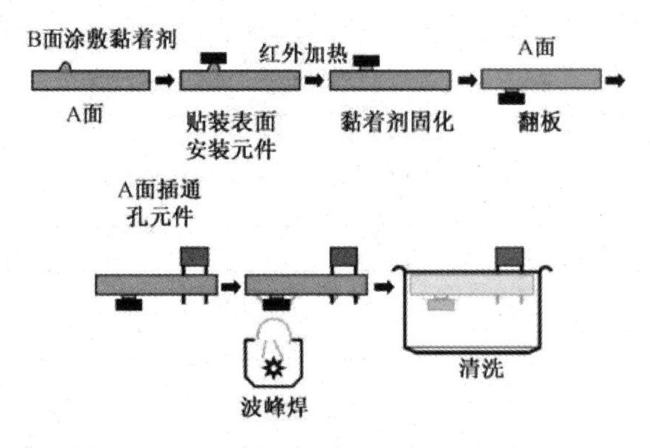

图 6.9　单面混合组装的先贴法流程

（2）后贴法是先在 PCB 的 A 面插装 THC，后在 B 面贴装 SMD，如图 6.10 所示。这种方法工艺较复杂，组装密度高。

2．双面混合组装

双面混合组装方式中也有先贴还是后贴表面组装元器件 SMC/SMD 的区别，一般根据 SMC/SMD 的类型和 PCB 的大小合理选择，通常采用先贴法较多。该类组装常用两种组装方式。

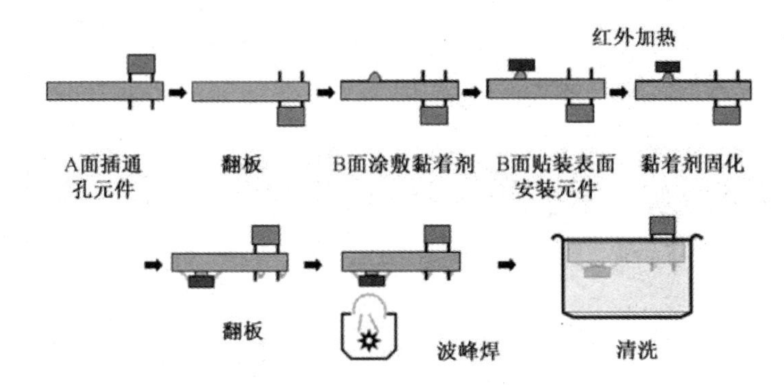

图 6.10　单面混合组装的后贴法流程

（1）SMC/SMD 和 THC 同侧方式。

（2）SMC/SMD 和 THC 不同侧方式，如图 6.11 所示。把表面组装集成芯片（SMIC）和 THC 放在 PCB 的 A 面，而把 SMC 和小外形晶体管（SOT）放在 B 面。

这类组装方式由于在 PCB 的单面或双面贴装 SMC/SMD，而又把难以表面组装化的有引线元件插入组装，因此组装密度相当高。

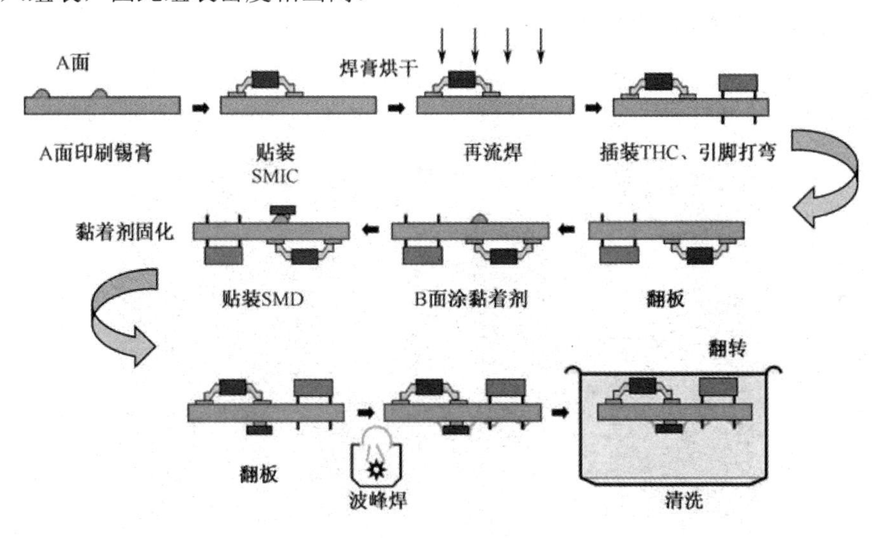

图 6.11　双面混合组装流程

3. 全表面组装

全表面组装中，在 PCB 上只有 SMC/SMD 而无 THC。由于目前元器件还未完全实现 SMT 化，实际应用中这种组装形式不多。

（1）单面表面组装方式。采用单面 PCB 在单面组装 SMC/SMD 。

（2）双面表面组装方式。采用双面 PCB 在两面组装 SMC/SMD，组装密度更高，如图 6.12 所示。

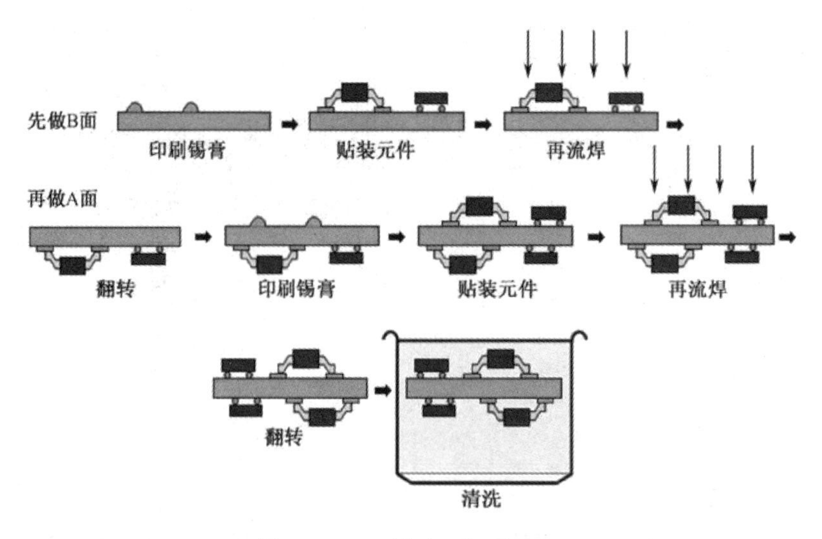

图 6.12　双面全表面组装流程

6.3.2　表面组装中的锡膏及黏着剂涂覆

1．表面组装中的锡膏涂覆技术

表面组装中为了将锡膏涂覆在焊盘指定的位置，需要采用印刷的方式，通过掩模板将锡膏漏印在 PCB 上，如图 6.13 所示。根据掩模板的不同，可以分为丝网印刷及钢模板印刷。

图 6.13　锡膏的印刷

丝网印刷技术为一种简单低成本的印刷技术，适用于小批量产品的生产。如图 6.14 所示，丝网印刷时，刮板以一定的速度和角度向前移动，对焊膏产生一定的压力，推动焊膏在刮板前滚动，产生将焊膏注入网孔所需的压力。由于焊膏是黏性触变流体，焊膏中的黏性摩擦力使其流层之间产生切变。在刮板凸缘附近与丝网交接处，焊膏切变速率最大，这就一方面产生使焊膏注入网孔所需的压力，另一方面切变率的提高也使焊膏黏性下降，有利于焊膏注入网孔。所以当刮板速度和角度适当时，焊膏将会顺利地注入丝网网孔。当刮板完成压印动作后，丝网回弹，脱开 PCB。

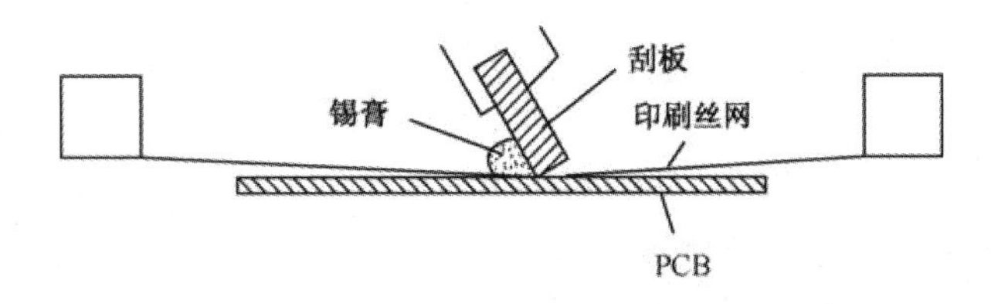

图 6.14　丝网印刷基本原理

在现今的 SMT 表面组装生产线中，大规模使用的是钢模板印刷技术，如图 6.15 所示。模板印刷和丝网印刷相比，虽然它比较复杂，加工成本高，但有许多优点，如对焊膏粒度不敏感、不易堵塞、所用焊膏黏度范围宽、印刷均匀、可用于选择性印刷或多层印刷，焊膏图形清晰、比较稳定，易于清洗，可长期储存等，并且很耐用，模板使用寿命通常为丝网的 25 倍以上。为此，模板印刷技术适用于大批量生产和组装密度高、多引脚、小间距的产品。

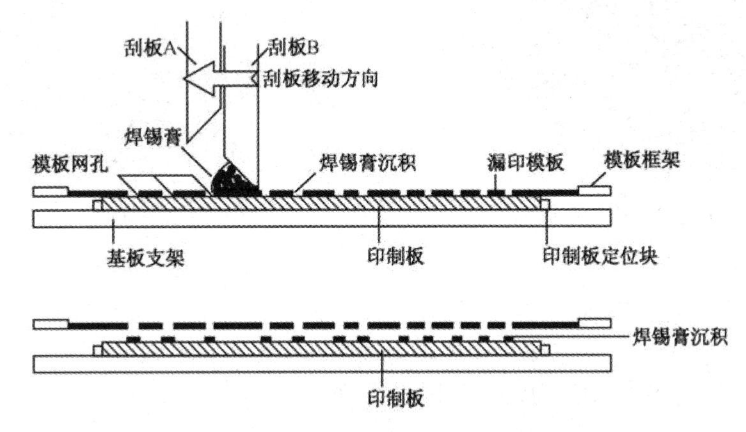

图 6.15　钢模板印刷基本原理

实际应用中的钢模板可以分为柔性金属模板和刚性金属模板。柔性金属模板与刚性金属模板相比，制作工艺比较简单，加工成本较低，模板容易均匀地与 PCB 表面接触。而印刷工艺与丝网印刷基本相同，可利用非接触式丝网印刷设备。所以，它综合了刚性金属模板和丝网印刷的优点。而刚性金属模板缺乏柔性和乳剂掩膜的填充作用，只能采用接触式印刷方式。

金属模板一般用弹性较好的黄铜或不锈钢薄板，采用照相制版蚀刻加工、激光加工或电铸（添加法）加工等方法制作，如图 6.16 所示。刻蚀制板价格低廉，易加工，但存在侧腐蚀，孔壁不光滑，窗口图形不好，适用于间距为 0.65 mm 的 QFP。激光切割模板精度高，窗口形状好，工序简单，孔壁光滑，但成本高，费用约为化学腐蚀的 3 倍。而且激光切割出网孔的同时也容易熔化模板表面，造成表面粗糙，需要二次加工，最适宜间距为 0.5 mmQFP；电铸加工模板尺寸精度高，窗口形状好，孔壁很光滑，可做成梯形，有助于锡膏的释放，但价格高，制作周期长，适合 0.3 mmQFP。不锈钢模板在硬度、承受应力、蚀刻质量、印刷效果和使用寿命等各方面都优于黄铜模板。因此，不锈钢模板在焊膏印刷中广为采用。

实际中使用的印刷工艺中，印刷过程一般包括：基板输入、基板定位、图像识别、焊膏印刷、基板输出。

（1）基板输入。

基板的输入主要由转动导轨完成，如图 6.16 所示。基板通过导轨系统可以进入到机器内部进行印刷，导轨的宽度可以根据电路板的宽度进行调节。

（2）基板定位。

基板定位是将传入的电路板的位置固定下来，以方便印刷。常用的方式有侧面固定方式、顶针支撑方式等。侧面固定方式是指从侧面给电路板压力，从而进行定位，但是当基板的厚度小于 0.8 mm 时，采用侧面固定方式会导致基板变形。顶针支撑方式是指采用支撑系统将电路板从下方压紧在模板上从而实现定位，如图 6.17 所示。

图 6.16　印刷机中的导轨系统

图 6.17　用于顶针支撑的阵脚阵列

（3）图像识别。

为使基板在工作台面准确定位，一般需设置两处以上图像识别基准标记，用于光学摄像对位。在摄像头（CCD）识别基板位置时，可以和印刷网板的位置识别重合进行，操作时可以采用由摄像头移动识别等识别方法。如图 6.18 所示，为印刷机中的图像识别系统。

图 6.18　印刷机中的图像识别系统

此系统中通过上下两个摄像头分别对 PCB 和模板上的定位标记进行拍照，以此来验证电路板和模板之间的位置关系。如果电路板和模板位置关系正确，则将通过定位支撑针脚阵列把电路板压紧在模板上进行印刷。

（4）焊膏印刷。

印刷过程中，印刷机通过移动刮板使锡膏在模板上不断滚动，并落入模板的开口中，以实现印刷。一般的印刷机具有两个刮板，刮板会来回移动实现两次印刷。如图 6.19 所示，为印刷机中的精密印刷系统。

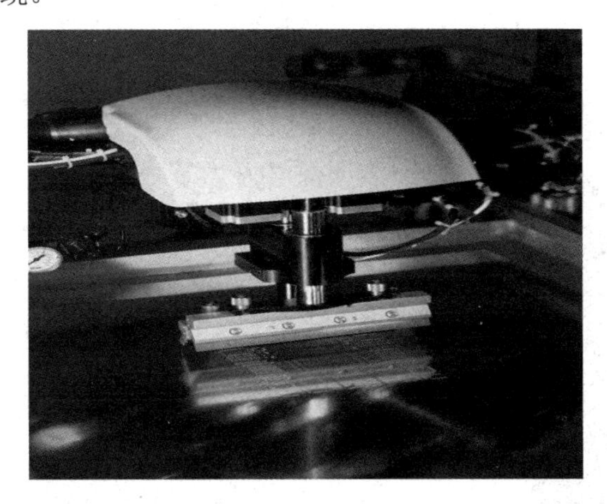

图 6.19 精密印刷系统

2. 表面组装中的黏着剂涂覆技术

在混合组装中有时需要把表面组装元器件暂时固定在 PCB 的焊盘图形上，以防翻板和工艺操作中出现振动时导致 SMIC 掉落，起到辅助固定的作用，使得随后的波峰焊接等工艺操作得以顺利进行（如在双面混合组装工艺流程中）。因此，在贴装表面组装元器件前，就要在 PCB 上设定焊盘位置涂敷黏着剂。

黏着剂的涂敷可采用分配器点涂（也称注射器点涂）技术、针式转印技术和丝网印刷技术。

分配器点涂：将黏着剂一滴一滴地点涂在 PCB 贴装 SMD 的部位上。

针式转印技术：一般是同时成组地将黏着剂转印到 PCB 贴装 SMD 的所有部位上。

丝网印刷技术：与焊膏印刷技术类似。

（1）分配器点涂技术基本原理。

黏着剂涂敷工艺中采用的最普遍的是分配器点涂技术。分配器点涂是预先将黏着剂灌入分配器中，点涂时，从分配器上容腔口施加压缩空气或用旋转机械泵加压，迫使黏着剂从分配器下方空心针头中排出并脱离针头，滴到 PCB 要求的位置上，从而实现黏着剂的涂敷。其基本原理如图 6.20 所示。由于分配器点涂方法的基本原理是气压注射，为此，该方法也称为注射式点胶或加压注射点胶法。

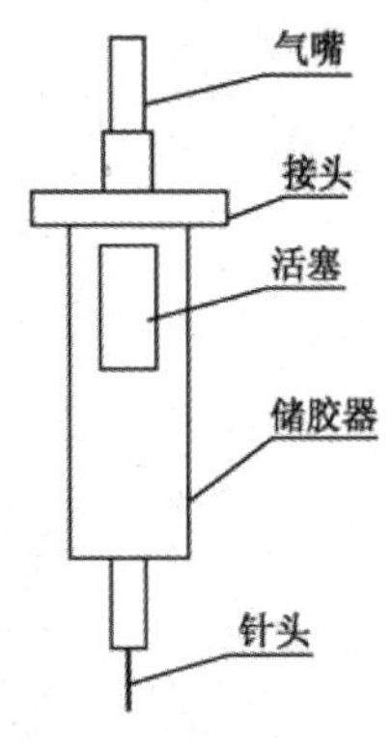

图 6.20 分配器点涂设备原理

根据施压方式不同，常用分配器点涂技术有三种方法。

①时间压力法。

这种方法最早用于 SMT，它通过控制时间和气压来获得预定的胶量和胶点直径，通常涂敷量随压力及时间的增大而增加。因有可使用的一次性针筒且不需清洗的特点而获得广泛使用，其设备投资也相对较少。不足之处在于涂敷速度较慢，对 0805/0603 等微型元件的小胶量涂敷一致性差，甚至难以实现。

②阿基米得螺栓法。

这种方法使用旋转泵技术进行涂敷，可重复精度高，可用于包含涂敷性能最恶劣的黏着剂的涂敷。它比时间压力法需要更多的清洗，设备投资较大。

③活塞正置换泵法。

这种方法采用一闭环点胶机，依靠匹配的活塞及汽缸进行工作，由汽缸的体积决定涂胶量，可获得一致的胶量和形状，通常情况下速度快于前两种方法。但它的清洗时间多于时间压力法，设备投资也较大。

（2）针式转印技术基本原理。

针式转印法是采用针矩阵模具，先在贴片胶供料槽上蘸取适量的贴片胶，然后转移到 PCB 的点胶位置上同时进行多点涂覆的方法（如图 6.21 所示）。此方法的优点是效率较高，投资少，用于单一品种大批量生产中。缺点为胶量不易控制，由于胶槽为敞开系统，因此易混入杂质，影响黏结质量；且当 PCB 改版时，需重新制作一套针矩阵模具。

图 6.21　针式转印技术

6.3.3　表面组装中的贴片技术

SMC/SMD 贴装是通过机械手利用真空吸力将料盘或编带中的 SMT 元件拾取后贴装到 PCB 表面指定位置的工艺。如图 6.22 所示，为一台正在进行贴装操作的贴片机。SMC/SMD 贴装一般采用贴装机（也称贴片机）自动进行，也可采用手工借助辅助工具进行。

随着 SMC/SMD 的不断微型化和引脚细间距化，以及栅格阵列芯片、倒装芯片等焊点不可见芯片的发展，不借助专用设备的 SMC/SMD 手工贴装已很困难。实际上，目前的 SMC/SMD 手工贴装也已演化为借助返修装置等专用设备和工具的半自动化贴装。自动贴装是 SMC/SMD 贴装的主要手段，贴装机是 SMT 产品组装生产线中的必备设备，也是 SMT 的关键设备，是决定 SMT 产品组装的自动化程度、组装精度和生产效率的主要因素。

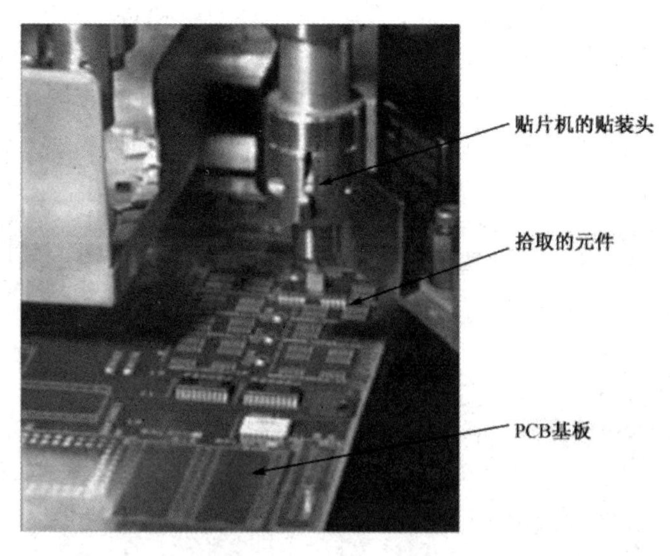

图 6.22　SMT 元件的贴装

SMT 贴装机是由计算机控制，并集光、电、气及机械为一体的高精度自动化设备。其组成部分主要有机体、元器件供料器、PCB 承载机构、贴装头、器件对中检测装置、驱动系统、计算机控制系统等。机体用来安装和支撑贴装的各种部件，它必须具有足够的刚性才能保证贴装精度。PCB 贴装承载机构包括承载平台、磁性或真空支撑杆，用于定位和固定 PCB。定位固定方法有定位孔销钉、边沿接触定位杆及软件编程定位等。贴装头用于拾取和贴装 SMC/SMD。器件对中检测装置接触型的有机械夹爪，非接触型的有红外、激光及全视觉对中系统。驱动系统用于驱动贴片机构 *X*–*Y* 移动和贴片头的旋转等动作。计算机控制系统对贴装过程进行程序控制。

贴装头的基本功能是从供料器取料部位拾取 SMC/SMD，并经检查、定心和方位校正后贴放到 PCB 的设定位置上，如图 6.23 所示。它安装在贴装区上方，可配置一个或多个 SMD 真空吸嘴或机械夹具，贴装头可以转动吸持器件到所需角度，而其 *Z* 轴可自由上下将器件贴装到 PCB 安装面。贴装头是贴装机上最复杂和最关键的部件，和供料器一起决定着贴装机的贴装能力。它由贴装工具（真空吸嘴）、定心爪、其他任选部件（如黏着剂分配器）、电器检验夹具和光学 PCB 取像部件（如摄像机）等部分组成。为提高贴装机的贴装效率，高速贴装机的贴装头往往有多个。多个贴装头组合成的贴装头装置可分成转盘式（活动型）和直线排列式（固定型）两类，如图 6.24 所示。

图 6.23　SMT 贴装头

（a）转盘式贴装头

（b）直线排列式贴装头

图 6.24　常用贴装头组合形式

供料器是能容纳各种包装形式的元器件、并将元器件传送到取料部位的一种储料供料部件，如图 6.25 所示。元器件以编带、棒式、托盘或散装等包装形式放到相应的供料器上。

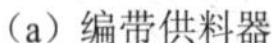

（a）编带供料器

（b）托盘供料器

（c）SMT 中供料用的飞达（feeder）

图 6.25　SMT 贴装的供料设备

表面组装的一般规律是贴装精度应比器件引线间距小一个数量级，只有这样才能确保表面组装器件贴装的可靠性。为了解决细间距器件的精确贴装，在高精度贴装机中广泛采用了机器视觉系统，其主要作用如下。

（1）PCB 的精确定位。PCB 的精确定位是视觉系统最普通的作用。视觉系统的摄像机装在贴装头上，向下观察 PCB。为了便于摄像机观察和识别，在 PCB 上必须设置电路图形标记——基准标记，一般有三个基准标记（实心圆圈）和电路图形一起制作在 PCB 上。它们不但能反映电路图形的准确位置，而且当 PCB 伸缩变形时，基准标记相对于电路图形成比例偏移。

在贴装周期开始之前，首先用手工方法将摄像机依次对准基准标记，系统识别三个基准标记的位置、大小和形状，读取标记的中心位置。这样，在对同一类型的 PCB 定位时，摄像机就依次围绕每个标记中心在一定范围内进行搜索。如果未发现标记，就扩大范围搜索。发现标记后，摄像机读取其坐标位置，并送到贴装系统微处理机进行分析。如果发现 PCB 位置颠倒，就发出警报。如果对准有误差，经分析后，计算机发出校正指令，由贴装系统控制执行部件移动，从而使 PCB 精确定位。

（2）器件定心和对准。由于器件中心和器件引线的中心不重合和定心机构的误差，贴装工具很难严格地对准器件中心或器件引线的中心，一般都有一定偏离。这就导致器件引线和 PCB 上焊盘图形的对准误差。对于细间距器件，由于对这种偏差要求严格，所以必须借助视觉系统对器件定心和对准。

（3）器件检测。细间距器件引线的变形是导致贴装误差和贴装可靠性下降的重要原因。视觉系统在器件定心和对准工序中，同时对引线进行检测，检测引线有无弯曲和搭接等缺陷，以及检测引线的共面性。引线的共面性是指器件的所有引线与焊盘接触的部分应在允许公差的平面内；否则将出现有些引线与焊膏接触不良，导致焊接缺陷和焊接可靠性下降。系统进行上述检测时，将被检测器件的引线的各项特征与系统中存储的标准器件特征进行分析比较，如果发现有缺陷的器件，系统就令贴装头将该器件返回供料器或送至废料盒。

对贴装设备来说，常用的光学检测系统主要有三个部分：固定式视觉识别系统、飞行视觉系统、基准点辨别系统。固定式视觉识别系统通常对元器件的底面进行拍照，以此来进行贴装中的器件检测，如引脚变形等问题都可以在该系统中检测出来，如图 6.26 所示为一种固定式视觉识别系统。飞行视觉系统在贴装头移动的过程中对元器件的位置（位移、转动角度）情况进行判断，并计算出贴装位置参数的修正量，用于精确贴装。如图 6.27 为一种新式的飞行视觉系统，该系统对在激光感应器内旋转的元件进行侧面照明，通过判断元件的投影情况来进行元件中心位置、角度、边幅的识别。基准点辨别系统一般用于 PCB 的精确定位。

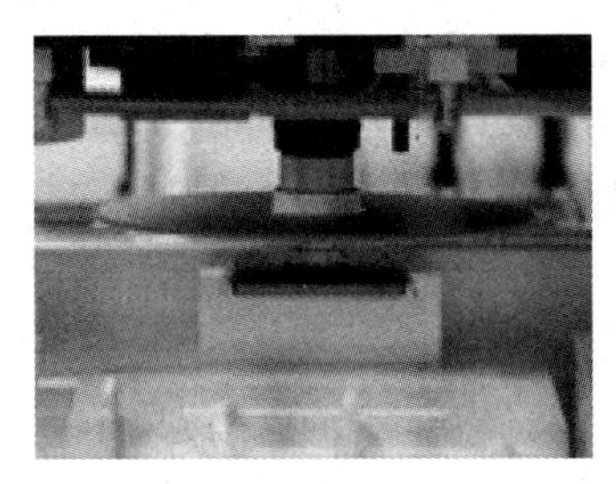

图 6.26　固定式视觉识别系统

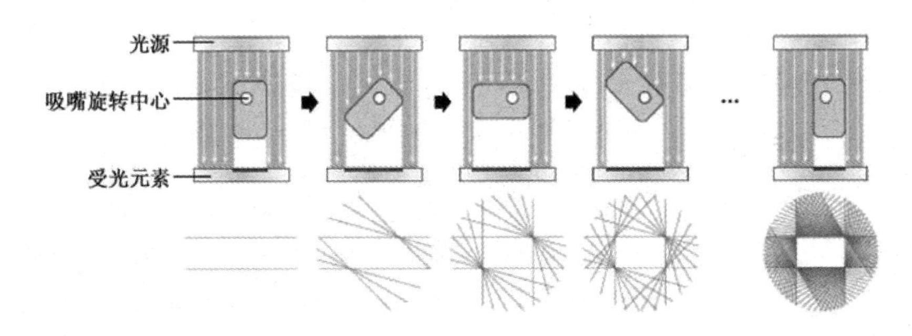

图 6.27　飞行视觉系统

6.3.4　表面组装中的焊接

表面贴装技术使用的焊接方法可分为波峰焊与回流焊（又称再流焊）两大类。使用波峰焊时，元器件先以黏着剂固定在印制电路板上，常见的黏着剂有环氧树脂与丙烯树脂，可利用网印、针头或喷嘴点胶将黏着剂涂布到元器件位置，黏着剂涂布完成后，封装元器件即用元器件取置机（Pick-and-Place Machine）放置到预定位置上。在放置的过程中机具精准度必须妥善控制，防止平移或旋转对位错误（Misalignment）产生；电路板表面与引脚也应有良好的平整度，以防止后续焊点瑕疵（Flaws）的产生；以 120℃～150℃、1～3 min 的热处理或 UV 光照射使黏着剂硬化后将元器件固定，焊锡再以波峰焊的形式涂布到接合点上。

技术成熟、适合大量生产、引脚插入型与表面贴装型元器件可以一次焊接完成是波峰焊应用于表面贴装型的优点。但是，波峰焊对元器件与焊垫的形状与排列有许多限制，不适用于特殊形状与脚距日益缩小的表面贴装型元器件的焊接，而且在波峰焊过程中元器件必须在高温的焊锡中通过，对元器件难免有所损害。

在表面贴装元器件的波峰焊过程中，漏焊是最常见的焊点瑕疵之一。此类缺陷的发生与助焊剂的成分有重要的关系。当助焊剂中固体成分过高时，可能使波峰焊过程中助焊剂无法完整涂布，进而使焊锡无法润湿金属接点的表面造成漏焊，因此松脂或树脂助焊剂中的固体成分通常限制在 15%以下；合成活化助焊剂与水溶性助焊剂则无此困扰。避免漏焊的发生需要选用高效能、润湿时间短的助焊剂，此外，还必须减少助焊剂中溶剂气体的挥发，以免其阻碍助焊剂的润湿。

另一项表面贴装技术是波峰焊过程中常见的焊接缺陷，即焊点架桥短路，使用合成活化助焊剂与水溶性助焊剂可抑制焊点架桥的发生，但它们也会增加未来清洁的困扰。对通孔插装的焊接，使用中、高固体成分的松脂或树脂焊接可控制焊点架桥的发生；在表面贴装技术的焊接中则选用低固体成分的松脂或树脂助焊剂。调整助焊剂中有机酸的成分为控制焊点架桥发生的方法，酸性的成分将降低助焊剂与焊锡之间的表面张力，使印制电路板移出锡槽时有较佳的焊锡虑除能力，因此可减少焊点架桥短路的发生。

再流焊是预先在 PCB 焊接部位（焊盘）施放适量和适当形式的焊料，然后贴放表面组装元器件，经固化（在采用焊膏时）后，再利用外部热源使焊料再次流动达到焊接目的的成组或逐点焊接工艺。回流焊接技术能完全满足各类表面组装元器件对焊接的要求，因为它能根据不同的加热方法使焊料再流，实现可靠的焊接连接。

与波峰焊接技术相比，再流焊接技术具有以下一些特征。

（1）它不像波峰焊接那样，要把元器件直接浸渍在熔融的焊料中，所以元器件受到的热冲击小。但由于其加热方法不同，有时会施加给器件较大的热应力。

（2）仅在需要部位施放焊料，能控制焊料施放量，能避免桥接等缺陷的产生。

（3）当元器件贴放位置有一定偏离时，由于熔融焊料表面张力的作用，只要焊料施放位置正确，就能自动校正偏离，使元器件固定在正确位置。

（4）可以采用局部加热热源，从而可在同一基板上采用不同焊接工艺进行焊接。

（5）焊料中一般不会混入不纯物。使用焊膏时，能准确地保持焊料的组成。

这些特征是波峰焊接技术所没有的。虽然再流焊接技术不适用于通孔插装元器件的焊接，但是，在电子组装技术领域，随着 PCB 组装密度的提高和 SMT 的推广应用，再流焊接技术已成为电路组装焊接技术的主流。

再流焊技术主要按照加热方法进行分类，主要包括：气相再流焊、红外再流焊、热风炉再流焊、热板加热再流焊、红外光束再流焊、激光再流焊和工具加热再流焊等类型。

6.3.5 气相再流焊与其他焊接技术

气相再流焊为表面贴装接合常见的方法之一，它利用氟碳化合物的蒸汽凝固于电路板上时放出的湿热使焊锡膏回熔而完成接合，使用的设备通常有直立腔式（Batch Vertical）与水平输送带式（In-Line Horizontal）两种，如图 6.12 所示。气相再流焊具有的优点包括：

（1）准确的温度控制与稳定性；

（2）均匀的加热系统；

（3）不同形状与大小的元器件可同时进行回焊接合；

（4）无元器件遮蔽热源的效应；

（5）焊接时间短；

（6）氟碳化合物液体可提供氧化保护作用。

如图 6.28（b）所示的水平式系统是常见的气相焊设备，它是一种可获得高产量的气相再流焊方法。该方法应注意调整处理的温度与时间，使锡膏中的助焊剂不致在氟碳液体中有太高的溶解度，否则助焊剂的流失将有碍焊锡的润湿性。

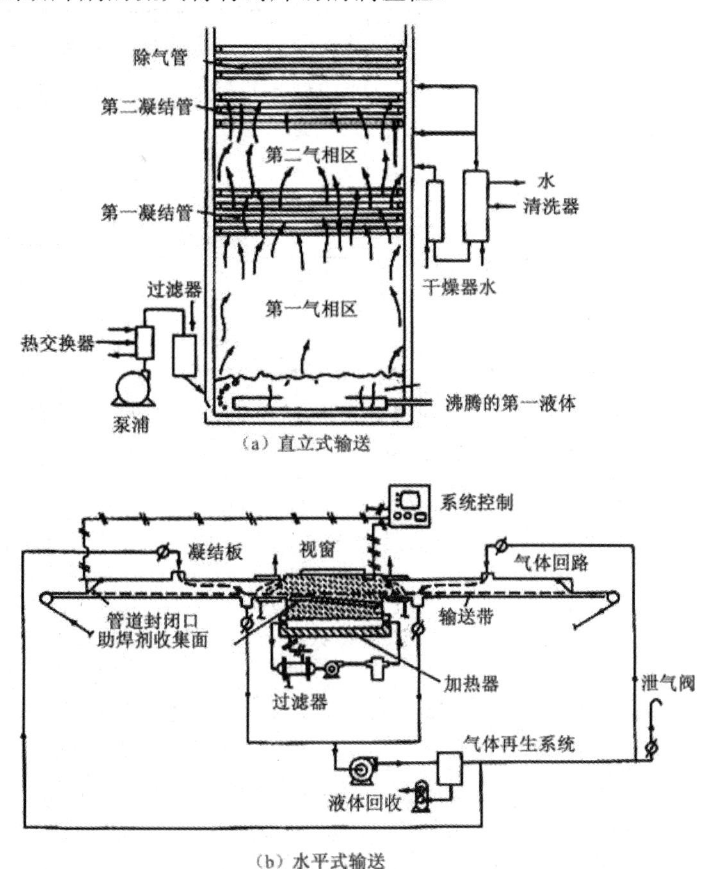

（a）直立式输送

（b）水平式输送

图 6.28　直立式与水平式输送带式气相焊系统

改变气相焊使用的氟碳化合物种类可进行不同温度的焊接，但可调整的温度范围不如其他焊接方法大。气相再流焊的焊接品质受温度、加热时间与速度的影响，控制不当时，如表 6.3 所示的焊点瑕疵即可能发生。

表 6.3　表面贴装接合的条件控制不当时可能产生的各种焊点瑕疵

工 艺 瑕 疵	焊接点缺陷	外　　貌
锡膏干燥不当	过量微粒焊球	
锡膏干燥过度	过焊接点不良微粒焊球	
过焊时间不当	焊接点孔洞过多	

续表

工 艺 瑕 疵	焊接点缺陷	外　　貌
过焊时间过长	焊接点熔缺	
残余热应力	焊接点破裂	
锡膏过量预热不当	元器件碑石式竖立	5°～90°
锡膏预热不当	焊接点断路	

元器件两端焊垫锡膏的涂布量或加热速度差异过大时，将使两端焊锡表面张力不同而致碑石式竖立（Tombstoning，也称为掉锡或弹起）的缺陷；加热速度过快或焊接金属表面有氧化物存在以致焊锡润湿不均匀时，焊点周围会出现细小颗粒分布的微粒锡球（称为 Solder Balling）；元器件的引脚比焊垫有更快的加热速度时，表面张力作用可使熔融的焊锡即沿引脚而上，润湿其表面（称为 Wicking）。

红外再流焊利用红外光源的能量进行焊接，它的优点为可以随时改变系统的加热温度与湿度曲线变化，因此可以进行不同种类焊锡的回流焊接合；但它也有易致小型元器件过热及电路板边缘焦黑（称为 Charring）、加热不均匀、热源对不同颜色选择性吸收与元器件遮蔽（Shadowing）等缺点。红外再流焊接合一般在自然或强迫空气对流的气氛中，以输送带将对位完成的封装组件送入红外线炉中进行接合。也可以在氮气或含 5%氢气的氮气气氛中进行，气氛的控制具有防止焊点氧化、提升焊锡润湿能力、防止电路板焦黑等优点，对提高成品率有帮助，但此方法增加一项工艺变数的控制，提高了工艺的成本。

传导再流焊可区分为热压式（Hot Bar Soldering）与输送带式或加热平台式（Conductive Belt 或 Hot Platen Soldering）再流焊。热压再流焊利用发热棒对引脚的接点直接进行热压接合，一般应用于具有欧翼形引脚的扁平封装（Flatpack）与小型化封装（SOIC）元器件的焊接。此方法的元器件对位、置放与焊接可在同一机组中完成，故适用于高温度敏感性与高引脚数元器件的焊接。输送带式或加热平台式再流焊从混成集成电路封装的工艺演化而来，此方法的热源经电路板底部传导而上，故使用时电路板应有良好的热传导率与平整度，温度变化则借热平台温度与输送带的速度控制而得出，由于工艺特性的限制，该方法仅适用于单面、小型元器件、低产量的焊接。

激光再流焊利用二氧化碳激光（波长 10.6μm）或 Nd：YAG 激光（波长 1.1μm）集束的能量进行焊接，是高可靠度元器件接合常用的方法。激光焊接不必使用助焊剂，但对焊接前表面的清洁有严格的要求，它还具有的优点包括：无接触焊接工艺可防止焊接点区域热应力发生；快速完成接合（一般约 0.01 s，扫描式焊接更可低到 500～800 μs），金属间化合物的产生量可抑制至最少，可提高接点的延展性与抗疲劳性。激光再流焊接是一项极具开发潜力的技术，但它的推广必须先解决低产能与高成本等问题。

表面贴装技术元器件的接合还包括烙铁（Hand-held Iron）与修护站式焊接（Repair Station Soldering），但这些方法通常是非生产型接合使用的方法，而仅在损害元器件更换或焊点修护的步骤中使用。

6.4 引脚架材料与工艺

引脚架也称为导线架，引脚架材料有铁镍合金、复合金属（Clad Materials）及铜合金等三大类。材料的选择取决于成本价格、引脚架材料薄片工艺的难易程度及引脚架应用功能需求等因素。表 6.4 说明了各种引脚架合金的特性比较。

表 6.4 各种引脚架合金的特性比较

引脚架合金种类	熔点（℃）	比重	热导率（W/m·℃）	热膨胀系数（ppm/℃）	电导率（%IACS）	强度（Gpa）	杨式系数（Gpa）	伸长率（%）	维式硬度
42%铁−58%镍（Alloy42）	1 425	8.15	15.89	4.3	3	0.64	144.83	10	210
铜−0.1	1 000	8.94	359.8	17.7	90	0.35	120.37	7min	104
铜铁磷锌	1 009	8.8	261.5	16.3	65	0.41	120.37	3 min	135
铜铁钴锡磷	1 090	8.92	196.65	16.9	50	0.47	118.89	3 min	147
铜银磷镁	1 002	8.91	347.27	17.7	86	0.4	117.43	3	120
铜铁磷	1 083	8.9	435.14	17	92	0.39	120.37	4 min	125
铜镍硅锌	1 090	8.9	219.66	17	55	0.54	124.28	7 min	180
铜锌铁磷	1 083	8.9	376.56	17	82	0.39	127.22	4 min	140
铜锌铁磷	1 068	8.9	133.89	16.5	35	0.54	120.37	7 min	180
铜锌镍磷	1 065	8.8	154.81	16.9	30	0.59	112.54	7 min	185
铜锌磷	1 083	8.9	376.56	17.7	92	0.34	117.43	4 min	105
铜铁锡磷	1 075	8.8	138.07	16.7	40	0.48	117.43	4 min	150
铁铬	NA	7.8	24.27	11	30	0.62	19.96	5 min	220
铜铁镁磷锡	1 085	8.82	261.5	16.9	65	0.56	120.37	1.9	160
铜铁镁磷	1 086	8.84	320.49	16.8	80	0.45	118.41	1.5	144
铜镍硅磷	1 090	8.9	259.41	16.9	60	0.55	127.22	4～8	160

成分为 42%铁−58%镍的 Alloy42（ASTM F30 合金）为最常见、使用最多的引脚架材料，Alloy42 原为灯泡与真空管引脚的材料，它的热膨胀系数（4.3ppm/℃）与硅的热膨胀系数（2.6 ppm/℃）相近，因此能配合金硅共晶晶片黏着法使用。Alloy42 的热膨胀系数也与氧化铝（6.4 ppm/℃）相近，因此是陶瓷封装主要的引脚材料。适当的热处理即可使此 Alloy42 获得良好的强度与韧性以配合未来的冲膜与引脚成型制程，而且此合金无须镀镍即可进行电镀或焊锡沉浸制程。

Alloy42 的最大缺点为低热导率（低于 16W/m·℃），对长时间操作或高功率元器件的封装而言不是理想的引脚架材料。Kovar 合金（29%镍−17%钴−54%铁，又称为 ASTM F15 或 MIL-I23011 合金）具有与氧化铝及密封玻璃相近的热膨胀系数（5.3ppm/℃），也是陶瓷封装主要的引脚架材料之一。

复合金属材料通常为不锈钢披覆铜的复合材料，是利用高压将铜箔滚压在不锈钢薄片上，再以热处理进行固溶焊接（Solid-Solution Weld）而成的复合金属材料。铜涂覆的不锈钢材料具有与 Alloy42 相近的机械性质，又有比 Alloy42 优良的热传导性质。

铜具有良好的电、热性质，机械强度较低则为缺点，故通常又添加铁、锆、锌、锡、磷等元素使成为合金材，以改善其热处理与加工硬化的性质。铜合金的热传导性优良（150～380 W/m·℃），但它具有相当高的热膨胀系数（约 16.5ppm/℃），因此不适合与金硅共晶晶片黏着法共同使用，而仅能以高分子胶或填有银箔的环氧树脂进行引脚架与 IC 晶片的黏着；铜合金与塑胶铸模密封材料有相近的热膨胀系数，因此是塑胶封装常见的引脚架材料。

引脚架的制作通常由合金原料配制开始，其铸块再经过锻造或滚压、切割等步骤制成适当厚度的薄片。铜合金也可利用连续铸造（Continuous Casting）技术直接铸成薄片，再冷滚压至所需的厚度。滚压完成后的薄片必须再经热处理以消除残余应力，并经车铣（Milling）、研磨（Grinding/Abrading）及抛光（Buffing）等步骤以除去表面缺陷及氧化层，以及电镀处理使其具有良好的表面品质。

所制成的金属薄片厚度依封装的应用而定，塑胶双列封装所使用的引脚架薄片厚度通常为 0.25 mm，某些高引脚数封装使用的引脚架薄片甚至可低至 0.1 mm。薄片的宽度，如为冲膜制程使用，则在 25～100 mm；如为蚀刻制程使用则在 200～450 mm，并经特殊处理使其具有最大的表面平整度。薄片厚度变化应在±3%，宽度变化则在±0.075 mm。金属薄片应具有良好的平整度及直线状的边缘，翘曲（Camber）、隆起（Crown）、浪边（Wavy Edge）等变形应在薄片制程中尽可能消除，以免影响后续冲膜或蚀刻所得的引脚架尺寸的精准度。

冲膜（Stamping）与光化学蚀刻（Photochemical Etching）为引脚架制作的两种主要方法，制程方法的选择由引脚架的设计与成本经济等因素决定。冲膜制程是速度快、产量高、产品单位成本低的方法，但它需要相当精密、昂贵的模具才能完成，因此起始投资成本高；蚀刻工艺的产品单位成本较冲膜工艺高，但所用的设备简单、起始的成本低、耗时短，适合开发中的封装，以及低产量或过于复杂而不便使用冲膜方法的引脚架制作。冲膜工艺通常采用所谓的累进式模具（Progressive Dies），它将金属薄片分段冲制成所需的引脚架形状，累进式模具一般以碳化钨制成，使用时一次冲制仅移去一部分金属薄片，所需的引脚架形状需要经过多次冲制加工完成。

刻蚀工艺利用光刻成像技术在金属薄片上定义出所需的引脚架形状，再以氯化铜（Cupric Chloride，$CuCl_2$）、三氯化铁（Ferric Chloride，$FeCl_3$）或高硫酸铵［Ammonium Persulfate，$(NH_4)_2S_2O_8$］的蚀刻液喷洒于金属薄片的两面，将不必要的金属部分蚀去而制成所需的引脚架。引脚架表面必须全部或部分电镀上镍、金、钯或银等金属，以供后续封装工艺应用，银可直接镀于铁镍合金的引脚架上，铜合金引脚架镀银之前必须先镀上镍。

除了薄板状的引脚封装元器件之外，还有针状引脚封装元器件，此类元器件以针格式（PGA）封装为代表。由于插入式接合对引脚强度的要求较高，因此针状引脚通常使用 Alloy42 或 Kovar 合金制成，再以金-锡硬焊（Brazing）方法固定在封装体接合。针状引脚的表面处理视后续元器件与电路板接合的方式而定，焊接接合用引脚表面依序镀有镍和金，以插入弹簧脚座进行接合的引脚表面则镀有钯与金。在镀金之前，钯必须在氮气气氛中进行退火处理使 Kovar 引脚中的铁与钯反应，长成厚约 1 μm 的铁钯金属层以提升焊锡的润湿性，但此处理应防止铁元素扩散至表面而增大接触电阻。

6.5　连接完成后的清洁

从印制电路板的制作到封装元器件焊接的完成，成品表面无可避免地有许多污染残余，这些污染可能是电路板制作时所留下的，如光刻成像工艺、电镀与刻蚀、焊锡掩膜涂布、助焊剂涂布、焊锡的预涂布、人为取放与输送等过程，也可能是焊接工艺中所留下的残留物，如元器件或电路板的填料、焊锡掩膜的残料、助焊剂、焊油、焊锡等。

6.5.1　污染的来源与种类

污染可分为非极性/非离子性污染、极性/非离子性污染、离子性污染与不溶解/粒状污染等4大类。一般非极性/非离子性污染为松脂或油脂类，它们不易被水除去，故具有电绝缘与防止金属腐蚀的作用，但它们同时也降低了界面黏着能力、增大了接触电阻，并有碍成品外观，故必须除去。极性/非离子性污染常为助焊剂、焊油，或焊接工艺中使用的酯蜡，相关研究显示，此类污染为电源信号渗漏最可能的来源。虽然这些污染物均不导电，但它们的极性使水分子极易与其作用，因为它们与水分子结合产生的游离效应会明显地减小表面电阻，从而引起电源信号渗漏。

离子性污染的来源包括助焊剂、蚀刻、电镀、清洁不当所残留的溶剂与物质，离子性污染物质溶于水或其他吸水性污染源后即可形成电流传导的途径，并提高表面电流的渗漏。若使用电压存在即会形成电池效应，所造成金属离子的迁移将长成须晶而发生短路，或产生腐蚀，破坏电路焊接点的结构而造成短路。不溶解/粒状污染物质可能为空气中的尘埃、电路板纤维或粉屑、人为取置与输送过程留下的污迹、微粒焊球、焊锡浮渣、与助焊剂反应生成物等。此类物质的附着会影响成品的外观，也会降低焊锡的润湿性或形成焊接点的孔洞，有损焊接点的机械性质；金属表面若附着非导电性的微粒会阻碍电的传导；导电性的微粒在高密度的电路板上则可能造成短路。

6.5.2　清洁方法与材料

电路板清洁的材料可分为有机溶剂清洁剂与水性清洁剂两大类。有机溶剂清洁剂主要的清洁对象为残余的松脂与合成活化助焊剂、低极化性的助焊剂等，清洁的过程通常以蒸汽浴的方式进行，具有低燃火性的卤化碳氢化合物，如三氯乙烯（Trichloroethylene）、甲基氯芳（Methyl Chloroform）、四氯乙烯（Perchloroethylene）、氯氟碳（Chlorofluorocarbon，CFC）等为常见的有机溶剂清洁剂。卤化碳氢化合物属非极性溶剂，对树脂与其他非极性物质有良好的清洁能力，但因助焊剂中通常也含高极性与高离子性的添加剂，故卤化碳氢清洁剂与氯氟碳清洁剂实际上也添加有极性的溶剂而成为混合式清洁剂（Blends）。醇类（Alcohols）为最常见的添加剂，在某些特殊功能的清洁剂中则添有乙二醇醚（Glycol Ether）、二氯甲烷（Methylene Chloride）、异己烷（Isohexane）、丙酮（Acetone）等以改善清洁能力。有机溶剂清洁剂也包括丙酮、甲醇、乙醇、异丙醇（Iospropanol）等非卤化物清洁溶剂，但这些溶剂均有燃火性，一般仅适用于液态的清洁过程。

卤化碳氢清洁剂自蒙特尔议定书（Montreal Protocol）中约定其禁止生产使用后，对环境无害的清洁方法成为目前电路板组装业者的殷切盼望。此议定结果与表面黏着元器件引脚微细变化的趋势连带促进免洗锡膏（No-Clean Solder Pastes）与无铅焊锡（Lead-Free Solder）的发展，免洗锡膏中含低腐蚀性的助焊剂，或提高其中金属成分比例及使用高挥发性的合成助焊剂制成，它的材料与工艺开发也是目前电路板接合研究中热门的题目之一。

水是所有清洁剂中最安全、便宜的物质，但因水具有高表面张力，在电路板上的润湿性不佳。水是极性物质，对许多松脂类助焊剂而言并没有清洁效果，而且水一旦为电路板中的物质所吸收就很难完全除去。对封装元器件而言，水汽渗透是影响可靠度的最大因素，因此在 1970 年以来水洗的方法极少使用。近年来由于水溶性助焊剂的开发、水清洁系统的改进、封装密封技术的进步及卤化碳氢化合物因环保的顾虑被禁止使用后，水洗的方法成为今日重要的电路板清洗方法之一。

水洗的过程通常又加有中和剂（Neutralizer 或 Resin Aids）或皂化剂（Saponifiers）以提升清洗的能力，这些添加剂通常为含氨类（Ammonia，NH_3）、胺类（Amine）或其他碱性化合物（Alkaline Compounds）的溶液，以提升对离子性或树脂类污染物的清洁能力。皂化反应的过程将产生泡沫，为了控制泡沫的产生、延长皂化清洗剂的使用寿命，水洗过程中通常加有泡沫抑制剂（Defoamers）。为了降低水的表面张力以提升其润湿性，表面活化剂（Surfactants）也为水洗过程的添加剂之一。

有机乳状清洁剂（Organic Emulsion Cleaners）为另一种新型的清洁剂，此类清洁剂为具有高树脂亲和力的非极性有机溶剂与非离子性表面活化剂的混合物，清洁的方法类似前述两种清洁方法的组合，先将焊接完成的成品以高浓度的乳状清洁剂清洗，以将树脂与其他低极性油脂等污染除去，随后再以一般的水清洗方法将残余的有机溶剂与表面活化剂除去。虽然有机溶剂为非水溶性的，但表面活化剂将使污染悬浮于水中，可以用冲洗的方法将其除去。乳状清洁剂中的有机溶剂通常为松油精（Terpenes），此物质燃火性极高，故使用时必须比使用氯化碳清洁剂与氯氟碳清洁剂时更为小心地控制工艺温度，以防爆炸的发生。

复习与思考题 6

1. 分别解释引脚插入式接合与表面贴装接合的具体内容。
2. 解释弹簧固定式的引脚接合方法。
3. 波峰焊为引脚插入式元器件的常见焊接技术，基本工艺步骤是什么？
4. 表面贴装技术的优点有哪些？
5. 表面贴装技术使用的焊接方法有哪两大类？简述再流焊的基本工艺流程。
6. 说明焊接前污染的来源与种类及清洁方法。

第 7 章　封胶材料与技术

IC 芯片完成与印制电路板的模块封装后，除了焊接点、指状接合点、开关等位置外，为了使成品表面不会受到外来环境因素（湿气、化学溶剂、应力破坏等）及后续封装工艺的损害，通常在表面涂布一层 25～125 μm 厚的高分子涂层用以提供保护。

按涂布的外形，可区分为顺形涂封（Conformal Coatings）与封胶（Encapsulants）两种，如图 7.1 所示。在顺形涂封中，丙烯类树脂（Acrylic Resins，AR）、氨基甲酸醋树脂（Urethane Resins，UR）、环氧树脂（Epoxy Resins，ER）、硅胶树脂（Silicone Resins，SR）、氟碳树脂（Fluorocarbon Resins，FC）、聚对环二甲苯树脂（Parylene Resins，XY）、聚亚旎胺（PI）等为常见的材料，聚亚旎胺与硅胶树脂同时为耐高温的保护涂料。在 IC 芯片模块的封胶中，酸酐基类环氧树脂（Anhydride-base Epoxies）与硅胶树脂则为主要的材料。

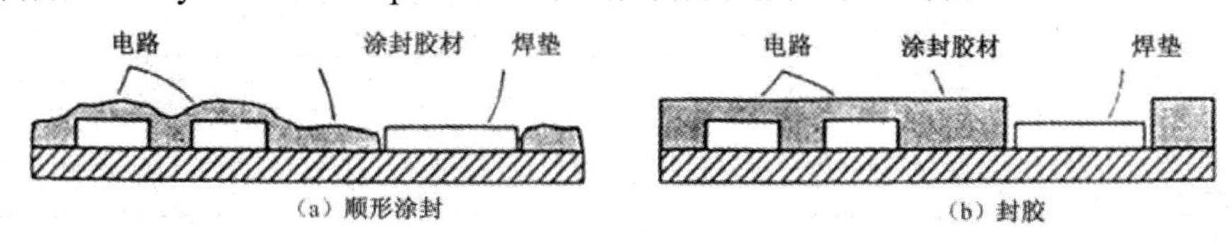

图 7.1　按涂布的外形区分的两种涂封形式

7.1　顺形涂封

顺形涂封的原料一般为液状树脂，将组装完成的印制电路板表面清洗干净后，以喷洒或沉浸的方法将树脂原料均匀地涂上，再经适当的烘烤热处理或紫外光烘烤处理后即成为保护涂层。

涂封前电路板表面清洁步骤的目的是避免将污染物质密封在涂层内造成腐蚀，以及避免涂层裂缝及发泡等破坏。清洁的过程一般先以气体溶剂喷洒印制电路板的表面以除去残存助焊剂与油脂，再以去离子纯水与异丙醇溶剂冲洗，将残存的盐类溶去。整个电路板先以压缩空气吹干，再以 60℃～80℃、1～2 h 烘烤将所有的溶剂与水汽完全蒸发除去后，即可进行树脂原料的涂布。涂布之前，某些固定于电路板上的元器件（如与外界电路的接合端子、开关、继电器、电位计等）必须先以胶带或胶膜罩住，以免涂封薄膜破坏其原有的功能。

喷洒法为最普遍的方法，一般以输送带将印制电路板移至喷出涂封原料的喷枪前而完成涂封。使用喷洒法时应注意封装元器件底部及其高度所造成的遮蔽效应会使涂封不完全，故需借涂封原料黏滞性的改善与多次不同角度的喷洒加以修正。沉浸法为将组装完成的电路板完全浸于涂封树脂液后缓慢移出，此方法可使整个电路板有 100%的完全涂布。流动式涂布（Flow Coating）与毛刷涂布（Brush Coating）是较少见的涂封方法，流动式涂布以通过喷嘴头的树脂原料流到电路板表面而完成涂封；毛刷式涂封仅供损坏元器件更换之处的涂层破洞修补用，很少应用于大量生产的工艺中。

树脂原料涂布完成后须再施予烘烤热处理使其成为硬化薄层，以烘箱加热与高能量强度的紫外光为常用的两个方法。紫外光烘烤热处理适用于丙硫酸酯化的氨基甲酸醋树脂与环氧树脂，它的优点为热处理时间短（一般为 3～30 s）、所耗的能源较少、热处理过程中不会有材料黏滞性减低的困扰、涂装薄膜的收缩率较小且无毒性气体排出。但紫外光烘烤的设备较为昂贵，而且元器件相对高度变化造成的光遮蔽容易导致不均匀的烘烤质量，故在烘烤时电路板通常须予旋转以使紫外光能有均匀的照射；热与紫外光的混合烘烤方法也常被使用以求得最佳品质的硬化涂层。

7.2 涂封的材料

顺形涂封树脂涂膜的功能与特性如表 7.1 所示。

表 7.1 涂封材料的特性比较

材料种类性质	氨基甲酸酯（PU）	丙烯树脂（AR）	硅胶树脂（SR）	环氧树脂（ER）
涂布性质	1	1	3	2
化学移除性	2	1	2	5
烧除性	2	1	5	4
机械移除性	2	2	1	5
耐磨性	2	2	3	1
黏着性	2	3	4	1
抗湿性	1	1	2	4
长时间抗湿性	1	2	3	4
抗热爆震性	2	3	1	5
机械强度	2	3	4	1
绝缘性	1	1	2	3
介电性质	1	1	2	3

注：1=最佳；5=最佳。

丙硫醋酸类树脂（AR）具有优良的抗湿与介电性质，它的抗化学溶剂侵蚀性较差，但也因这一缺点而使丙硫醋酸类的涂封层可被除去以供电路板修补用。常见的丙硫醋酸类涂封材料有丙硫酸酯化的氨基甲酸酯树脂与丙硫酸酯化的环氧树脂。

丙硫酸醋酸类涂封材料的特点之一为该类材料的主要化学结构中结合了光敏反应群而使其可利用紫外光烘烤完成涂膜的硬化。

氨基甲酸醋树脂（PU）为最普遍使用的顺形涂封材料，它的涂层具有相当良好的强韧性、抗水汽渗透与抗化学侵蚀性，与印制电路板间的黏着性亦佳，但上述的优点也使涂布此种保护膜的电路板有难以进行修复的缺点。氨基甲酸醋酯类涂层仅能以加热工具或研磨的方法除去；温度与电信号频率变化对此材料的电特性有极大的影响，因此不适合高频电路的封装用。

硅胶树脂（SR）具有优良的电气性质、低吸水性与低离子杂质浓度、良好的低温功能与热稳定性，除了可作为顺形涂封的材料外，更是 IC 芯片重要的封胶材料之一。硅胶树脂的低介电常数使其适合微波电子的封装应用。机械性质则逊于氨基甲酸醋树脂与环氧树脂，抗化学溶剂侵蚀特性不良为硅胶树脂最大的缺点。硅胶树脂涂层可以用切割或以焊接工具加热除去以进行修复，但硅胶树脂涂层须先浸于甲苯或类似溶剂中约 15 min 后才能进行切割修复。商用硅胶树脂种类繁多，一般以烘烤硬化工艺的差异而区分为室温硬化型、热烘烤硬化型与紫外光烘烤硬化型等三种。

氟化高分子树脂属于高价位、工艺设备昂贵的涂封材料。由于强负电性的氟原子在高分子结构中形成键能极强的短氟碳键，氟化高分子树脂因而具有十分优良的放水性、抗润湿性、抗化学侵蚀性、低介电常数值良好的高温稳定性与抗高能量辐射特性，故应用于高离子性污染、高湿度等恶劣环境中的涂封保护材料，但由于价格的因素，它的应用仅见于高可靠度需求的军用电子元器件封装之中。

聚对环二甲苯树脂（XY）为唯一可利用气相沉积聚合反应进行涂封的材料，它的原料化学结构变化与工艺设备如图 7.2 所示。可利用气相沉积聚合反应的镀着技术使聚对环二甲苯树脂对薄膜品质进行控制，如厚度的控制与均匀性、整体涂封的完整性、材料纯度与室温成型过程等均较其他材料为优。与其他镀膜的性质相比，聚对环二甲苯树脂薄膜具有相当优良的抗湿气渗透性、抗化学侵蚀性、电性与机械性质，不受吸收水分影响的稳定电气特性尤其使聚对环二甲苯树脂适合电子产品的涂封之用。通常仅需约 25 μm 厚的聚对环二甲苯树脂薄膜即可达到保护的目的，但是一旦完成涂封后，它也是难以除去以进行修复的材料。

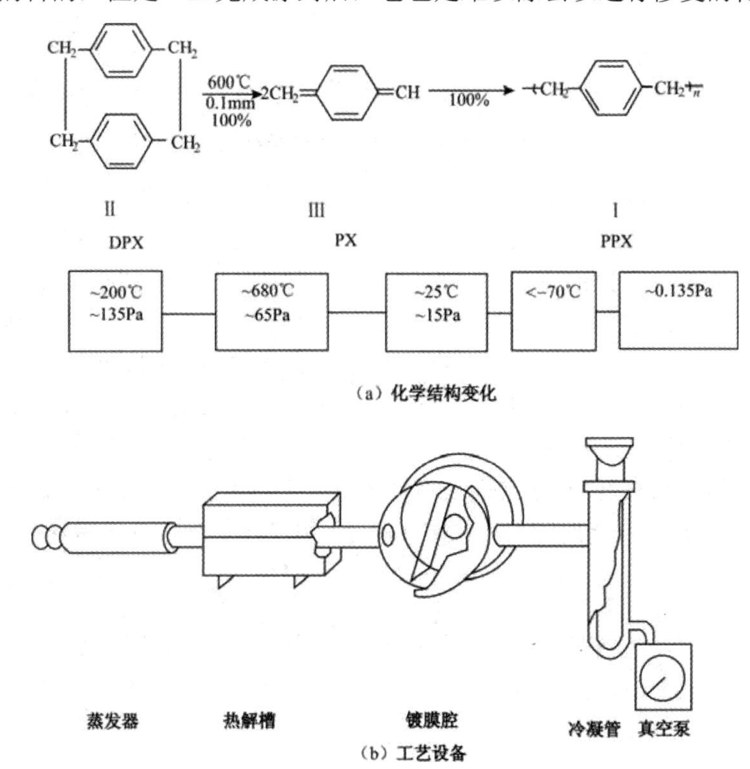

图 7.2 聚对环二甲苯树脂的化学结构变化与工艺设备

7.3 封胶

常见的 IC 芯片封胶材料为环氧树脂与硅胶树脂。硅胶树脂在前一节中已有介绍，故本节将仅讨论环氧树脂封胶材料的种类与特性。

环氧树脂具有相当良好的抗水渗透性、抗化学腐蚀性与热稳定性，它是具有环氧乙烷环或环氧氧化物群化学结构特征的高分子化合物的总称（如图 7.3（a）所示）。环氧树脂种类繁多，常见的单环氧树脂基材料有环乙烯氧化物（Cyclohexene Oxide）、氯甲环氧丙烷（Epichlorohydrin）、缩水甘油酸类（Glycidic Acid）、环氧丙醇（Glycidol）、缩水甘油族群（Glycidyl Group）等［如图 7.3（b）所示］。

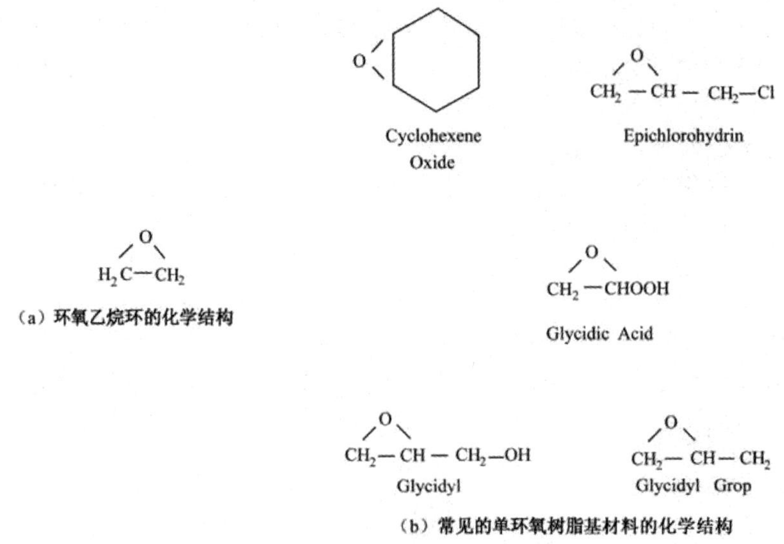

Cyclohexene Oxide

Epichlorohydrin

H_2C-CH_2 (O)

（a）环氧乙烷环的化学结构

$CH_2-CHOOH$ (O)

Glycidic Acid

$CH_2-CH-CH_2-OH$ (O)

Glycidyl

$CH_2-CH-CH_2$ (O)

Glycidyl Grop

（b）常见的单环氧树脂基材料的化学结构

图 7.3　两种封胶材料的化学结构

环氧树脂可以用自有高分子键结的反应与其他硬化剂材料作用而成为具有交联硬化结构的材料，氨基类硬化剂（Amine-Cured）可分为芳香族胺基（Aromatic Amines）硬化剂、脂肪酸胺基（Aliphatic Amines）硬化剂的加合物（Adducts）与环脂肪酸胺基（Cycloaliphatic Amines）硬化剂等三种，它具有快速硬化与性质稳定的优点，但其电性质与抗水渗透性不佳，因此在元器件封胶工艺中使用较少。掺和酸酐基硬化剂（Anhydride-Cured）的环氧树脂具有优良的高温特性，但其中的酯链很容易发生水解反应，因此仅适合高温且湿度为非主要劣化因素的应用。在微电子工业中，此类材料通常只用于功率晶体管与高压二极管的封胶，酚醛硬化（Novlac-Cured）的环氧树脂的热稳定性虽不及酸酐类环氧树脂，但它有良好的抗水渗透性，故在微电子封装中有极为广泛的应用。如图 7.4 所示为上述三种环氧树脂硬化的化学反应。

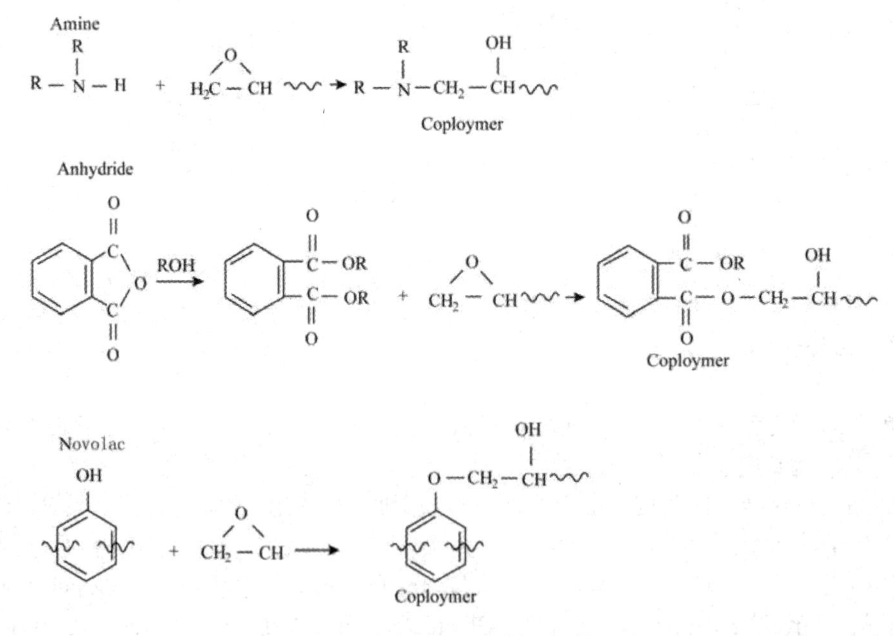

图 7.4　三种常见的环氧树脂硬化反应

环氧树脂材料至少需两个单环氧树脂基材的混合才能形成三维的高分子结构，并具有一定的机械强度。双酚醛 A 聚二缩水甘油醚（Polydiglycidyl Ether of Bisphenol A，DGEBA）是最常见的环氧树脂，它的化学结构式如图 7.5（a）所示。DGEBA 树脂属于高分子量的材料，反应群间彼此距离的增长使材料的弹性模块、玻璃转移温度与抗水渗特性降低，线性温度膨胀系数也随之升高，故 DGEBA 树脂不适合在高温、高湿环境中应用，主要的应用为防止应力引发破坏的低弹性模块封胶保护。电子工业常用的环氧树脂尚有黏滞性较高的双酚醛 F 聚二缩水甘油醚（DGEBF）[如图 7.5（b）所示]、酚醛环氧树脂（Epoxidized Phenol Novolac，EPN）、甲酚醛环氧树脂（Epoxidized Cresol Novolac，ECN）与环脂肪酸环氧树脂（Cycloaliphatic Epoxies）。

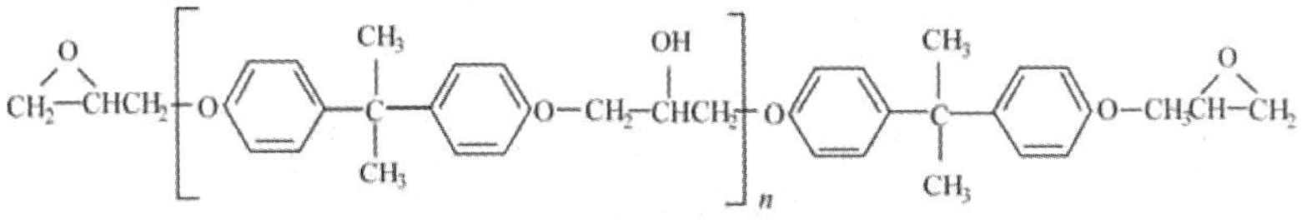

O CH₃ OH CH₃ O
CH₂—CHCH₂—O—C—O—CH₂—CHCH₂—O—C—O—CH₂CH—CH₂
CH₃ n CH₃

（a）DGEBA 化学结构式

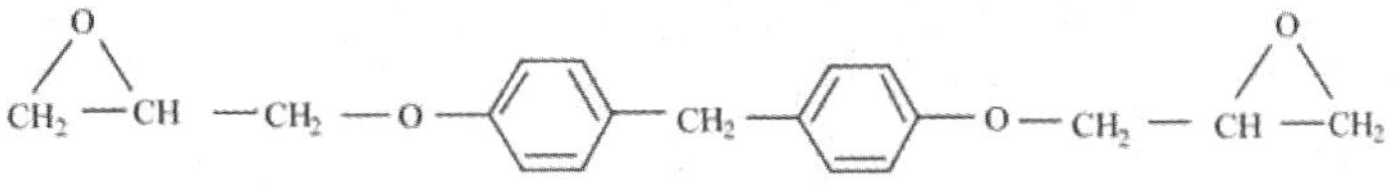

O O
CH₂ —CH —CH₂ —O— —CH₂— —O — CH₂ — CH —CH₂

（b）DGEBF 化学结构式

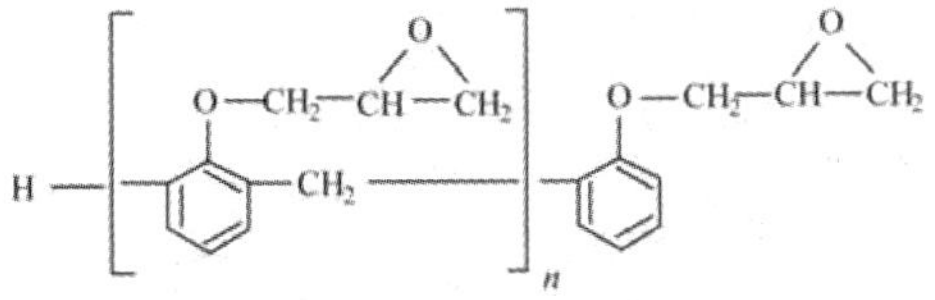

O O
O—CH₂—CH —CH₂ O—CH₂—CH—CH₂
H — —CH₂ —
n

（c）EPN 化学结构式

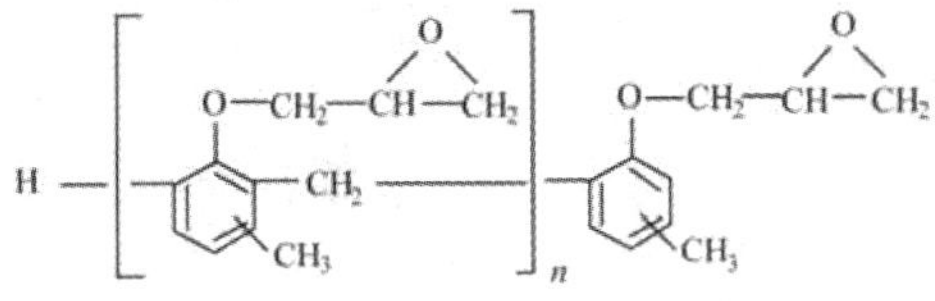

O O
O—CH₂—CH—CH₂ O—CH₂—CH—CH₂
H — —CH₂ —
CH₃ n CH₃

（d）ECN 化学结构式

O O O
—C—O—CH₂— CH₃COOH O —C—O—CH₂— O

O
O S —CH₂—O—C— S O

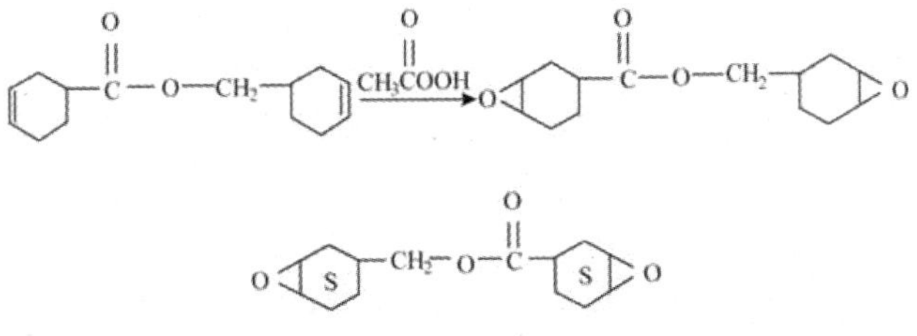

（e）环脂肪酸环氧树脂的化学结构式

图 7.5　环氧树脂

EPN 与 ECN 的化学结构分别如图 7.5（c）、图 7.5（d）所示，其中 ECN 又称为 Epoxy B，它们具有低线性热膨胀系数、低水渗透性，以及高二次元玻璃转移温度，为当今最普遍的硬式封胶材料，一般又称酚醛清漆树脂（Novolac Resin）。EPN 与 ECN 的合成与 DGEBA 相似，一般以氯甲环氧丙烷上的环氧树脂基与苯醇上的羟基（Hydroxyl）结合反应而成。环脂肪酸环氧树脂的合成与化学结构如图 7.5（e）所示，它通常使用二羧酸酐类（Dicarboxylic Acid Anhydrides）为硬化剂，具有极佳的电性与抗环境侵蚀的能力，也为所有环氧树脂中唯一无残留氯离子的高分子化合物。

商用环氧树脂除了树脂原料之外，通常还包括硬化剂、催化剂、填充剂、阻燃剂、模具脱离剂、色素及其他微量添加物，这些材料的种类与特性请参考第 9 章“塑料封装”中的讨论。

复习与思考题 7

1．封胶技术是在哪一工艺步骤之后完成的？它的作用是什么？
2．什么是顺形涂封？它的基本方法是什么？
3．涂封的材料主要有哪些？
4．顺形涂封与封胶涂封外形一样吗？画图说明它们的区别。

第 8 章　陶 瓷 封 装

陶瓷封装是满足高可靠度需求的主要封装技术，本章叙述以氧化铝及其他重要的陶瓷材料为封装基材的工艺技术。

8.1　陶瓷封装简介

在各种 IC 元器件的封装中，陶瓷封装能提供 IC 芯片气密性（Hermetic）的密封保护，使其具有优良的可靠度；陶瓷被用做集成电路芯片封装的材料，是因它在热、电、机械特性等方面极为稳定，而且陶瓷材料的特性可通过改变其化学成分和工艺的控制调整来实现，不仅可作为封装的封盖材料，它也是各种微电子产品重要的承载基板。当今的陶瓷技术已可将烧结的尺寸变化控制在 0.1%的范围内，可以结合厚膜印刷技术制成 30～60 层的多层连线传导结构，因此陶瓷也是制作多芯片组件（MCM）封装基板的主要材料之一。

陶瓷封装并非完美无缺，它的缺点包括：

（1）与塑料封装比较，陶瓷封装的工艺温度较高，成本较高；

（2）工艺自动化与薄型化封装的能力逊于塑料封装；

（3）陶瓷材料具较高的脆性，易致应力损害；

（4）在需要低介电常数与高连线密度的封装中，陶瓷封装必须与薄膜封装竞争。

陶瓷材料在单晶芯片集成电路封装中应用很早。例如，IBM 开发的 SLT（Solid Logic Technology）就是利用 96%氧化铝与导体、电阻等材料在 800℃的共烧技术制成封装的基板；其他如 ASLT（Advanced Solid Logic Technology）、MST（Monolithic Systems Technology）、MC（Metalized Ceramic）到今日的共烧多层陶瓷模块（Cofired Multilayer Ceramic Module，CMCM）等均是陶瓷封装的应用。双列式封装（DIP）为取代金属罐式封装最早、目前最常见的封装方式，它的开发主要是因为晶体管元器件引脚数目的增加。

随着半导体工艺技术的进步与产品功能的提升，IC 芯片的集成数（I/O）持续增加，封装引脚数目随之增加，各种不同形式的陶瓷封装，如陶瓷引脚式或无引脚晶粒承载器（CLCC）、针格式封装（PGA）、四边扁平封装（QFP）等相继开发出来。这些封装通常将 IC 芯片粘贴固定在一个已载有引脚架或厚膜金属导线的陶瓷基板孔洞中，完成芯片与引脚或厚膜金属键合点之间的电路互连后，再将另一片陶瓷或金属封盖以玻璃、金锡或铅锡焊料将其与基板密封黏结而完成。如图 8.1（a）所示为陶瓷封装工艺流程，图 8.1（b）为塑料封装工艺流程。

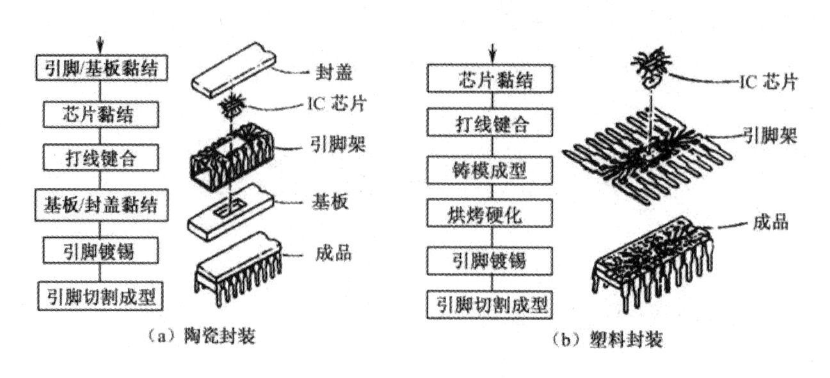

图 8.1　陶瓷与塑料封装的工艺流程

8.2　氧化铝陶瓷封装的材料

氧化铝为陶瓷封装最常使用的材料，其他重要的陶瓷封装材料还有氮化铝（AlN）、氧化铍、碳化硅、玻璃与玻璃陶瓷、蓝宝石等，这些材料的基本特性如表 8.1 所示。

表 8.1　陶瓷材料的基本特性比较

材 料 种 类	介电系数（1MHz 时）	热膨胀系数（ppm/℃）	热导率（W/m·℃）	工艺温度（℃）	抗性强度（MPa）
92%氧化铝	9.2	6	18	1 500	～300
96%氧化铝	9.4	6.6	20	1 600	400
99.6%氧化铝	9.9	7.1	37	1 600	620
氮化硅（Si_3N_4）	7	2.3	30	1 600	—
碳化硅（SiC）	42	3.7	270	2 000	450
氮化铝（AlN）	8.8	3.3	230	1 900	350～400
氧化铍（BeO）	6.8	6.8	240	2 000	241
氮化硼（BN）	6.5	3.7	600	>2 000	—
钻石（高压）	5.7	2.3	2 000	>2 000	—
钻石（CVD）	3.5	2.3	400	～1 000	300
玻璃陶瓷	4～8	3～5	5	1 000	150

浆料（Slurry，又称为 Slip）的准备为陶瓷封装工艺的首要步骤，浆料为无机与有机材料的组合，无机材料为一定比例的氧化铝粉末与玻璃粉末的混合（陶瓷），有机材料则包括高分子黏着剂、塑化剂（Plasticizer）与有机溶剂（Solvent）等。无机材料中添加玻璃粉末的目的包括：调整纯氧化铝的热膨胀系数、介电系数等特性；降低烧结温度。纯氧化铝的热膨胀系数约为 7.0 ppm/℃，它与导体材料的热膨胀系数（见表 8.1）有所差异，因此若仅以纯氧化铝为基板的无机材料，热膨胀系数的差异在烧结过程中可能引致基材破裂。此外，纯氧化铝的烧结温度高达 1 900℃，故需添加玻璃材料以降低烧结温度，降低生产成本。

陶瓷基板又可区分为高温共烧型与低温共烧型两种。在高温共烧型的陶瓷基板中，无机材料通常为约 9:1 的氧化铝粉末与钙镁铝硅酸玻璃（Calcia-Magnesia-Alumina Silicate Glass）或硼硅酸玻璃（Borosilicate Glass）粉末；在低温烧结型的陶瓷基板中，无机材料则为约 1:3 的陶瓷粉末与玻璃粉末，陶瓷粉末的种类则根据基板热膨胀系数的设计而定。除了氧化铝之外，石英、锆酸钙（Calcium Zirconate，$CaZrO_3$）、镁橄榄石（Forsterite，Mg_2SiO_4）等均可作为高热膨胀系数陶瓷基板的无机材料；熔凝硅石（Fused Silica）、红柱石（Mullite，$Al_6Si_2O_{13}$，或称耐火硅酸铝）、堇青石（Cordierite，$Mg_2Al_4Si_5O_{18}$）、氧化锆（Zirconia，ZrO_2）则为低热膨胀系数陶瓷基板的无机材料。介电常数的需求也是添加玻璃材料成分选择的另一项因素，玻璃软化温度必须高于有机材料的脱脂烧化温度，但也不能太高而阻碍烧结的工艺。无机材料需要经球磨的工艺以促进基材混合的均匀性，获得适当的粉体的大小与粒度分布，以对未来烧结后的基板的收缩率变化能有准确的控制。

在有机材料中，黏着剂为具有高玻璃转移温度、高分子量、良好的脱脂烧化特性、易溶于挥发性有机溶剂中的材料，主要的功能是提供陶瓷粉粒暂时性的黏结以利生胚片（Green Tape）的制作及厚膜导线网印成型的进行。高温共烧型基板常使用的黏着剂为聚乙烯基丁缩醛（Polyvinyl Butyral，PVB）。PVB 可以由聚乙硫醇（Polyvinyl Alcohol）与丁醛（Butyraldehyde）反应制成，其中通常含有约 19%的残存羟基，玻璃转移温度约为 49℃。

在某些特殊的应用中，聚醋酸氯乙烯酯（Polyvinyl Chlorie Acetate）、聚甲基丙烯酸甲酯（Polymethyl Methacrylate，PMMA）、聚异丁烯（Polyisobutylene，PIB）、聚甲基苯乙烯（Polyalphamethyl Styrene，PAMS）、硝酸纤维素（Nitrocellulose）、醋酸纤维素（Cellulose Acetate）、醋酸丁缩醛纤维素（Cellulose Acetate Butyral）等也曾作为黏着剂材料使用。低温共烧型基板工艺使用的黏着剂除了 PVB 外，也有聚丙酮（Polyacetones）、低烷基丙烯酸酯的共聚物（Copolymer of Lower Alkyl Acrylates）与甲基丙烯酸酯（Methacrylates），这些材料均可在空气或钝态气体的气氛中，在 300℃～400℃完成脱脂烧除。黏着剂的添加一般约占整体原料重量比的 5%以上，但添加量也不宜过大，否则将增加脱脂烧除的时间，降低粉体烧结的密度而使基板的收缩率增大。

塑化剂种类有油酸盐（Phthalate）、磷酸盐（Phosphate）、聚乙二醇醚（Polyethylene Glycol Ether）、单甘油酯酸盐（Glyceryl Mono Oleate）、矿油类（Petroleum）、多元酯类、蓖麻油酸盐（Ricinoleate）、松脂衍生物（Rosin Derivatives）、沙巴盐类（Sabacate）、柠檬酸盐（Citrate）等，塑化剂的功能及塑化作用（Plasticization）是调整黏着剂的玻璃转移温度，并使生胚片具有挠曲性。

可与 PVB 合成使用的有机溶剂种类很多，包括醋酸（Acetic Acid）、丙酮（Acetone）、正丁醇（Nbutyl Alcohol）、乙酸丁酯（Butyl Acetate）、四氯化碳（Carbon Tetrachloride）、环己酮（Cyclohexanone）、双丙酮醇（Diacetone Alcohol）、二氧氯团（Dioxane）、乙醇（Ethyl Alcohol，95%）、85%乙酸乙酯（Ethyl Acetate）、乙基溶纤剂（Ethyl Cellosolve）、二氯乙烷（Ethylene Chloride）、95%异丙醇（Isopropyl Alcohol）、醋酸异戊酯（Isopropyl Acetate）、甲醇（Methyl Alcohol）、醋酸甲酯（Methyl Acetate）、甲基溶纤剂（Methyl Cellosolve）、甲基乙基酮（Methyl Ethyl Ketone）、甲基异丁酮（Methyl Isobutyl Ketone）、戊醇类（Pentanol）、戊酮类（Pentanone）、二氯丙烷（Propylene Dichloride）、甲苯、95%甲苯乙醇（Toluene Ethyl Alcohol）等。

有机溶剂的功能包括在球磨过程中促成粉体的分离（Deagglomeration），挥发时在生胚片中形成微细的孔洞，后者的功能为当生胚片叠合时，提供导线周围的生胚片有被压缩变形的能力，这是生胚片工艺的重要特性之一。

将前述的各种无机与有机材料混合并经一定时间的球磨后即称为浆料（或称为生胚片载体系统，Green-Sheet-Vehicle System），再以刮刀成型技术（Doctor-Blaze Process）制成生胚片。

8.3 陶瓷封装工艺

将前述的各种无机与有机材料混合后，经一定时间的球磨后即称为浆料（或称为生胚片载体系统，Green-Sheet-Vehicle System），再以刮刀成型技术（Doctor-Blaze Process）制成生胚片。经厚膜金属化、烧结等工艺后则称为基板材，封盖后即可应用于 IC 芯片的封装中。厚膜金属化工艺请参见第 3 章的 3.1 节。

以氧化铝为基材的陶瓷封装工艺如图 8.2 所示，主要的步骤包括生胚片的制作（Tape Casting）、冲片（Blanking）、导孔成型（Via Punching）、厚膜导线成型、叠压（Lamination）、烧结（Burnout/Firing/Sintering）、表层电镀（Plating）、引脚接合（Lead/Pin Attach）与测试等。

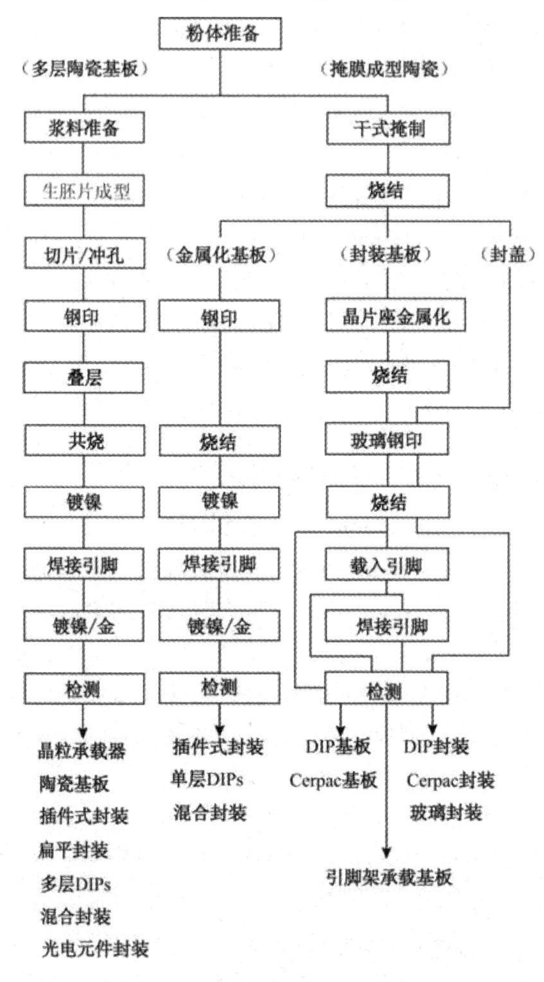

图 8.2 氧化铝陶瓷封装的流程

陶瓷粉末、黏着剂、塑化剂与有机溶剂等均匀混合后制成油漆般的浆料通常以刮刀成型的方法制成生胚片，刮刀成型机在浆料容器的出口处置有可调整高度的刮刀，可将随着多元酯输送带所移出的浆料刮制成厚度均匀的薄带（如图 8.3 所示），生胚片的表面同时吹过与输送带运动方向相反的滤净热空气使其缓慢干燥，然后再卷起，并切成适当宽度的薄带。未烧结前，一般生胚片的厚度在 0.2～0.28 mm 之间。

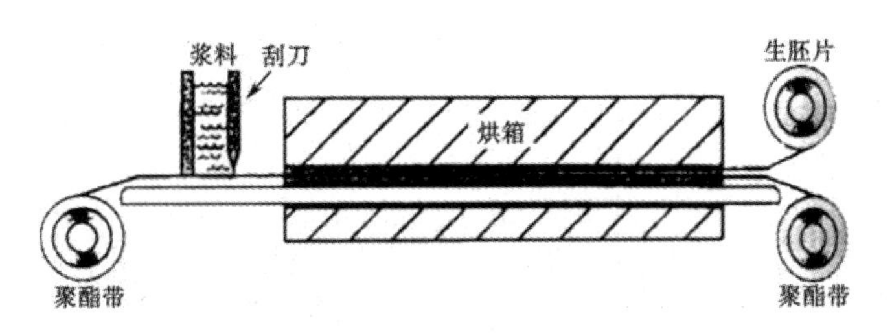

图 8.3　生胚片刮刀成型工艺

生胚片的厚度和刮刀间隙、输送带的速度、干燥温度、容器内浆料高度、浆料的黏滞性、薄带的收缩率等因素有关，一般的刮刀成型机制成的薄片厚度允许误差在±（6%～8%）之间，较精密的机型，如双刮刀的刮刀成型机可将厚度误差控制在±4%以内，高精密型的刮刀成型机更可达±2%以内。

干式压制成型（Dry Press）与滚筒压制成型（Roll Compaction）为生胚片制作的另外选择。干式压制的方法为低成本的陶瓷成型技术，适用于单芯片模块封装的基板及封盖等形状简单板材的制作。干式压制成型将陶瓷粉末置于模具中，施予适当的压力压制成所需形状的生胚片后，再进行烧结。滚筒压制成型将以喷雾干燥法制成的陶瓷粉粒经过两个并列的反向滚筒压制成生胚片，所使用的原料中黏着剂所占的比例高于干式压制法，但低于刮刀成型法所使用的原料。所得的生胚片可以切割成适当形状或冲出导孔。因质地较硬而不适于叠合制成多层的陶瓷基板。

冲片的工艺为将生胚片以精密的模具切成适当尺寸的薄片，冲片时薄片的四边也冲出对位孔（Registration Holes）以供叠合时对齐使用。导孔成型则将生胚片冲出大小适当的导孔以供垂直方向的导通，一般导孔的直径在 125～200 μm 之间，现有的技术也能制成 80～100 μm 的导孔。导孔成型可以利用机械式冲孔、钻孔或激光钻孔等方法完成，一般的工艺为先将生胚片固定，以精密平移台移至适当位置后，再以冲模机冲出导孔。以二氧化碳激光进行钻孔是较新颖的方法，其速率为每秒 50～100 个导孔。

如需制成多层的陶瓷基板，则必须将完成厚膜金属化的生胚片进行叠压。生胚片以厚膜网印技术印上电路布线图形及填充导孔后，即可进行叠压。叠压的工艺根据设计要求将所需的金属化生胚片置于模具中，再施予适当的压力叠成多层连线结构。叠压过程中所施予的压力会影响生胚片原有孔洞分布，进而影响未来烧结时薄片的收缩率，通常收缩率随压力的增加而减小，叠压工艺的条件因此以收缩率的大小尺寸为依据。叠压的多层生胚片有时又经切割成适当的尺寸后再进行烧结。

烧结为陶瓷基板成型中的关键步骤之一，高温与低温的共烧条件虽有不同，但目标只有一个，就是将有机成分烧除，无机材料烧结成为致密、坚固的结构。

在高温的共烧工艺中，有机成分的脱脂烧除与无机成分的烧结通常在同一个热处理炉中完成，完成叠压的金属化生胚片先缓慢地加热到 500℃～600℃以除去溶剂、塑化剂等有机成分，缓慢加热的目的是预防气泡（Blister）产生。在有机成分脱脂烧除过程中，热处理炉的气氛控制非常重要，炉中氧化的气氛须足以使黏着剂能完全除去，并防止氧化物成分散失但不会致使金属导体成分氧化。适当的氧气偏压变化通常以控制通过氢气或氢/氮混合气气氛中的水汽比率为参考的控制条件。

待有机成分完全烧除后，根据所使用的陶瓷与厚膜金属种类，热处理炉再以适当的速度选择升温到 1 375℃～1 650℃，在最高温度停留数小时进行烧结。在烧结过程中，玻璃与陶瓷成分将反应生成玻璃相，除了促进陶瓷基板结晶的致密化外，还渗入厚膜金属中润湿金属相以使其与陶瓷基板紧密结合；炉中氧气的偏压对钨金属粒渗入厚膜金属中润湿或钼的烧结有重要影响，故亦须谨慎控制。在烧结完成后的冷却过程中热处理的气氛通常转换为干燥的氢气，同时应避免冷却过快产生热爆震效应而致使基板破裂。一个完整的高温烧结工艺通常耗时 13～33 h。

烧结过程中，生胚片的收缩为必然的现象，因此对烧结成品的尺寸有很大影响。陶瓷材料与金属膏材的收缩率是否相近、使用的陶瓷与金属的热膨胀系数是否相近、炉体内温度分布是否均匀等因素均影响烧结成品的尺寸。除了生胚片横向尺寸的变化之外，翘曲（Camber 或 Waviness）亦为烧结过程中常发生的现象，因此在烧结过程中生胚片要以重物压住以防止其变形。

低温的共烧工艺通常使用带状炉以使有机成分的脱脂烧除与陶瓷成分的烧结过程分开进行。近年来，已有特殊设计的热处理炉可使脱脂与烧结的过程在同一炉中进行。低温共烧工艺的温度曲线与热处理炉气氛的选择及所使用的金属膏种类有关。使用金或银金属膏基板的共烧工艺为先将炉温升至 350℃，再停留约 1 h 以待有机成分完全除去，炉温再升至 850℃并维持约 30 min 以完成烧结；共烧工艺均在空气中进行，耗时 2～3 h。

如使用铜金属膏，因铜金属膏通常为铜氧化物掺和有机成分制成（如使用纯铜制成，则在有机成分脱脂阶段会因铜的氧化而体积膨胀造成陶瓷基板破裂），过烧结的过程需要先在 300℃～400℃、氮气/氢气或一氧化碳/二氧化碳的气氛中进行约 30 min 的热处理将氧化铜还原，然后在氮气炉中进行 900℃～1 050℃、20～30 min 的烧结。完整的低温烧结过程通常耗时 12～14 h。

共烧完成之后，基板的表层需要再制作电路、金属键合点或电阻等，以供 IC 封装元器件及其他电路元器件的连线接合，制作的方法亦采用网印与烧结技术。使用银等高导电性材料为内层导体的低温共烧型基板表面通常再烧结一层铜导线以利于未来焊接的进行。

表层电镀及引脚接合的另一个目的在于制作接合的引脚以供下一层次的封装使用。对高温共烧型的陶瓷基板，键合点表面必须用电镀或无电电镀技术先镀上一层约 2.5 μm 厚的镍作为防蚀保护层及用于引脚焊接，镍镀完成之后必须经热处理，以使其与共烧成型的钼、钨等金属导线形成良好的键合。镍的表面通常又覆上一层金的电镀层以防止镍的氧化，并加强引脚硬焊接合时焊料的润湿性。以化学镀金技术镀镍时，因钨或钼-锰金属导线均为非活化表面，故必须先以钯氯溶液将基板表面活化，然后进行镍的化学镀。

基板镍电镀完成后，表层已镀有钯与金的科瓦铁镍钴合金（Kovar）引脚再以金锡或铜银共晶硬焊的技术将引脚与基板焊接。一般将焊料置于引脚与金属键合焊垫之间，在还原气氛中加热至共晶温度以上完成。焊接完成的引脚如以焊接方式与下一层次的封装焊接，则表面通常再以沉浸法镀上焊锡。

8.4 其他陶瓷封装材料

近年来，陶瓷封装虽面临塑胶封装的强力竞争而不再是使用最多的封装方法，但陶瓷封装仍然是高可靠度需求的封装最主要的方法。各种新型的陶瓷封装材料，如氮化铝、碳化硅、氧化铍、玻璃陶瓷、钻石等材料也相继被开发出来以使陶瓷封装能有更优质的信号传输、热膨胀特性、热传导与电气特性。这些材料的基本特性比较如表 8.1 所示。

氮化铝为具有六方纤维锌矿结构的分子键化合物，它的结构稳定，无其他的同质异形物（Polytyes）存在，高熔点、低原子量、简单晶格结构等特性使氮化铝具有高热传导率，氮化铝单晶的热传导率为 320 W/m·℃，热压成型的氮化铝多晶最佳的热传导性质约为单晶的 95%。氮化铝的热传导率随其中的氧含量的增加而降低，由于氧元素的加入使氮化铝中产生过多的铝空位（Vacancy），空位与铝原子的质量差异过大破坏了其热传导性质。氮化铝热导率亦受金属杂质元素的影响，保持氮化铝的高热导率特性必须使杂质含量低于 0.1wt%。此外，氮化铝中的第二相物质与烧结后的孔洞（Porosity）对热传导性质亦有影响。

与氧化铝相比，氮化铝材料具有极为优良的热导率、较低的介电系数（约 8.8）、与硅相近的热膨胀系数，因此它亦是陶瓷封装重要的基板材料。在氮化铝基板的制作中，粉体品质决定氮化铝烧结后的特性，氮化铝粉体制备最常见的方法为碳热还原反应（Carbothermic Redution）和铝直接氮化技术。

碳热还原反应将氧化铝与碳置于氮气的气氛中，氧化铝与碳反应还原的产物同时被氮化而形成氮化铝，铝直接氮化的工艺为将熔融的微小铝颗粒直接置于氮气反应气氛中而形成氮化铝。不完全反应是这两种方法共同的缺点，它们都可能使氮化铝中残存氧化物及其他相的物质。氮化铝亦可利用铝电极在氮气中的直流电弧（DC Arc）放电反应、铝粉的等离子体喷洒（Plasma Spray）、氨（Ammonia）与铝溴化物（Aluminum Bromide）的化学气相沉积、氮化铝前驱物（Precursors）的热解反应（Pyrolysis）等方法制成。

热压成型（Hot Pressing）与无压力式烧结（Pressureless Sintering）为制成致密的氮化铝基板常见的方法，工艺中通常加入氧化钙（CaO）或三氧化二钇（Y_2O_3）烧结助剂以制成致密氮化铝基板，氧化铍、氧化镁、氧化锶（SrO）等亦为商用氮化铝粉末常见的添加物。

氮化铝能与现有的金属化工艺技术相容的能力是其在电子封装中被广泛应用的主要原因。薄膜技术（蒸镀或溅射）、无电电镀、厚膜金属共烧技术均可用来在氮化铝上制作电路布线图形。

在氮化铝上进行薄膜镀之前，通常先涂布一层镍铬（NiCr）合金薄膜以提升黏着度；使用无电电镀时，氮化铝须先以氢氧化钠（NaOH）刻蚀，以使其产生交互锁定的作用而增加黏着力；氮化铝上的厚膜金属化的工艺与氧化铝相似，钨、银-钯、银-铂、铜、金等均可在氮化铝上形成金属导线，钨与氮化铝的共烧型多层陶瓷基板的开发为氮化铝在电子封装中应用的重要技术里程碑。金、银-钯、铜等材料的厚膜金属化工艺无须在氮化铝上进行氧化预处理；铜与氮化铝的直接扩散接合则必须先完成氧化处理以促进铜氧化物在氮化铝界面的接合，氧化处理可以干式或湿式氧化处理完成；氮化铝表面亦可先形成氮化硅以供镀镍膜之用。氮化铝的薄膜及厚膜金属化材料与方法如表 8.2 所示。

表 8.2 氮化铝的薄膜及厚膜金属化材料与方法

工艺方法	金属种类	工艺温度
厚膜工艺：		
烧结	银-钯	920℃/空气
	氧化钌	850℃/空气
	铜	850℃/空气
	金	850℃/空气
熔烧	铜-银-钛-锡	930℃/空气
共烧	钨	1 900℃/空气
薄膜工艺：		
溅射	镍铬-钯-金	100℃～200℃
蒸镀	钛-钯-金	100℃～200℃

氧化铍因具有绝佳的热传导特性与低介电系数，因此很早就被应用于电子封装中，它的热传导率约为铜的一半，是所有陶瓷氧化物热传导率高于金属的材料。氧化铍陶瓷基板的制作、烧结、金属化等与前述氧化铝陶瓷的工艺相似，在高热传需求或高功率元器件的封装中氧化铍陶瓷的封装相当普遍，但氧化铍具有毒性，故需小心使用，这一缺点亦使得氧化铍难以广泛应用。

碳化硅材料有优良的热导率与极接近硅的热膨胀系数，但纯碳化硅的特性接近半导体材料，因此早年它并不被考虑作为基板材料。1985 年日本 Hitachi 公司开发出制作具有高热传导率与优良电绝缘性质的碳化硅基板的技术（称为 Hitaceran 日立晶体管计算机），这一突破终于使碳化硅成为重要的高性能陶瓷封装材料之一。

Hitaceram 的工艺如图 8.4 所示，其利用 $SiO_2+2C \rightarrow SiC+CO_2$ 反应生成的碳化硅粉末并与适量的氧化铍粉末及有机成分等混合，再用喷洒干燥法（Spray Drying）制成粉粒。所得的粉粒先以冷压制成薄圆板状，与石墨隔片交互叠起后，在真空中进行 2 100℃的热压烧结而成。这一工艺利用氧化铍在碳化硅基底中溶解度甚微，因而在碳化硅晶粒界面产生偏析的特性，晶界上的氧化铍形成高电阻网络使材料具有电绝缘性质，碳化硅晶粒基底则仍维持其高热传导性质。因碳化硅材料的介电常数极高（依频率的变化，在 30～300 之间），故应用于气密性封装时引脚最好避免与其他高介电系数的密封材料接触。为改善这一缺点，碳化硅密封性封装通常使用二氧化硅为密封材料。

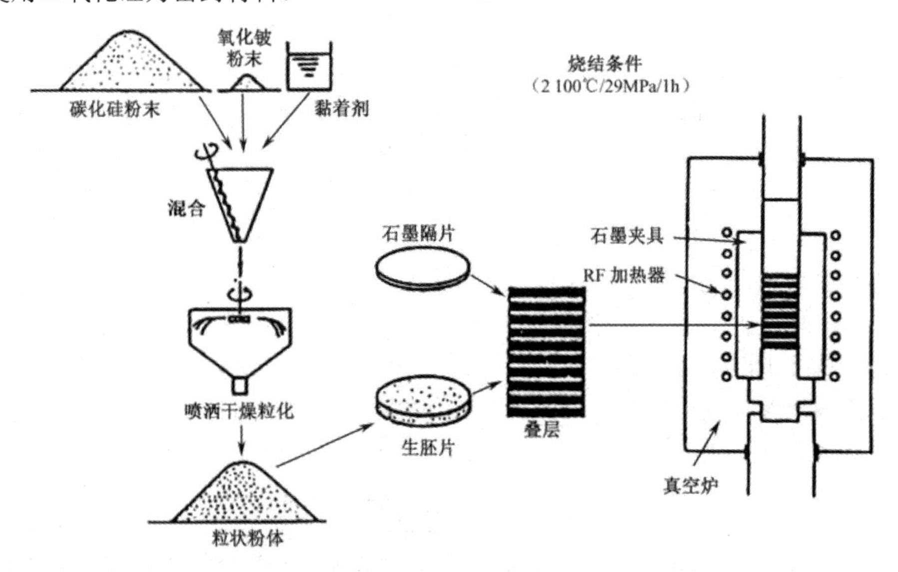

图 8.4　Hitaceram 的工艺

玻璃与玻璃陶瓷材料的介电常数约在 5 左右，且和铜、金等导体材料有良好的烧结特性，因此是理想的陶瓷基板材料。以热膨胀系数与硅接近的硼硅酸盐玻璃为绝缘材料、铜为导体材料制作多层传导结构的封装技术在 20 世纪 70 年代即已开发出来。共烧型玻璃陶瓷基板的制作则于 1978 年见诸报道，基板材料为堇青石与锂辉石［Spodumene $LiAl(SiO_3)_2$］玻璃粉末，约在 1 000℃的温度烧结而成，该技术利用低温硬质玻璃与高温陶瓷原料的混合烧结，并配合在控制气氛环境中的铜金属化工艺以制造封装基板，其后许多以氧化铝混合的各种不同玻璃原料（约各 50%的原料比例）烧结而成的玻璃陶瓷相继被开发出来。

以往的研究显示玻璃或玻璃陶瓷材料的最大优点是利用成分的调整而改善其物理性

质，成分与性质不同的玻璃与玻璃陶瓷基板适合各种电子封装的需求。玻璃陶瓷基板的主要缺点为热传导率过低，为改善这一缺陷，掺入高热传导性质的氧化铍、氮化硅、人造钻石等混合烧结制成高热传导率的玻璃陶瓷基板，或利用改善冷却方法及封装连线与黏结方式而获得弥补。

蓝宝石在芯片封装的应用中是最新型的材料之一，人工蓝宝石的合成在 1953 年、1954 年即被报道，1956 年 W. Eversole 以化学气相沉积技术（CVD）制备薄膜，奠定了以低廉成本合成这种材料的基础，而使蓝宝石有更广泛的应用。钻石因具有相当优异的热传导率与低介电系数而成为芯片封装基板材料的另一种选择，它也可作为复合材料基板与黏着剂的填充剂，超高的硬度与耐磨耗性使蓝宝石也可作为封装表面镀层材料。虽然 CVD 的研究已展现蓝宝石作为封装基板与制成多层连线结构的潜力，但因其属于高价位工艺，目前仍无广泛的应用。

氮化硅（SiN）、氮化硼（BN），以及各种碳化物（Carbides）、氮化物（Nitrides）与氧化物混合材料均可作为制作低介电系数陶瓷基板的材料，这些材料可添加于氧化铝、堇青石或其他陶瓷材料而制成介电常数低于 4 的陶瓷基板材料。

复习与思考题 8

1. 什么是陶瓷封装？它的优点和缺点包括哪些？
2. 画出陶瓷封装的工艺流程框图。
3. 说明氧化铝陶瓷封装的步骤。
4. 除氧化铝外，其他陶瓷封装材料有哪些？
5. 画出生胚片刮刀成型的工艺草图，并解释其工艺过程。

第9章 塑料封装

塑料封装的散热性、耐热性、密封性虽逊于陶瓷封装和金属封装，但塑料封装具有低成本、薄型化、工艺较为简单、适合自动化生产等优点。它的应用范围极广，从一般的消费性电子产品到精密的超高速计算机中随处可见，也是目前微电子工业使用最多的封装方法。塑料封装的成品可靠度虽不如陶瓷，但随着数十年来材料与工艺技术的进步，这一缺点已获得相当大的改善，塑料封装在未来的电子封装技术中所扮演的角色越来越重要。

塑料材料在电子工业封装的应用历史较长，自 DIP 封装被开发出来后，塑料双列式封装（PDIP）逐渐发展成为 IC 封装最受欢迎的方法，随着 IC 封装的多脚化、薄型化的需求，许多不同形态的塑料封装被开发出来，除了 PDIP 元器件之外，塑料封装也被用于 SOP、SOJ、SIP、ZIP、PQFP、PBGA、FCBGA 等封装元器件的制作。

塑料封装虽然比陶瓷封装简单，但其封装的完成受许多工艺、材料的因素影响，如封装配置与 IC 芯片尺寸、导体与钝化保护层材料的选择、芯片黏结方法、铸膜树脂材料、引脚架的设计、铸膜成型工艺条件（温度、压力、时间、烘烤硬化条件）等，这些因素彼此之间有非常密切的关系，塑料封装的设计必须就以上因素相互的影响进行整体考虑。如图 9.1 所示为塑料封装的流程与各种塑料封装元器件的横截面结构。

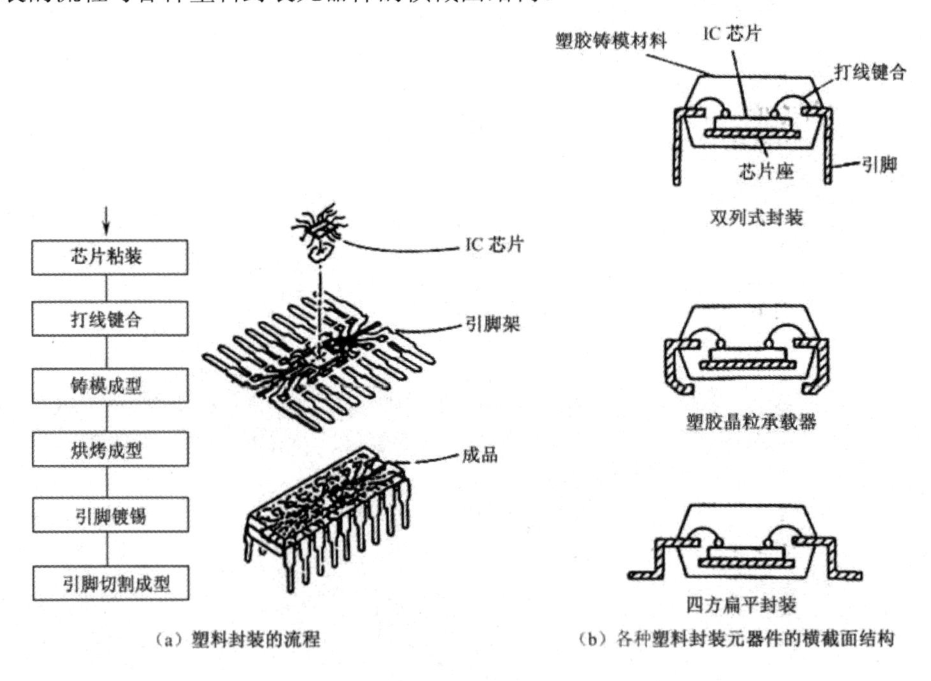

图 9.1 塑料封装

9.1 塑料封装的材料

热硬化型（Thermosets）与热塑型（Thermoplastics）高分子材料均可应用于塑胶封装的铸膜成型，酚醛树脂、硅胶等热硬化型塑胶为塑料封装最主要的材料，它们都有优异的铸膜成型特性，但也各具有某些影响封装可靠度的缺点。早期酚醛树脂材料有氯与钠离子残余浓度、高吸水性、烘烤硬化时会释出氨气（Ammonia NH_3）而造成腐蚀破坏等缺点。双酚类树脂（DGEBA）为 20 世纪 60 年代普遍使用的塑料封装材料，DGEBA 的原料中的氯甲环氧丙烷（Epichlorhydrin）是由丙烯（Propylene）与氯反应而成的，因此材料合成的过程中会不可避免地产生盐酸，早期 DGEBA 中残余氯离子浓度甚至可达 3%，封装元器件的破损大多是因氯离子存在所导致的腐蚀而造成的。

由于材料纯化技术的进步，酚醛树脂中的残余氯离子浓度已经可以控制在数个 ppm 以下，因此它仍然是最普通的塑料封装材料。双酚类树脂的另一项缺点为易引致所谓开窗式（Windowing）的破坏，产生的原因是在玻璃转移温度附近材料的热膨胀系数发生急剧的变化，双酚类树脂的玻璃转移温度为 100℃～120℃，而封装元器件的可靠度测试温度通常高于 125℃，因此在温度循环试验时，高温引致的热应力将金属导线自打线接垫处拉离而形成断路；温度降低时的应力回复使导线与接垫接触形成通路，电路的连接导线随温度变化严重影响了元器件可靠性，此为双酚类树脂早期应用中的缺点。

硅胶树脂的主要优点为无残余的氯、钠离子，低玻璃转移温度（20℃～70℃），材质光滑，故铸膜成型时无须加入模具松脱剂（Mold Release Agent）。但材质光滑也是主要的缺点，硅胶树脂光滑的材质使其与 IC 芯片、导线之间的黏着性质不佳，从而衍生密封性不良的问题，这在后续焊接的工艺中可能导致焊锡的渗透而形成短路；热膨胀系数差异造成的剪应力亦使胶材从 IC 芯片与引脚架上脱离而形成类似开窗式的破坏。

以上所述的三种铸膜材料均不具有完整的理想特性，不能单独用于塑料封装的铸膜成型，因此塑料铸膜材料必须添加多种有机与无机材料，以使其具有最佳的性质。塑料封装的铸膜材料一般由酚醛树脂（Novolac Epoxy Resin）、加速剂（Accelerator，或称为 Kicker）、硬化剂（Curing Agent，或称为 Hardener）、催化剂（Catalyst）、耦合剂（Coupling Agent，或称为 Modifier）、无机填充剂（Inorganic Filler）、阻燃剂（Flame Retardant）、模具松脱剂及黑色色素（Black Coloring Agent）等成分组成。

酚醛树脂的优点包括高耐热变形特性、高交联密度产生的低吸水特性。甲酚醛（Cresolic Novolac）为常用材料，其通常以酚类（或称苯醇，Phenols，C_6H_5OH）与甲醛（Formadehyde，HCHO）在酸的环境中反应制成。环氧类酚醛树脂（Epoxy Novolacs）则可以氯甲环氧丙烷与双酚类反应而成，在其制程中盐酸为不可免除的副产物，故必须纯化去除。低离子浓度、适合电子封装的酚醛树脂在 20 世纪 70 年代被开发出来，纯化技术的进步使酚醛树脂均含有低氯离子浓度，引脚材料与 IC 芯片金属电路部分发生腐蚀的机会也得以降低，这已不再是影响塑料封装可靠度的主要因素。一般酚醛树脂约占所有铸膜材料重量的 25.5%～29.5%。

加速剂通常与硬化剂拌和使用，功能为在铸膜热压过程中引发树脂的交联作用，并加速其反应，加速剂含量将影响铸膜材料的胶凝硬化（Set/Get Time）。

一般硬化剂为含有胺基、酚基、酸基、酸酐基或硫醇基（Mercaptans）的高分子树脂类材料。硬化剂的含量除了影响铸膜材料的黏滞性与化学反应性之外，亦影响材料中主要的键结的形成与交联反应完成的程度。使用最广泛的硬化剂为胺基与酸酐基类高分子材料。脂肪胺基类通常用于室温硬化型铸膜材料的拌和；芳香族胺基类则用于耐热与耐化学腐蚀需求的封装中。

酸酐基硬化的树脂材料也容易脆裂，故又加入羟基端丁二烯腈橡皮（Carboxylterminated Butadiene Acrylonitrile Rubbers，CTBN）的柔韧剂（Flexibilizers）以增进树脂的韧性。使用酸酐基硬化剂应注意其中的酯键与胺键在使用后容易产生水合反应，故硬化所得的树脂材料的吸水性较高，在高温、高湿度的环境中材质特性将不稳定。

无机填充剂通常为粉末状凝熔硅石，较特殊的封装需求中，碳酸钙（Calcium Carbonates，$CaCO_3$）、硅酸钙（Calcium Silicates，$CaSiO_3$）、滑石（Talcs，$3MgSiO_3 \cdot H_2SiO_3$）、云母（Micas，$KAlSiO_4$）等也用做填充剂。填充剂的主要功能为铸膜材料的基底强化、降低热膨胀系数、提高热传导率及热震波阻抗性等；同时，无机填充剂较树脂类材料价格低廉，故可降低铸膜材料的制作成本。

一般填充剂占铸膜材料总重量的68%～72%，但添加量有其上限，过量添加虽可降低铸膜树脂热膨胀系数，从而降低大面积芯片封装产生的应力，但也提高了铸膜材料的刚性（Stiffness）及水渗透性，后者的缺点是在无机填充剂与高分子材料间的黏着性不良尤其严重。为了改善无机填充剂与树脂材料间的黏着性，铸膜材料中常添加硅甲烷环氧树脂（Epoxy Silanes）或氨基硅甲烷（Amino Silanes）作为耦合剂，添加量与添加方法通常为产业的机密。硅石材料也是良好的电、热绝缘体，因此添加过量对芯片热能的散失是一项不利的因素，采用结晶结构、热导性较好的石英作为填充剂是另一种选择，但其热膨胀系数高于硅石，应用于大面积的芯片封装时容易致使热应力脆裂的破坏。

硅石填充剂内通常含微量的放射性元素如铀、钍等，应予以纯化去除，否则其产生的α粒子辐射可能造成随机存储器（RAM）等元器件的工作错误。

为了符合产品阻燃的安全标准（UL 94V-O），铸膜材料中通常添加溴化环氧树脂（Brominated Epoxy，如 Tetrabromobisphenol-A）或氧化锑（Sb_2O_3）以作为阻燃剂。这两种材料亦可混合加入铸膜材料之中，但添加溴化有机物时必须注意：在高温时自塑料中释出的溴离子可能导致IC芯片与封装中金属部分的腐蚀。

模具松脱剂则常为少量的棕榈蜡（Carnauba Wax）或合成酯蜡（Ester Wax），添加量宜少，以免影响引脚、导线等部分与铸膜材料间的黏着性。

添加黑色色素是为外壳颜色美观和统一标准，塑料封装外观通常以黑色为标准色泽。

铸膜材料的制作通常采用自动填料的工艺将前述的各种原料依适当比例混合，先使环氧树脂与硬化剂产生部分反应，并将所有原料制成固体硬料，经研磨成粉粒后，再压制成铸膜工艺所需的块状（Pellet）。由于环氧树脂与硬化剂已发生部分反应（B-Stage），故铸膜之前块状材料已有相当的化学活性，一般储存于低温环境中，储存的时间也有限制以防止变质。

塑料封装使用的树脂类材料的另一选择为硅胶，此材料亦为电子封装的涂封材料，它适用于高耐热性、低介电性质、低温环境应用、低吸水性等需求的封装。由于硅胶中的硅氧键结较树脂类材料中的碳键结强，故硅胶在60℃～400℃具有相当稳定的性质。商用硅胶的制备通常利用 Rochow 工艺。

9.2 塑料封装的工艺

塑料封装可利用转移铸膜（Transfer Molding）、轴向喷洒涂胶（Radial-Spray Coating）与反应射出成型（Reaction-Injection Molding，RIM）等方法制成，虽然工艺有别，但原料的准备与特性的需求有其共通之处。转移铸膜是塑料封装最常见的密封工艺技术，其设备与模板结构如图 9.2 所示。已经完成芯片黏结及打线接合的 IC 芯片与引脚置于可加热的铸孔（Cabity）中，利用铸膜机的挤制杆（Ram）将预热软化的铸膜材料经闸口（Gate）与流道（Runner）压入模具腔体的铸孔中，经温度约 175℃、1～3 min 的热处理使铸膜材料产生硬化成型反应。封装元器件自铸膜中推出后，通常需要再施予 4～16 h、175℃的热处理以使铸膜材料完全硬化。

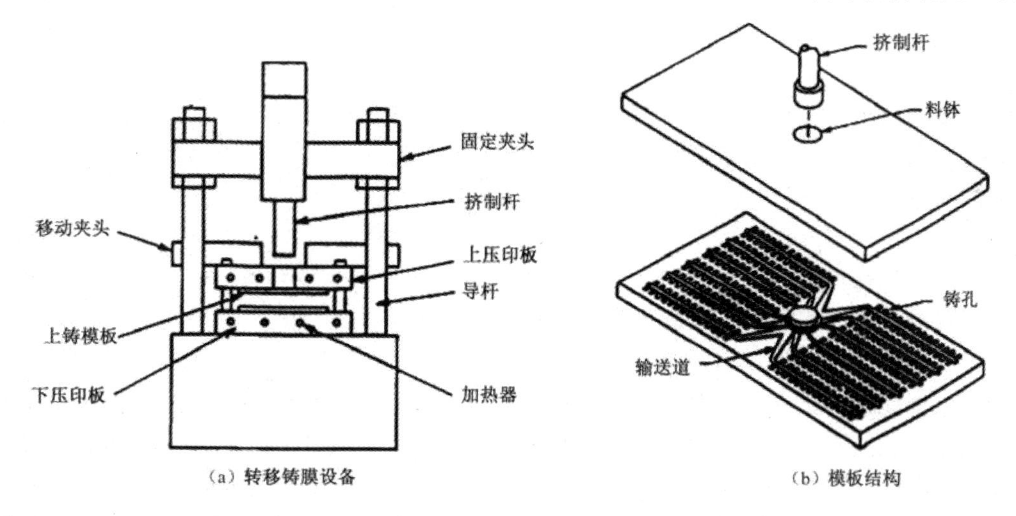

图 9.2 塑胶封装的转移铸膜设备与模板结构

铸膜机中模具的设计为影响成品率与可靠度的重要部件。模具可分为上、下两部分，接合的部分称为隔线（Paring Line），每一部分各有一组压印板（Platen）与模板（Chase），压印板是与挤制杆相连的厚钢片，其功能为铸膜压力与热的传送，底部的压印板还有推出杆（Ejector Pins）与凸轮（Cams）装置以供铸膜完成、元器件退出使用。模板为刻有元器件的铸孔、进料闸口（Gates）与输送道的钢板［见图 9.2（b）］，以供软化的树脂原料流入而完成铸膜，其表面通常有电镀的铬层或离子注入方法长成的氮化钛（TiN）层以增强其耐磨性，同时降低其与铸膜材料的黏结。模板上输送道的设计应把握使原料流至每一铸孔时有均匀的密度为原则，闸口通常开在分隔线以下的模板上，其位置在 IC 芯片与引脚平面之下以降低倒线（Wire Sweep）发生的概率，闸口对面通常又开有泄气孔（Air-Vent Slot）以防止填充不均的现象发生。

倒线的现象为塑料封装转移铸膜工艺中最容易产生的缺陷，表面积小、连线密度高的元器件发生的机会更高。原因在于原料流入铸孔中时，引脚架上、下两部分的原料流动速度不同，使引脚架产生一弯曲的应力，此弯曲使 IC 芯片与引脚架间的金属连线处于拉应力的状态，因而拉下导线而发生断路，所以模板上铸孔形状的设计必须防止此现象的发生。改变引脚架形状，例如，使用凹陷式引脚架以平衡上、下两部分的原料流动的速度，防止倒线发生。

倒线也发生于原料填充（Filling）与密封（Packing）阶段。在原料填充时，挤制杆施予压力的速度控制极为重要，速度太慢使原料在进入铸孔时成为烘烤完成的状态，硬化的材质将推倒电路连线；速度太快，原料流动的动量过大亦使导线弯曲。密封约在铸孔填入90%～95%的原料时发生，密封时树脂逐渐硬化，密度亦提高，此时若压力不足或控制时间过长将使原料凝固于闸口附近而无法完成密封，反之过大的压力将使原料流动过快而推倒电路连线。除了工艺的因素之外，导线的形状、长度、挠曲性、连接方向等因素也与倒线的发生有关。

轴向喷洒涂胶是利用喷嘴将树脂原料涂布于IC芯片表面的方法，与顺形涂封不同的是轴向喷洒涂胶所得到的树脂层厚度较大。在涂布过程中，IC芯片必须加热至适当的温度以调节树脂原料的黏滞性，这一因素对涂封的厚度与外貌有决定性的影响。轴向喷洒涂胶工艺的优点如下：

（1）成品厚度较薄，可缩小封装的体积；

（2）无铸膜成型工艺压力引致的破坏；

（3）无原料流动与铸孔填充过程引致的破坏；

（4）适用于以TAB连线的IC芯片封装。

轴向喷洒涂胶工艺的缺点为：

（1）成品易受水汽侵袭；

（2）原料黏滞性的要求极苛刻；

（3）仅能做单面涂封，无法避免应力的产生；

（4）工艺时间长。

反应式射出成型的塑胶封装是将所需的原料分别置于两组容器中搅拌，再输入铸孔中使其发生聚合反应完成涂封，它的制作设备如图9.3所示。聚氨基甲酸酯（PU）为反应式射出成型最常使用的高分子原料，环氧树脂、多元酯类、尼龙（Nylon）、聚二环戊二烯（Polydicyclopentadiene）等材料也可用于工艺中。反应式射出成型工艺能免除传输铸膜工艺的缺点，其优点有：

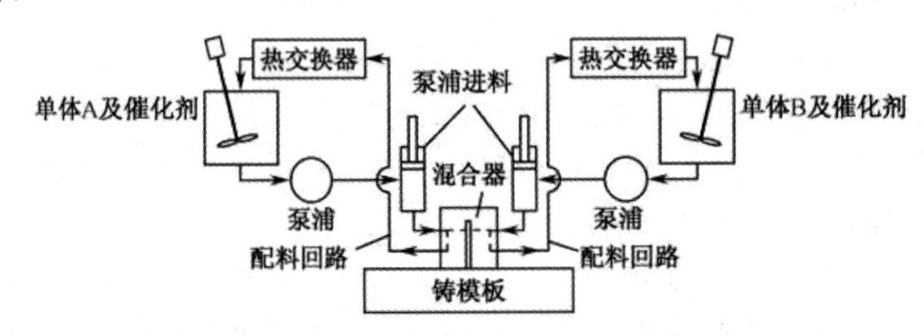

图9.3　反应式射出成型的塑料铸模设备

（1）能源成本低；

（2）低铸膜压力（0.3～0.5 MPa），能减低倒线发生的概率；

（3）使用的原料一般有较佳的芯片表面润湿能力；

（4）适用于以TAB连线的IC芯片密封；

（5）可使用热固化型与热塑型材料进行铸膜。

反应式射出成型工艺的缺点为：

（1）原料须均匀地搅拌；

（2）目前尚无一标准化的树脂原料为电子封装业者所接受。

9.3　塑料封装的可靠性试验

塑料封装中使用的材料包括金属、半导体、高分子材料等，这些材料的相互作用使塑料封装的可靠性成为一项重要的研究内容。塑料封装破坏的机制大致可区分为因材料热膨胀系数差异所引致的热应力破坏与湿气渗透所引致的腐蚀破坏两大类。常用来试验塑料封装的可靠性的方法有下列三种。

（1）高温偏压试验（High Temperature/Voltage Bias Test）。试验的方法是将封装元器件置于 125℃～150℃的测试腔中，并使其在最高的电压与电流负荷的条件下操作，其目的是试验元器件与材料相互作用所引致的破坏。

（2）温度循环试验（Temperature Cycle Test）。采用的试验条件有：

① 65℃～150℃循环变化，在最高与最低温各停留 1h；

② 55℃～200℃循环变化，在最高温与最低温各停留 10min；

③ 0～125℃，每小时 3 个循环变化。温度循环试验可以测量应力对封装结构的影响，能测出的问题有连线接点分离、连线断裂、接合面裂隙与芯片表面的钝化保护层破坏等。

（3）温度/湿度/偏压试验（Temperature/Humidity/Voltage Bias Test）。这种试验方法也称为 THB 试验，将 IC 元器件置于 85℃/85%相对湿度的测试腔中，并在元器件上通入交流负载（通常约 5 V），它也是所有试验中最严格的一种。与 THB 试验相似的试验有：HAST 试验（Highly Accelerated Stress Test），是将元器件置于 100℃～175℃、50%～85%相对湿度的环境中并加入偏压的试验；G1 应力试验（G1 Stress Test），是将封装元器件置于含氯、硫黄、二氧化氢、二氧化氮或臭氧等特殊气体环境中的试验。

复习与思考题 9

1．什么是塑料封装？简述塑料封装的优缺点。
2．画出塑料封装的工艺流程框图，并进行说明。
3．按塑料封装元器件的横截面结构类型，塑料封装有哪三种形式？
4．解释塑料封装中转移铸膜的工艺方法。
5．轴向喷洒涂胶封装工艺的优缺点是什么？
6．反应式射出成型封装工艺的优缺点是什么？

第 10 章　气密性封装

气密性封装技术是集成电路芯片封装的关键技术之一。所谓气密性封装是指完全能够防止污染物（液体或固体）的侵入和腐蚀的封装。通常金属、陶瓷、玻璃、塑料均可作为 IC 芯片的封装材料，但能达到所谓气密性封装的材料仅有金属、陶瓷、玻璃。本章叙述这三种材料气密性封装的应用与工艺。

10.1　气密性封装的必要性

集成电路芯片封装的主要目的之一即为 IC 芯片提供保护，避免不适当的电、热、化学及机械等因素的破坏。在外来环境的侵害中，水汽是引起 IC 芯片损坏最主要的因素，由于 IC 芯片中导线的间距极小，在导体间很容易建立起一个强大的电场，如果有水汽侵入，在不同金属之间将因电解反应（Galvanic Cell）引发金属腐蚀；在相同金属之间则产生电解反应（Electrolytic Reaction），使阳极处的导体逐渐溶解，阴极处的导体则产生镀着或所谓的树枝状成长（Dendrite Growth）。这些效应都将造成 IC 芯片的短路、断路与破坏。

如图 10.1 所示比较了各种主要的封装密封材料的水渗透率，说明没有一种材料能永远阻绝水汽的渗透。以高分子树脂密封的塑料封装时，水分子通常在数个小时内即能侵入。能达到所谓气密性封装的材料通常指金属、陶瓷及玻璃，因此金属封装、陶瓷封装及玻璃封装被归类于高可靠度封装，也称为气密性封装或封装的密封。

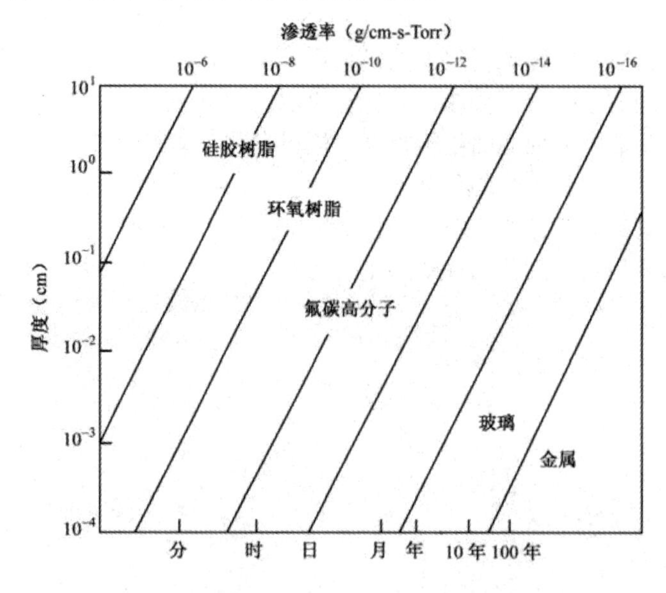

图 10.1　各种主要的封装密封材料的水渗透率

气密性封装可以大大提高电路（特别是有源器件）的可靠性。有源器件对很多潜在的失效机理都很敏感，如腐蚀，可能受到水汽的侵蚀，会从钝化的氧化物中浸出磷而形成磷酸，从而又会侵蚀铝键合焊盘。

10.2　金属气密性封装

金属材料具有最优良的水分子渗透阻绝能力，故金属封装具有相当良好的可靠度，在分立式芯片元器件（Discrete Components）的封装中，金属封装仍然占有相当大的市场，在高可靠度需求的军用电子封装方面应用尤其广泛。常见的金属封装通常用镀镍或金的金属基座（通常称为 Header，如图 10.2 所示）固定 IC 芯片；为减低硅与金属热膨胀系数的差异，金属封装基座表面通常又焊有一金属片缓冲层（Buffer Layer）以缓和热应力并增强散热能力；针状的引脚以玻璃绝缘材料固定在基座的钻孔上，并与芯片的连线再以金线或铝线的打线接合完成；IC 芯片黏结方式通常以硬焊或焊锡接合完成。完成以上步骤之后，基座周围再以熔接（Welding）、硬焊或焊锡等方法与另一金属封盖接合。密封方法的选择除了成本与设备的因素之外，产品密封速度、合格率与可靠度等均为考虑的因素。熔接的方法所获得的产品密封速度、合格率与可靠度最佳，是最普遍使用的方法，但利用熔接方法所得的产品不能移去封盖做再修护的工作，此为该方法的不足之处；硬焊或焊锡的方法则能移去封盖进行再修复。

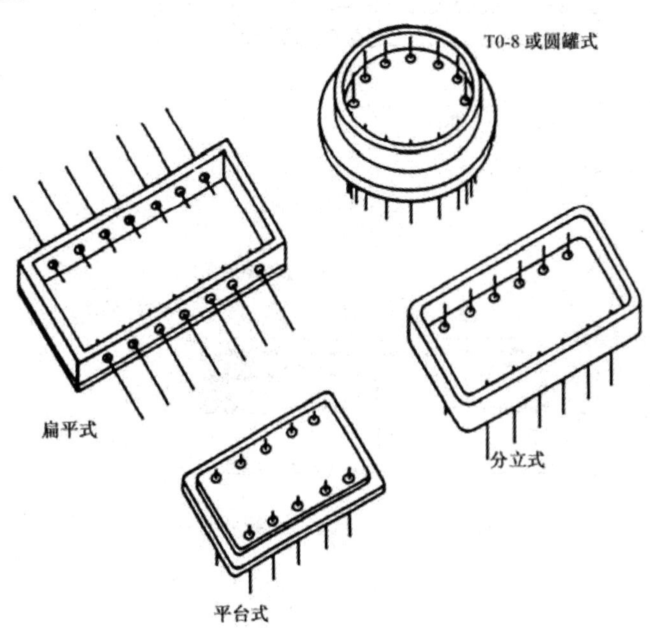

图 10.2　常见的金属封装基座

金属封装所使用的材料除了可达到良好的密封性之外，还可提供良好的热传导及电屏蔽（Electrical Shielding）。Kovar（科瓦铁镍钴）合金由于与玻璃的优良接合特性而为金属封装最常用的罐体和引脚材料，Kovar 合金的缺点为热传导性质不佳，这一缺点可以通过将钼金属作为金属封装的缓冲金属层而获得改善。铜主要应用于高热传导及高导电需求的金属封装，但它有强度不足的缺点，故通常添加少量的铝或银以改善其机械特性。铝合金材料主要应用于微波混合电路及航空用电子的金属封装，但因其强度不足及高热膨胀系数的缺点使其不适合应用于大功率混合电路的封装。

10.3 陶瓷气密性封装

陶瓷封装能提供高可靠度与密封性，利用了玻璃与陶瓷及 Kovar 或 Alloy42 合金引脚架材料间能形成紧密接合的特性。以陶瓷双列式封装为例，先将金属引脚架以暂时软化的玻璃固定在釉化表面的氧化铝陶瓷基板上，完成 IC 芯片黏结及打线接合后，以另一陶瓷封盖覆于其上，再置于 400℃的热处理炉中或涂上硼硅酸玻璃材料完成密封，如图 10.3（a）所示。在陶瓷针格式封装（PGA）与晶粒承载器（CLCC）封装的密封中，则在基板及封盖的周围以厚膜技术镀上镍或金的密封环，再以焊锡或硬焊的方法将金属或陶瓷的封盖与基板接合，如图 10.3（b）所示；此外，熔接、玻璃及金属密封垫圈等亦可被使用以将密封盖与基板接合。

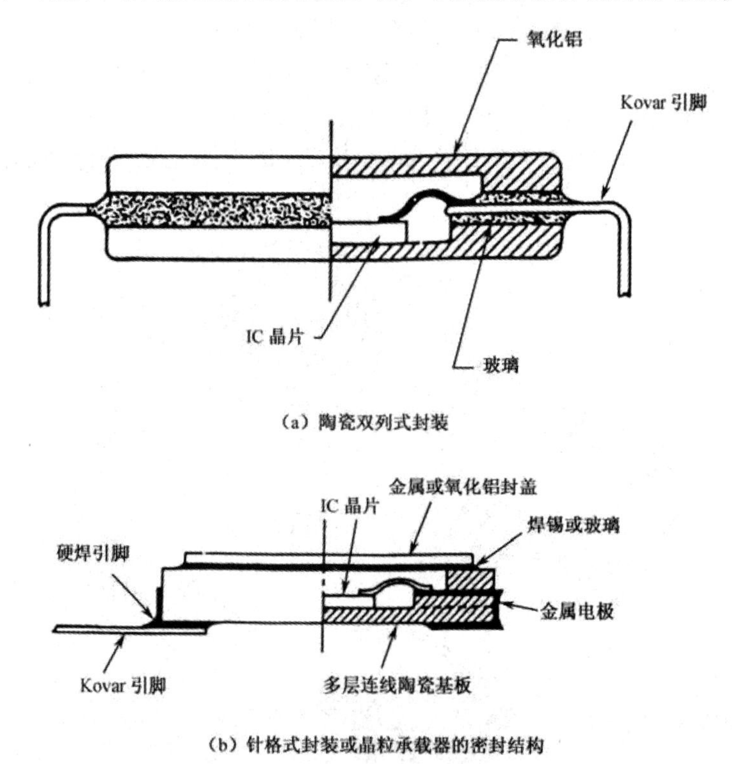

图 10.3　陶瓷双列式封装与针格式封装

10.4 玻璃气密性封装

从真空管元器件时代开始，玻璃即为电子元器件重要的密封材料，它除了具有良好的化学稳定性、抗氧化性、电绝缘性与致密性之外，也可利用其成分的调整而获得各种不同的热性质以配合工艺需求。

在金属密封封装中，玻璃用来固定自金属圆罐或基台的钻孔伸出的引脚，它除了提供电绝缘的功能之外，还能形成金属与玻璃间的密封。在陶瓷双列式封装的开发过程中，密封材料的选择为工艺的瓶颈，一直到 $PbO-B_2O_3-SiO_2-Al_2O_3-ZnO$ 玻璃被开发，足以提供氧化铝陶瓷、金属引脚间的密封黏结，这一瓶颈问题才获得解决；随后各种性质不同的玻璃先后被开发出来，成为电子封装中主要的密封材料。

玻璃和陶瓷材料间通常具有相当良好的黏着性，但金属与玻璃之间一般黏着性不佳。控制玻璃在金属表面的润湿能力（Wettability）是形成稳定黏结最重要的技术，也是电子封装中密封技术的关键所在。一种界面氧化物饱和理论（Interfacial Oxide Saturation Theory）说明当玻璃中溶解的低价金属氧化物达到饱和时，其润湿能力最佳。实验数据也说明最佳的润湿发生在含有饱和金属氧化物浓度的玻璃与干净的金属表面接触时，金属与玻璃的黏结即利用这一现象；许多工业应用证实金属氧化物的溶解为形成金属与玻璃间密封接合的关键步骤，玻璃在没有任何表层氧化物的金属上无法形成黏结。

玻璃密封材料的选择应与金属材料的种类配合，表 10.1 所列为电子封装常用的玻璃热膨胀系数。玻璃与金属在匹配密封（Matched Seals）中必须有非常相近甚至相同的热膨胀系数，而且金属与其氧化物之间必须有相当致密的键结。常作为引脚架材料的 Alloy42 合金中常添加铬、钴、锰、硅、硼等元素以改善氧化层的黏着性；Kovar 合金可在 900℃以上的空气、氧化气氛或湿式氮/氢气氛中加热短暂时间而得到性质良好的氧化层；铜合金上的氧化层则极易剥落（Scaling），故铜合金表面通常再镀上一薄层的四硼酸钠（Sodium Borate，$Na_2B_4O_7$）或镍以防止氧化层剥离；铜中添加铝也可防止氧化层的剥落。

表 10.1　电子封装常用的玻璃热膨胀系数

种　类	热膨胀系数
1990-（K Na Pb）硅酸玻璃	13.6
0800-（Na Ca）硅酸玻璃	10.5
0010-（K Na Pb）硅酸玻璃	10.1
0120-（K Na Pb）硅酸玻璃	9.7
7040-（Na K）硼硅酸玻璃	5.4
7050-（Alkali Ba）硼硅酸玻璃	5.1
7052-（Alkali）硼硅酸玻璃	5.3
7056-（Alkali）硼硅酸玻璃	5.6
7070-（Li K）硼硅酸玻璃	3.9
7720-（Na Pb）硼硅酸玻璃	4.3

玻璃与金属间的压缩密封（Compression Seals）则无须金属氧化物的辅助，这种方法要选择热膨胀系数低于金属的玻璃材料进行黏结。在密封完成冷却时，金属将有较大的收缩而压迫玻璃造成密封。压缩密封所得的强度及密封性均高于匹配密封，但其接面的热稳定性逊于匹配密封。玻璃密封的主要缺点为材料本身的强度低、脆性高，密封的过程中，除了前述金属氧化层的特性影响外，还应避免在玻璃中产生过高的残留应力而引致破裂，在运输取放过程中也应小心，以免造成损毁。

复习与思考题 10

1．气密性封装的概念是什么？
2．气密性封装的作用和必要性有哪些？
3．气密性封装材料主要有哪些？哪种最好？
4．玻璃气密性封装的应用途径和使用范围有哪些？

第 11 章　封装可靠性工程

11.1　概述

在芯片完成整个封装流程之后，封装厂会对其产品进行质量和可靠性两方面的检测。

质量检测主要检测封装后芯片的可用性、封装后的质量和性能情况，而可靠性则是对封装的可靠性相关参数的测试。

首先，必须理解什么叫做“可靠性”，产品的可靠性即产品可靠度的性能，具体表现在产品使用时是否容易出故障，产品使用寿命是否合理等。如果说“品质”是检测产品“现在”的质量的话，那么“可靠性”就是检测产品“未来”的质量。

如图 11.1 所示的统计学上的浴盆曲线（Bathtub Curve）很清晰地描述了生产厂商对产品可靠性的控制，也同步描述了客户对可靠性的需求。

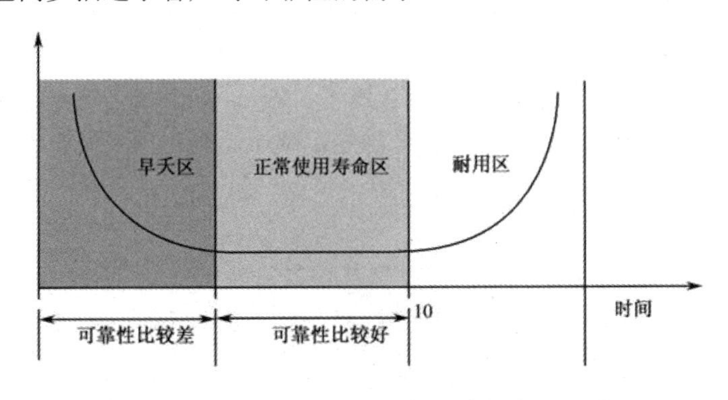

图 11.1　统计学上的浴盆曲线

如图 11.1 所示的早夭区是指短时间内就会被损坏的产品，也是生产厂商需要淘汰的、客户所不能接受的产品；正常使用寿命区代表客户可以接受的产品；耐用区指性能特别好、特别耐用的产品。由图上的浴缸曲线可见，在早夭区和耐用区，产品的不良率一般比较高。在正常使用区，才有比较稳定的优良率。大部分产品都是在正常使用区的。可靠性测试就是为了分辨产品是否属于正常使用区的测试，解决早期开发中产品不稳定、优良率低等问题，提高技术水平，使封装生产线达到优良率高、稳定运行的目的。

在封装业的发展史上，早期的封装厂商并不把可靠性测试放在第一位，人们最先重视的是产能，只要有一定生产能力就能赢利。到了 20 世纪 90 年代，随着封装技术的发展，封装厂家也逐渐增多，产品质量就摆到了重要位置，谁家产品的质量好，谁就占绝对优势，于是质量问题成了主要的竞争点和研究方向。进入 21 世纪，当质量问题基本解决以后，厂商之间的竞争重点放在了可靠性上，在同等质量前提下，消费者自然喜欢高可靠性的产品，于是可靠性显示出了重要性，高可靠性是现代封装技术研发中的重要指标。

11.2　可靠性测试项目

一般封装厂的可靠性测试项目有 6 项，如表 11.1 所示。

表 11.1　可靠性测试项目

可靠性测试项目	测试项目简称
预处理（Preconditioning Test）	Precon test
温度循环测试（Temperature Cycling Test）	T/C Test
热冲击（Thermal Shock Test）	T/S Test
高温储藏（High Temperature Storage Test）	HTST Test
温度和湿度（Temperature & Humidity Test）	T&H Test
高压蒸煮（Pressure Cooker Test）	PCT Test

各个测试项都有一定的目的、针对性和具体方法，但就测试项目而言，基本上都与温度、湿度、压强等环境参数有关，偶尔还会加上偏压等以制造恶劣破坏环境来达到测试产品可靠性的目的。

各个测试项目大都采用采样的方法，即随机抽查一定数量产品的可靠性测试结果来判定生产线是否通过可靠性测试。各个封装厂的可靠性判定标准各不相同，实力雄厚的企业一般会采用较高水准的可靠性标准。

6 种测试项目是有先后顺序的，如图 11.2 所示。Preconditioning Test 是首先要进行的测试项目，之后进行其他 5 项测试。之所以有这种先后顺序，是由项目测试的目的决定的，在以后的章节中，将分别讲述各种测试的具体内容、目的。鉴于项目测试的特殊性，将放在最后介绍。

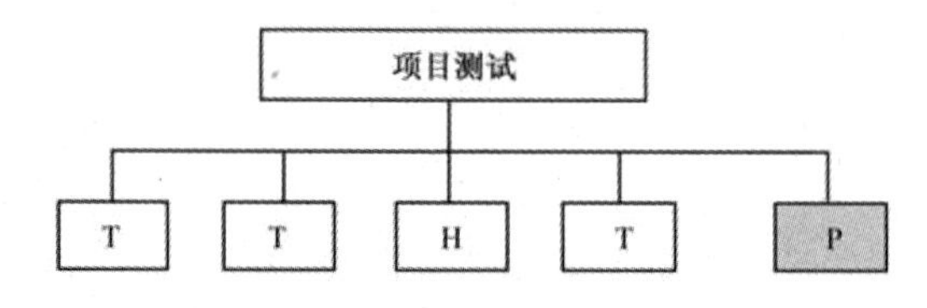

图 11.2　6 种测试项目顺序

11.3　T/C 测试

T/C（Temperature Cycling）测试即温度循环测试。

温度循环测试炉如图 11.3 所示，由一个热气腔和一个冷气腔组成，腔内分别填充热冷空气（热冷空气的温度各个封装厂有自己的标准，相对温差越大，通过测试的产品的某特性可靠性越高）。两腔之间有个阀门，是待测品往返两腔的通道。

在封装芯片做 T/C 测试的时候有 4 个参数，分别为热腔温度、冷腔温度、循环次数、芯片单次单腔停留时间。

如表 11.2 所示的参数代表 T/C 测试时把封装后的芯片放在 150℃的热炉 15 min，再通过阀门放入–65℃的冷炉 15 min，再放入热炉，如此反复 1 000 次。之后测试电路性能以检测是否通过 T/C 可靠性测试。

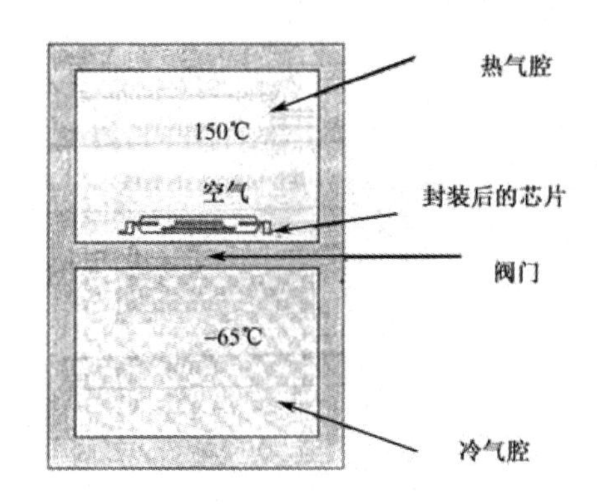

图 11.3　温度循环测试炉

表 11.2　温度循环测试参数表

温　　度	时　　间	次　　数
150℃/–65℃	15 分钟/区	1 000 次

从 T/C 的测试方法已经可以看出，T/C 测试得主要目的是测试半导体封装体热胀冷缩的耐久性。

在封装体中，有多种材料，材料之间都有相应的接合面，在封装体所处环境的温度有所变化时，封装体内各种材料就会有热胀冷缩效应，而且材料热膨胀系数不同，其热胀冷缩的程度将有所不同，这样原来紧密接合的材料接合面就会出现问题。如图 11.4 所示是以 Lead Frame 封装为例，热胀冷缩的具体情况是：主要的材料包括 Lead Frame 的 Cu 材料、芯片的硅材料、连接用的金线材料，还有芯片黏合的胶体材料。其中 EMC 与硅芯片、Lead Frame 有大面积接触，比较容易脱层，硅芯片与黏合的硅胶、硅胶和 Lead Frame 之间也会在 T/C 测试中失效。

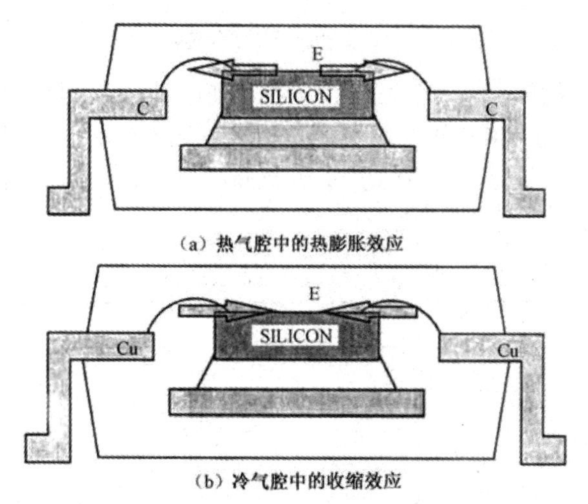

图 11.4　Lead Frame 封装的热胀冷缩情况

如图 11.5 所示为 T/C 测试中的失效模型。芯片表面的脱层（Delamination）导致电路断路。

脱层处影响到金线，扯断金线就造成了断路。芯片在 T/C 测试中会裂开，导致电路混乱、断路或短路。

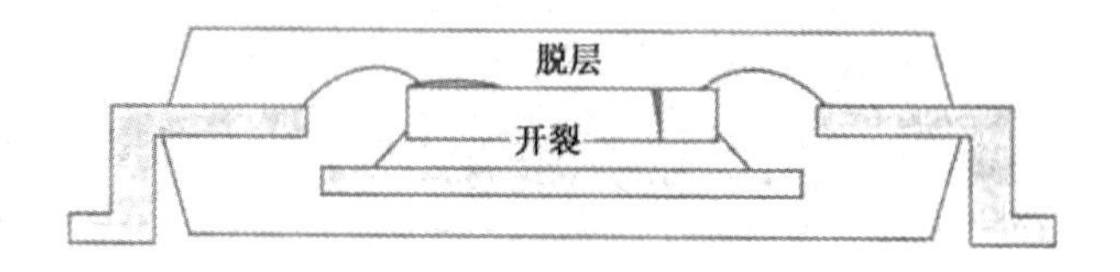

图 11.5　脱层与裂开的失效模型

为了能很好地通过 T/C 可靠性测试，解决方案有减少各种材料的热膨胀率差异、在芯片表面涂上一层缓冲层胶体过渡等。

11.4　T/S 测试

T/S 测试（Thermal Shock Test）即测试封装体抗热冲击的能力。如图 11.6 所示，抗热冲击测试炉的结构与热循环温度测试炉相似，不同的是 T/S 测试环境是在高温液体中转换，液体的导热比空气快，因此有较强的热冲击力。

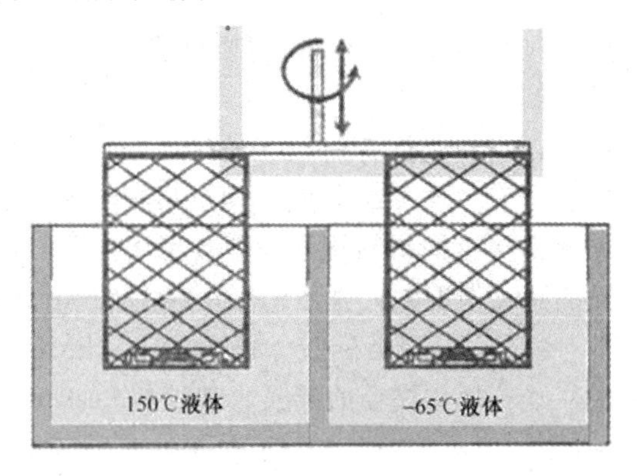

图 11.6　抗热冲击测试炉

如表 11.3 所示的参数代表在两个隔离的区域分别放入 150℃的液体和–65℃的液体，然后把封装产品放入一个区，5 min 后再装入另一个区，由于温差大、传热环境好，封装体受到很强的热冲击，如此往复 1 000 次，来测试产品的抗热冲击性，最终根据测试电路的通断情况断定产品是否通过 T/S 可靠性测试。

表 11.3　抗热冲击测试参数表

温　度	时　间	次　数
150℃/–65℃	5 分钟/区	1 000 次

11.5　HTS 测试

HTS（High Temperature Storage）测试是测试封装体长时间暴露在高温环境下的耐久性实验。HTS 测试是把封装产品长时间放置在高温氮气炉中，然后测试它的电路通断情况。

如表 11.4 所示的参数表示封装放置在 150℃的氮气炉中 1 000 h 的情形（如图 11.7 所示）。

表 11.4　高温环境耐久性测试参数表

温　　度	时　　间
150℃	1 000 h

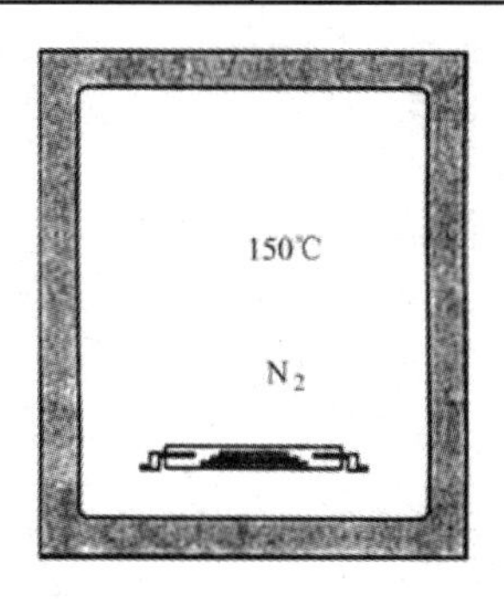

图 11.7　HTS 测试用高温氮气炉情形

HTS 测试的重点是：因为在高温条件下，半导体构成物质的活化性增强，会有物质间的扩散，从而导致电气的不良发生；另外，因为高温，机械性较弱的物质也容易损坏。如图 11.8 所示的 Kirkendal 孔洞产生就是物质可扩散作用造成的。

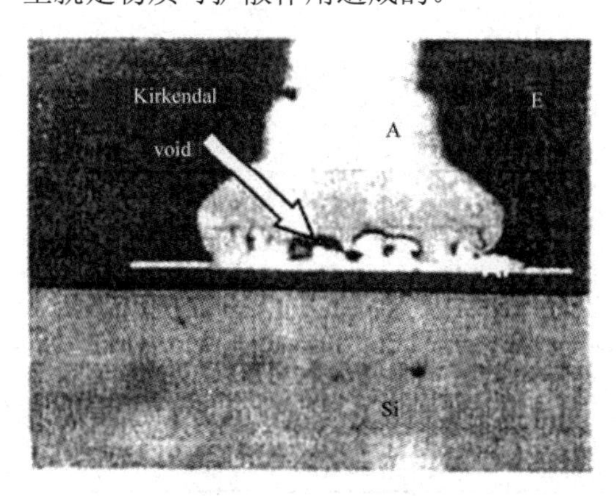

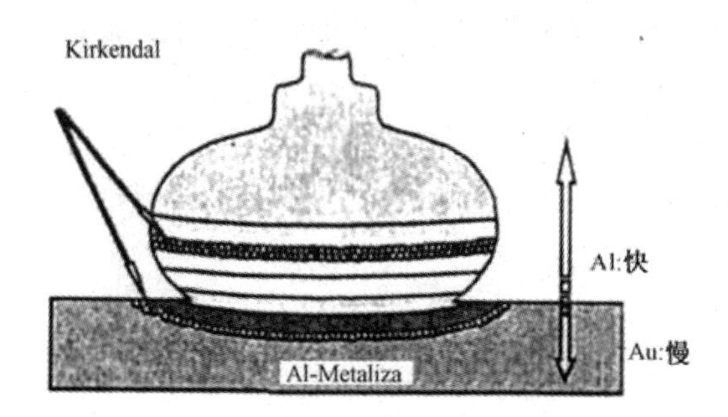

图 11.8　扩散引起的 Kirkendal 孔洞

在金线和芯片的接合面上，它的材料结构依次为：铝、铝金合金、金，在高温的状态下，金和铝金属都变得很活跃，会相互扩散，但是由于铝的扩散速度比金要快，所以在铝的界面物质就变少，就形成了孔洞，从而造成电路性能不好，甚至导致断路。

那么如何解决 HTS 可靠性测试不良的问题呢？

在特定情况下，可以选择使用同种物质结合电路，如金线用铝线代替，这样就不会因为金属间的扩散而产生可靠性测试不良了。也可以用掺杂物质作为中介层来抑制物质间的相互扩散。当然还有一种方法就是避免把封装体长时间在高温下放置，没有长时间的高温环境，自然不会有扩散导致失效的结果了。

11.6 TH 测试

TH（Temperature & Humidity）测试是测试封装在高温潮湿环境下的耐久性的实验。

如图 11.9 所示，TH 测试是在一个能保持恒定温度和湿度的锅体中进行的，一般测试参数如表 11.5 所示。

图 11.9 TH 测试的锅体和温箱

表 11.5 高温潮湿环境耐久性参数表

温 度	湿 度	时 间
85℃	85RH%	1 000 h

实验结束时根据测定封装体电路的通断特性来断定产品是否具有优良的耐高温湿性。

在 TH 测试中，由于 EMC 材料有一定的吸湿性，而内部电路在潮湿的环境下，很容易漏电、短路等。为了有更好的防湿性，会选择使用陶瓷封装来代替塑料封装，因为塑料封装的 EMC 材料比较容易吸水。当然也可控制 EMC 的材料成分，以达到改善其吸湿性的目的。

11.7 PC 测试

PC（Pressure Cooker）测试是对封装体抵抗潮湿环境能力的测试。PC 测试与 TH 测试类似，只是增加了压强环境以缩短测试时间，通常做 PC 测试实验的工具称为“高压锅”，如图 11.10 所示，PC 测试的参数如表 11.6 所示。

图 11.10　PC 测试的锅体和测试炉

表 11.6　高温高压潮湿环境耐久性参数表

温　度	湿　度	时　间	压　力
121℃	100RH%	504 h	2 个大气压

在 PC 测试最后，同样是测试产品的电路通断性能。在 Lead Frame 封装中，Lead Frame 材料与 EMC 材料接合处很容易有水分渗入，这样就容易腐蚀内部的电路，腐蚀铝而破坏产品功能。这种情况，一般建议用 UV 光来照射产品，检测 Lead Frame 材料和 EMC 材料的接合情况。PC 针对性的解决方法就是提高 Lead Frame 和 EMC 之间的接合力度，可以调节 EMC 材料成分，也可以针对性地处理 Lead Frame 的表面。

11.8　Precon 测试

Precon 测试即 Pre-Conditioning 测试。从集成电路芯片封装完成以后到实际再组装，这个产品还要经过很长一段过程，这个过程包括包装、运输等，这些都会损坏产品，所以需要先模拟这个过程，测试产品的可靠性，这就是 Precon 测试。其实在 Precon 测试中，包括了前面的 T/C、TH 等多项测试的组合。Precon 测试模拟的过程如图 11.11 所示。

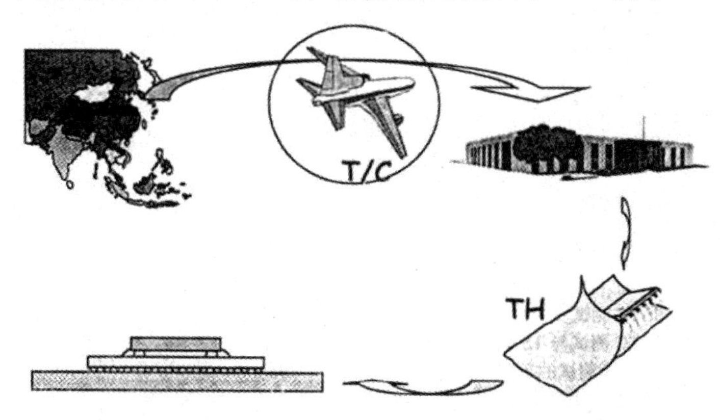

图 11.11　Precon 测试模拟的过程

产品完成封装后需要包装好，运输到组装厂，然后拆开包装把封装后的芯片组装在下一级板子上，并且组装还要经过焊锡的过程，整个过程既有类似 T/C 的经过，也有类似 TH 的过程，焊锡过程也需要模拟测试。

整个 Precon 测试有一定的测试流程，测试前检查电气性能和内部结构（用超声波检测），确定没有问题，开始各项恶劣环境的考验，先是 T/C 测试模拟运输过程中的温度变化，再模拟水分子干燥过程（一般的包装都是真空包装，类似于水分干燥），然后恒温、定时放置一段时间后（随着参数的不同，分为 6 个等级，用于模拟开封后吸湿的过程），再模拟焊锡过程检查电气特性和内部结构。

Precon 模拟环境等级参数表如表 11.7 所示，1 的等级最高，依次下降。

表 11.7 Precon 模拟环境等级参数表

等　级	温度、湿度条件（℃/%RH）	测试时间	干燥包装开封后有效寿命
1	85/85	168 h	无限
2	85/60	168 h	一年
3	30/60	192 h	168 h（一星期）
4	30/60	92 h	72 h（3 天）
5	30/60	76 h	48 h（2 天）
6	30/60	6 h	6 h

在 Precon 测试中，会出现的问题有：爆米花效应、脱层、电路失效等问题。这些问题都是因为封装体在吸湿后再遭遇高温而造成的，高温时，封装体内的水分变为气体从而体积急剧膨胀，造成对封装体的破坏。应该减弱 EMC 的吸湿性解决爆米花效应，减少封装的热膨胀系数，增强附着能力来改善脱层问题，防止电路失效发生。

只有在顺利通过了 Precon 测试以后，才可以保证产品能顺利送到最终用户端，这就是 Precon 放在第一个测试位置的原因所在。

综上所述，一个好的封装要有好的可靠性能，必须有较强的耐湿、耐热、耐高温的能力，6 个可靠性测试都离不开温度、湿度。通过可靠性测试能够评估产品的可靠度，有利于回馈改善封装设计工艺，从而提高产品的可靠度。

复习与思考题 11

1．请解释产品可靠性的浴盆曲线。
2．试分析 T/C 测试失效的原因并举例说明。
3．请解释 T/C 测试与 T/S 测试的区别。
4．请说明 HTS 测试的重点。
5．如何加强封装后产品的防湿性。
6．简述 Precon 测试中可能出现的问题。

第 12 章　封装过程中的缺陷分析

由于封装技术水平的不断提高及封装元器件轻、薄、短、小的发展趋势，本来已存在于封装制作中的缺陷问题，显得更为突出、重要了。为了提高产品的可靠性，了解封装缺陷问题的原因并加以改善，延长产品的使用寿命，避免封装缺陷的产生并提高封装产品质量，本章对封装过程中的缺陷进行分析和阐述。

12.1　金线偏移

金线偏移是封装过程中最常发生的问题之一，集成电路元器件常常因为金线偏移量过大造成相邻的金线相互接触从而形成短路（Short Shot），甚至将金线冲断形成断路，造成元器件的缺陷如图 12.1 所示。金线偏移的原因一般有以下几种。

（1）树脂流动而产生的拖曳力（Viscous Drag Force）。这是引起金线偏移最主要也是最常见的原因。在填充阶段，融胶黏性（Viscosity）过大、流速过快，金线偏移量也会随之增大。

图 12.1　在 X 射线下看到的金线偏移现象

（2）导线架变形。引起导线架变形的原因是上下模穴内树脂流动波前不平衡，即所谓的“赛马”现象，如此导线会因为上下模穴模流的压力差而承受弯矩（Bending Moment），造成变形。由于金线是在导线架的芯片焊垫与内引脚上的，因此导线架的变形也能够引起金线偏移。

（3）气泡的移动。在填充阶段可能会有空气进入模穴内形成气泡，气泡碰撞金线也会造成一定程度的金线偏移。

（4）过保压/迟滞保压（Overpacking/Latepacking）。过保压会让模穴内部压力过大，偏移的金线难以弹性地恢复原状。同样，对于添加催化剂反应较快的树脂，迟滞保压会使温度升高，使其黏度过大，偏移的金线也难以弹性恢复。

（5）填充物的碰撞。封装材料会添加一些填充物，较大颗粒的填充物（如 2.5～250 μm）碰撞纤细的金线（如 25 μm）也会引起金线的偏移。

此外，随着多引脚 IC 的发展，在封装中的金线数目及接脚数目也随之增加，也就是说，金线密度的提升会造成金线偏移的现象更加明显。为了有效地降低金线偏移量，预防断路或断线的状况发生，应当谨慎地选用封装材料及准确地控制制造参数，降低模穴内金线受到模流所产生的拖曳力，以避免金线偏移量过大的情况发生。

12.2 芯片开裂

集成电路的裸芯片一般由单晶硅制成，单晶硅具有金刚石结构，晶体硬而脆。硅片在受力或表面具有缺陷的情况下易于开裂与脆断，因此芯片的开裂成为集成电路封装失效的重要原因之一，如图 12.2 所示。硅芯片裂纹可形成于晶圆减薄、圆片切割、芯片粘贴、引线键合等需要应力作用的工艺过程中。如果芯片微裂纹没有扩展到引线区域则不易被发现，更为严重的一般在工艺过程中无法观察到芯片裂纹，甚至在芯片电学测试过程中，含有微裂纹芯片的电特性与无微裂纹芯片的电特性几乎相同，但微裂纹会影响封装后器件的可靠性和寿命。

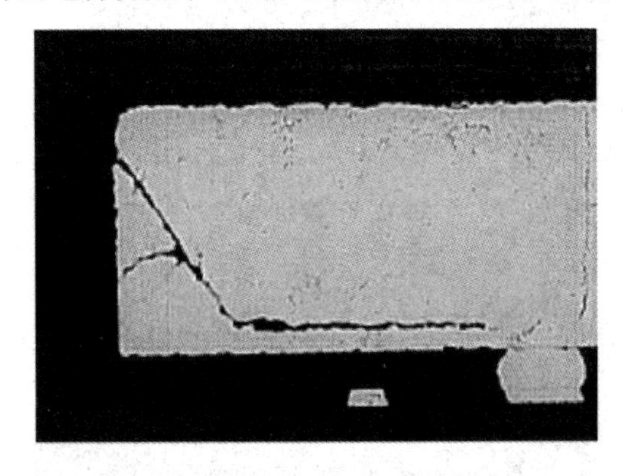

图 12.2　芯片的开裂现象

由于集成电路的电性能测试无法测试出芯片开裂的情况，故需要通过高低温热循环实验来进行芯片开裂的检测，以免对芯片的可靠性造成影响。在高低温温度循环试验中，由于各种材料的热膨胀系数不匹配，从而会在加热与降温的过程中产生热应力，使芯片内的裂纹不断扩展，导致脆性的硅芯片破裂，并最终反映在芯片的电学特性上。

由于芯片的开裂是由外界的应力作用引起的，故在检测出芯片存在开裂后，需要对芯片封装的工艺进行调整，尽量减小工艺对芯片的应力作用，如在芯片的减薄过程中使芯片的表面更加平滑，起到应力消除的作用；在芯片的切割过程中使用激光半切割或激光全切割工艺，使芯片表面受到的应力降至最小，有效避免芯片表面或内部开裂的状况；在芯片的引线键合过程中调整键合的温度和压力等。

12.3 界面开裂

在芯片的封装过程中，开裂现象不仅存在于芯片内部，通常也存在于芯片封装中各种材料的结合面上，形成界面开裂现象，如图 12.3 所示。在界面开裂的初期，芯片的各个部分仍可以形成良好的电气连接，但是随着芯片使用时间的增加，热应力及电化学腐蚀进一步加剧，会使得界面开裂现象不断发展，从而使得芯片的电气特性遭到破坏，导致集成电路的可靠性问题。故界面开裂也是芯片封装中常见的缺陷之一。

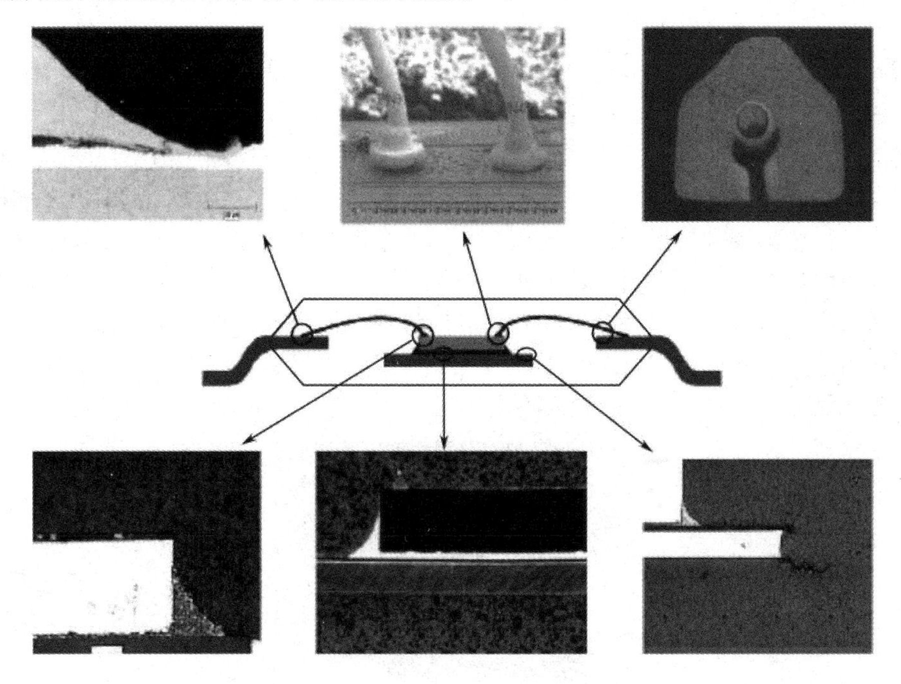

图 12.3　芯片封装中的界面开裂现象

芯片界面开裂的原因比较复杂，主要是由封装材料污染、封装应力过大等工艺原因产生的。它可以发生在封装体内部金线和焊盘的连接处，造成芯片内部的断路，也有可能发生在封装体外部的塑料封装体中，造成芯片的保护不良，引起内部裸芯片的污染。故需要通过检测手段排除潜在的芯片界面开裂，并及时调整封装工艺。

12.4　基板裂纹

在倒装焊接工艺中，需要利用焊球连接裸芯片及集成电路的基板的焊盘，在焊球的焊接过程中容易引入的失效现象为基板开裂，如图 12.4 所示。同样，采用引线键合封装的集成电路，在进行引线键合的过程中也有可能发生这种现象。基板开裂会导致芯片的电学特性发生损害，带来诸如断路、高界面阻抗等现象，故在芯片的封装过程中需要注意。

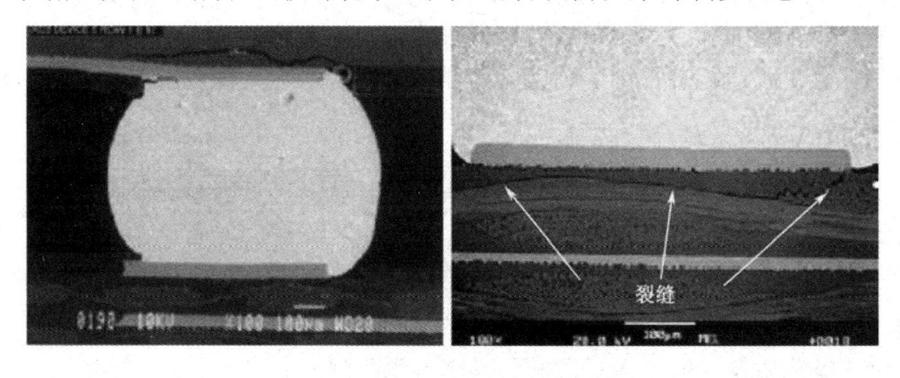

图 12.4　基板开裂

基板开裂的原因主要有芯片或基板本身的缺陷，以及在焊接过程中键合力、基板温度、超声功率等不匹配。

12.5　孔洞

孔洞是在芯片封装的焊点部位常出现的一种缺陷。表现为焊点内部出现空洞，破坏焊点的电气连接性能，最后发展为芯片的电学失效，如图 12.5 所示。孔洞的形成主要和柯肯达尔效应有关。柯肯达尔效应是指两种扩散速率不同的金属在扩散过程中会形成缺陷。一般来说焊点的材料和焊盘的材料是不同的，因此在两种不同的材料之间会发生物质的扩散运动，即焊点的金属向焊盘内移动、焊盘的材料向焊点内移动。但是各种材料相互扩散的速度是不一样的，因此如果焊点材料快速地进入了焊盘中，而焊盘材料还没有来得及进入焊点中，在焊点内部就会出现因金属材料缺少而形成孔洞，这便是柯肯达尔效应对封装中焊点的影响。

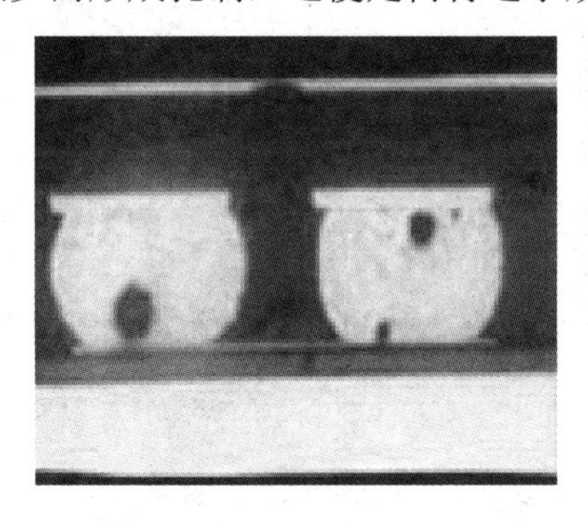

图 12.5　封装体内部焊点中的孔洞

12.6　芯片封装再流焊中的问题

12.6.1　再流焊的工艺特点

在分析再流焊中常见的焊接缺陷前，首先分析一下再流焊的工艺特点。

（1）再流焊与波峰焊工艺过程比较。

波峰焊工艺先将微量的贴片胶（绝缘黏着剂）印刷或滴涂到元器件底部或边缘位置上（贴片胶不能污染印制板焊盘和元器件端头），再将片式元器件贴放在印制板表面规定的位置，然后将贴装好元器件的印制板放在再流焊设备的传送带上，进行胶固化。固化后的元器件被牢固黏着在印制板上，然后进行插装分立元器件，最后与插装元器件同时进行波峰焊接，如图 12.6 所示。

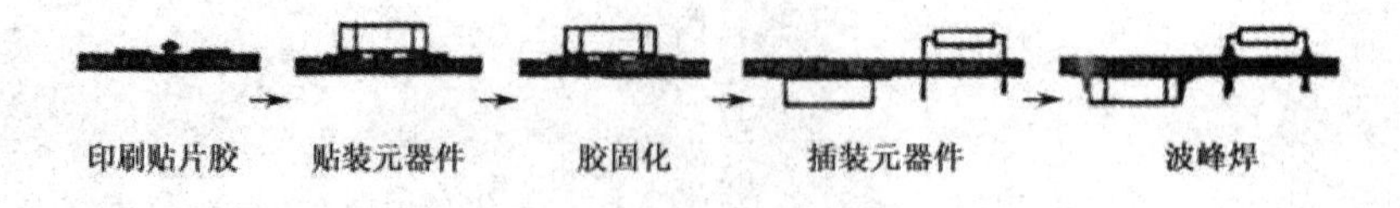

图 12.6　波峰焊工艺示意图

再流焊工艺先将微量的铅锡焊膏印刷或滴涂到印制板的焊盘上，再将片式元器件贴放在印制板表面规定的位置上，最后将贴装好元器件的印制板放在再流焊设备的传送带上，从炉子入口到出口需要 5～6 min 即可完成干燥、预热、熔化、冷却全部焊接过程，如图 12.7 所示。

图 12.7　再流焊工艺示意图

（2）再流焊原理。从温度曲线（如图 12.8 所示）分析再流焊的原理。

① 当 PCB 进入升温区（干燥区）时，焊膏中的溶剂、气体蒸发掉，同时，焊膏中的助焊剂湿润焊盘、元器件端头和引脚，焊膏软化、塌落，覆盖了焊盘，将焊盘、元器件引脚与氧气隔离；

② PCB 进入保温区时，PCB 和元器件得到充分的预热，以防止 PCB 突然进入焊接高温区而损坏 PCB 和元器件；

③ 当 PCB 进入焊接区时，温度迅速上升使焊膏达到熔化状态，液态焊锡对 PCB 的焊盘、元器件端头和引脚润湿、扩散、漫流或混合形成焊锡接点；

④ PCB 进入冷却区，使焊点凝固，此时完成了再流焊。

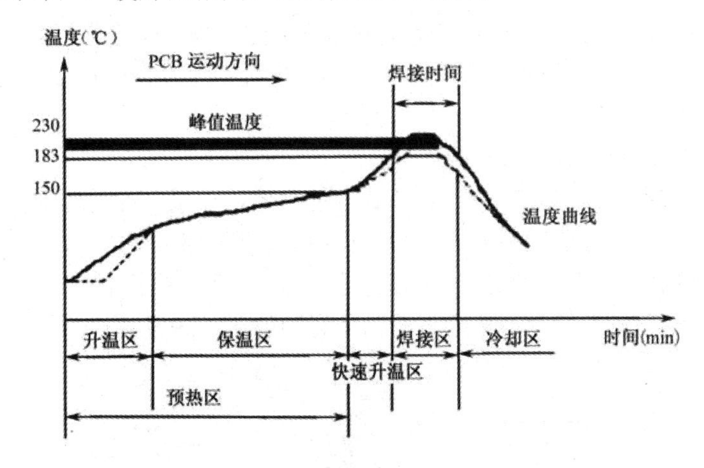

图 12.8　再流焊温度曲线

（3）从再流焊工艺过程和再流焊原理分析再流焊工艺特点，可从再流焊与波峰焊工艺过程看出两者之间最大的差异。

① 波峰焊工艺通过贴片胶黏着或印制板的插装孔，事先将贴装元器件及插装元器件固定在印制板的相应位置上，然后再进行焊接，因此焊接时元器件的位置是固定的，特别是贴装元器件，已经被贴片胶牢牢地固定在印制板上了，焊接时不会产生位置移动。

② 再流焊工艺焊接时的情况大不相同，元器件贴装后至少被焊膏临时固定在印制板的相应位置上，当焊膏达到熔融温度时，焊料还要“再流动”一次，此时元器件的位置受熔融的焊料表面张力的作用发生位置移动。如果焊盘设计正确（焊盘位置尺寸对称、焊盘间距恰当），且元器件端头与印制板焊盘的可焊性良好，当元器件的全部焊端或引脚与相应焊盘同时被熔融，就会产生自定位或称为自校正效应（Self Alignment）——当元器件贴放位置有少量偏离时，在表面张力的作用下，能自动被拉回到近似目标位置。但是如果 PCB 焊盘设计不正确，

或者元器件端头与印制焊盘的可焊性不好，或者焊膏本身质量不好、工艺参数设置不恰当等，即使贴装位置十分精确，再流焊时由于表面张力不平衡，焊接后也会出现元器件位置偏离、吊桥、桥连、润湿不良等焊接缺陷。这是再流焊工艺最大的特性。

由于再流焊工艺的“再流动”及“自定位效应”的特点，使再流焊工艺对贴装精度要求比较宽松，比较容易实现高速自动化与高速度。同时也正因为“再流动”及“自定位效应”的特点，再流焊工艺对焊盘设计、元器件标准化、元器件端头与印制板质量、焊料质量及工艺参数的设定有更严格的要求。

另外，自校正效应对于两个端头的 Chip 元器件及 BGA、CSP 等的作用比较大，因为 Chip 元器件的元器件体积比较小、质量比较轻、焊盘面积比较大，焊料熔融时产生的浮力比较大，能够使 Chip 元器件漂浮在焊料液面上；BGA 的元器件体虽然比较大，但元器件体下面的焊盘面积比较大，浮力也比较大，也能使 BGA 芯片浮在焊料液面上。但是，自校正效应对于 SOP、SOJ、QFP、PLCC 等元器件的作用比较小，因为这些元器件的重量比较大，焊盘面积比较小，而且这些元器件引脚分布在元器件的四周，熔融焊料产生的浮力不容易或不能使这些元器件产生位置移动，再流焊后的位置与贴装位置基本相同，也就是说 SOP、SOJ、QFP、PLCC 等元器件的贴装偏移量是不能通过再流焊纠正的。因此对于高密度、窄间距的 SMD 元器件，需要高精度的印刷和贴装设备。

再流焊工艺中，焊料是预先分配到印制板焊盘上的，每个焊点的焊料成分与焊料量是固定的，因此再流焊质量与工艺的关系极大。严格控制贴片、印制焊膏和再流焊等工序，就能避免或减少焊接缺陷的产生。

（4）影响再流焊质量的原因分析。

① PCB 的组装质量与 PCB 焊盘设计有直接的关系，如果 PCB 焊盘设计正确，贴装时少量的歪斜可以在再流焊时因熔融锡表面张力的作用而得到纠正（称为自定位或自校准效应）；相反，如果 PCB 焊盘设计不正确，即使贴装位置十分准确，再流焊后反而会出现元器件位置偏移、吊桥等焊接缺陷。各种元器件焊点结构示意图如图 12.9 所示。

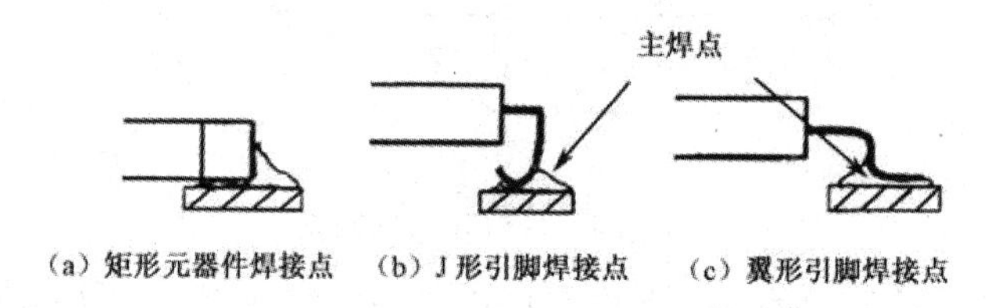

图 12.9　各种元器件焊点结构示意图

根据各种元器件焊点结构的分析，为了满足焊点的可靠性要求，PCB 焊盘设计应掌握以下关键要素。

- 对称性：两端焊盘必须对称，这样才能保证熔融焊锡表面的张力平衡。
- 焊盘间距：确保元器件端头或引脚与焊盘恰当的搭接尺寸。焊盘间距过大或过小都会引起焊接缺陷。
- 焊盘剩余尺寸：元器件端头或引脚与焊盘搭接后的剩余尺寸必须保证焊点能够形成弯月面。
- 焊盘宽度：应与元器件端头或引脚的基本宽度一致。

如图 12.10 所示为矩形片式元器件焊盘结构示意图，在图中，*A* 代表焊盘宽度，*B* 代表焊盘的长度，G 代表焊盘间距，S 代表焊盘剩余尺寸。

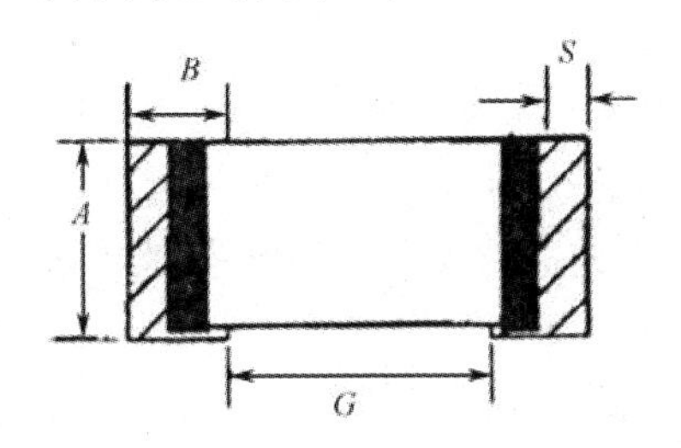

图 12.10　矩形片式元器件焊盘结构示意图

如果违反了设计要求，再流焊时就会产生焊接缺陷，而且 PCB 焊盘设计的问题在生产工艺中是很难甚至是无法解决的。例如，当焊盘间距 G 过大或过小时，再流焊会由于元器件焊端不能与焊盘搭接交叠而产生吊桥、移动，如图 12.11 所示。导通孔设计在焊盘上，焊料会从导通孔中流出，会造成焊膏量不足，如图 12.12 所示。

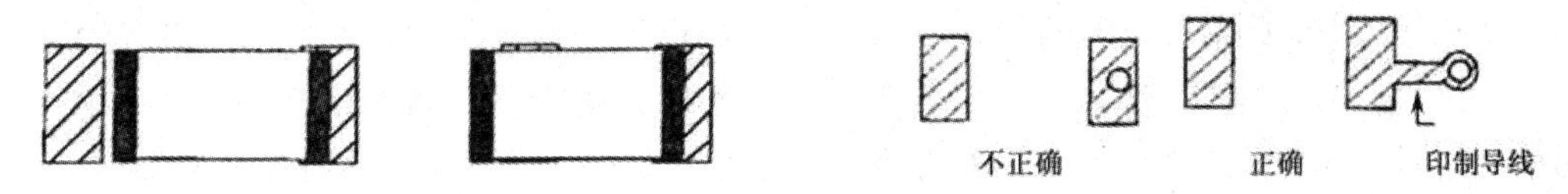

图 12.11　焊盘间距 G 过大或过小　　　　图 12.12　导通孔示意图

② 焊膏质量及焊膏的正确使用。焊膏中的金属微粉含氧量、黏度、触变性都有一定的要求。如果焊膏金属微粉含量高，再流焊升温时金属微粉随着溶剂、气体蒸发而飞溅，如金属粉末的含氧量高，会加剧飞溅，形成焊锡球。另外，如果焊膏黏度过低，焊膏的保形性（触变性）不好，印刷后焊膏图形会塌陷，甚至造成粘连，再流焊时会形成焊锡球、桥接等焊接缺陷。

焊膏使用不当，如从低温柜中取出焊膏直接使用，由于焊膏的温度比室温低，产生水汽凝结，即焊膏吸收空气中的水分，搅拌后使水汽混在焊膏中，再流焊升温时，水汽蒸发带出金属粉末，在高温下水汽会使金属粉末氧化，飞溅形成焊锡球，出现润湿不良等问题。

③ 元器件焊端和引脚、印制电路基板的焊盘质量。在元器件焊端和引脚、印制电路基板氧化或污染，或印制板受潮等情况下，再流焊时会产生润湿不良、虚焊、焊锡球、空洞等焊接缺陷。

④ 贴装元器件。贴装质量的三要素：元器件正确、位置准确、压力（贴片高度）合适。

元器件正确，这要求各装配号元器件的类型、型号、标称值和极性等特征标记要符合产品的装配图和明细表要求，不能贴错位置。

位置准确，即元器件的端头或引脚均和焊盘图形要求尽量对齐、居中。

元器件贴装位置要满足工艺要求，因为两个端头 Chip 元器件自校正效应的作用比较大，贴装时元器件长度方向两个端只要搭接到相应的焊盘上，再流焊时就会产生移位或吊桥现象；而对于 SOP、SOJ、QFP、PLCC 等元器件的自定位作用比较小，贴装偏移是不能通过再流焊纠正的，因此贴装时必须保证引脚宽度的 3/4 处于焊盘上。引脚的趾部和跟部也应在焊盘上，如果贴装位置超出允许偏差范围，必须进行人工拨正后再进入再流焊炉焊接，否则再流焊后返修会造成工时、材料浪费，甚至会影响产品的可靠性，生产过程中发现贴装位置超出允许的偏差范围时应及时修正贴装坐标。

手工贴装要求贴装位置准确，引脚与焊盘对齐、居中，切勿贴放不准而在焊膏上拖动找正，以免焊膏图形黏结，造成桥连。

贴片压力要恰当合适，元器件焊端或引脚不小于 1/2 厚度要浸入焊膏。对于一般元器件贴片时的焊膏挤出量（长度）应小于 0.2 mm，对于窄间距元器件贴片时的焊膏挤出量（长度）应小于 0.1 mm。贴片压力过小，元器件焊端或引脚浮在焊膏表面，焊膏粘不住元器件，在传输和再流焊时容易产生位置移动；贴片压力过大，焊膏挤出量过多，容易造成焊膏粘连，再流焊时容易产生桥接，严重时还会损坏元器件。

12.6.2 翘曲

1. 翘曲的机理

材料间热膨胀系数的差异及流动应力的影响再加上黏着力的限制，导致了整个封装体在封装过程中受到了外界温度变化的影响，材料间为了释放温度影响所产生的内应力，故而通过翘曲变形来达到消除内应力的目的。这一现象在再流焊接器件中最易发生。因为翘曲受到多个参数的影响，通过调整一个或一组变量，这个问题就能得到减少或消除。引起翘曲问题的主要原因是由于施加到元器件上的力不平衡造成的。在预热阶段，部件的一端从焊膏分离有多种因素，如不同的膨胀系数、不当涂膏或部件放置不当等。于是，直接的热传导被缝隙阻断了。如果热量通过部件传导，则一端的熔化焊料相对另一端形成新月形，其表面拉力的曲转力矩比部件的重量大而引起部件的翘曲，这种情形可以解释再流焊过程中为什么会发生翘曲现象，尽管现代回流炉、焊膏、PCB、印刷设备及定位设备都有了巨大的改进。

如上所述，焊接过程中在焊接区域湿润的表面与部件接触部分之间形成新月形，根据接触部分的设计，熔化焊料表面张力施加在元器件底部支点，等同于三个力矩的作用，第四个力矩是由于重力作用造成的，前三个力矩使部件固定于电路板表面，而最后一个力矩往往引起翘曲。如图 12.13 所示，为了获得平衡，向下的力矩可以通过增强内侧金属处理和增大元器件底部面积来增加，向上的力矩可以通过缩短焊接区域伸出长度从而缩短表面张力施加影响的力臂来减弱。

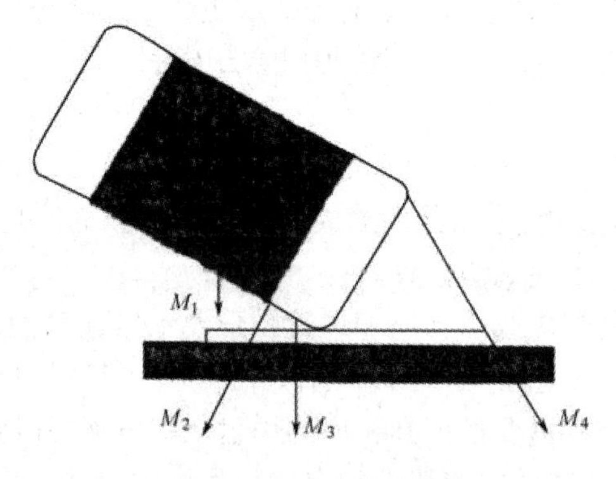

图 12.13　力矩的平衡

2. 影响翘曲的参数及改进措施

影响翘曲的参数及改进措施如下。

（1）焊膏印刷和放置精度。这是所要控制的所有元器件参数中最明显的，这类参数主要是面向设备的，在所有阶段，它都能很好地根据生产规程去实施，从而维护好印刷和安装用的机器设备。通过这样做，能减少翘曲现象发生。

（2）印刷的清晰度和精确度。印刷的清晰度和精确度会直接引起翘曲发生，因为它能有效改变衬垫的配置且增加相反元器件端点之间的不平衡。因此，定期对如下的参数进行检查和良好控制是非常重要的。

① 检查印刷配准参数，当发现错误的配准时进行纠正。

② 经常清洗模板，避免阻塞。

③ 经常检查焊膏，确信其不能太干燥。

④ 确信支撑印制电路板的底基平实。

（3）放置精度。不当放置会造成翘曲缺陷。为使机器故障最小化，需要检查和控制以下方面。

① 因为元器件的拾取点很小，检查进料器使它基部对准非常重要。STC 公司开发的夹具常用来调整其基准。

② 确信支撑印制电路板的 *XY* 平台平坦而坚固。

③ 放置对准要有精密控制，其放置速度要很慢。

④ 确定常用拾取工具的适当喷嘴尺寸。

为避免设备与焊膏分离，要仔细检查放置时的 *Z* 轴间隔。

3. 焊膏的特性

既然翘曲是因为双极元器件两端受力的不平衡造成的，而其受力则依赖于焊接及衬垫的表面特性，焊接材料和印制电路板最终会对翘曲有一些影响。

（1）焊接合金。合金在熔点时有较小的表面张力，这样在翘曲阶段就会产生较小的扭曲力，焊接合金能从多数焊膏供应商那里得到。尽管现在还没有准确地对合金标准评估，一些厂家已经尝试使用 Sn/Pb/In 合金，其结果显示对翘曲有一定的影响，不过影响并不显著。另外，传统锡/铅合金在所有参数得到控制的情况下，确实能减少翘曲。

（2）焊膏粘贴特性。根据以上讨论的一些原则，不同类型的焊膏也能影响翘曲。在其他条件相同的情况下，焊膏的作用越强烈，翘曲越容易发生。印制电路板和部件表面的光滑度能影响其湿润特性。衬垫和端点间的不同特性也会引起翘曲，那是因为回流阶段产生的力在元器件两端不同。

（3）焊膏量。通过检查翘曲是否由于过量使用焊膏而产生，减少焊膏量也能在焊膏熔化时减小力的作用。

（4）热传递效率。在再流焊过程中，如果元器件两端的热传递速度明显不同，在一定时间内一端受力将比另一端大时，翘曲则会产生。总的说来，这种影响很小，但当印制电路板的热分布设计不合理时，热传递效率会变得很重要。

12.6.3 锡珠

锡珠是再流焊中经常出现的缺陷。锡珠多数分布在五引脚的片式元器件两侧，大小不一且独立存在，没有与其他焊点连接（如图 12.14 所示）的锡珠，不仅影响产品的外观，更重要的是会影响产品的电性能，或者给电子设备造成隐患。锡珠产生的原因是多方面的，既可能是焊料的原因，又可能是工具或操作等原因造成的。

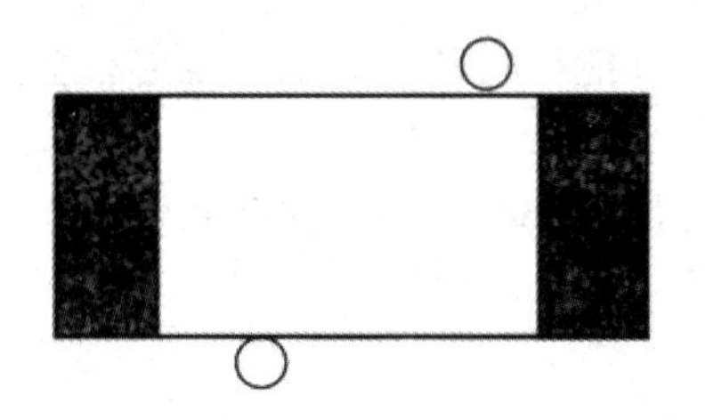

图 12.14　锡珠缺陷

锡珠的成因及解决办法。

（1）原因一：模板开口不合适。钢网开口太大，或由于模板开口形状不合适，导致贴放片式元器件时焊膏蔓延至焊盘之外，都会使锡珠生成，解决方法如下。

① 开口尺寸。一般，片式阻容元器件的模板开口尺寸应略小于相应的印制板焊盘。应考虑到线路板一定的刻蚀量，所以该类焊盘的模板开口一般可开为印制板焊盘的 90%～95%。

② 开口形状。灵活地选择阻容元器件的模板开口形状，可以有效地减少或避免锡膏量过多而被挤压出来的情况，图 12.15 是集中模板开口形状，制作模板时可以选择其中一种作为阻容元器件的开口，这样既能够确保焊接锡膏用量，又能够防止锡珠的形成。

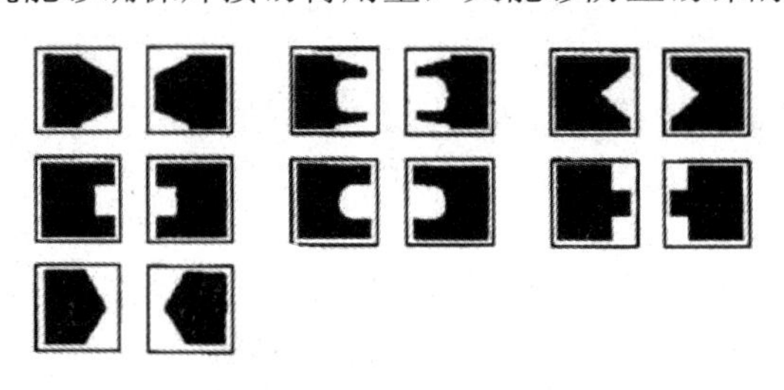

图 12.15　模板开口形状

（2）原因二：对位不准。模板与印制板对位应准确且印制板及模板固定完好，使印锡膏过程模板与印制板保持一致，因为对位不准也会造成锡膏蔓延。

解决方法：印刷锡膏分为手工、半自动和全自动。即使是全自动，其压力、速度、间隙等仍需要人工设定，所以不管用何种方法，都必须调整好机器、模板、印制板、刮刀四者之间的关系，确保印刷质量。

印锡膏是整个贴片装配的前道工序，其对整机贴片焊接影响很大，因印刷不良造成的缺陷率远高于其他过程造成的缺陷率，所以印锡膏工艺切不可轻视。

（3）原因三：锡膏使用不当。冷藏的锡膏升温时间不足，搅拌不当，会使锡膏吸湿，导致高温再流焊时水汽挥发，致使锡珠生成。

解决方法：由于锡膏的有效期较短，一般使用前都是低温存放的，使用时，必须将锡膏恢复至室温后再升温（通常要求在 4 h 左右），并进行均匀搅拌后方可使用，急于求成必将适得其反。

（4）原因四：再流焊工艺的重要参数是温度曲线，温度曲线分为四个阶段：预热、保温、回流、冷却。其中，预热和保温过程可以减少元器件及印制板遭受热冲击，并确保锡膏中的溶剂能部分挥发，若温度不足或保温时间太短，都会影响最终的焊接质量，一般保温的过程为 150℃～160℃、70～90 s。

（5）原因五：残余焊膏。一般生产过程中特别是在调整模板时，都有一些情况需要重新印锡膏，那么原来的锡膏必须清除干净，否则残余的焊膏最终会形成锡珠，甚至导致更严重的质量问题。

解决方法：仔细刮去锡膏，特别要注意的是不让锡膏流进插件孔内导致塞孔，然后清洗干净。

12.6.4 墓碑现象

在早期的 SMT 制造中，“墓碑”现象是一个与汽相（冷凝）再流焊有关的问题，是由于汽相加热的快速升温速率及其他原因造成的。随着汽相技术引进组装工艺，尤其随着强制对流再流焊技术和更先进的加热控制技术的出现，“墓碑”现象几乎消失了。

然而，“墓碑”现象作为一个问题从没有被彻底解决，随着片式元器件尺寸和质量的不断减小，以及高温无铅焊料的使用，它以更大的发生率重新返回。

当无源元器件减小，或在汽相再流焊工艺中，或在氮气再流焊系统中，或突然、意识不到地拆卸一批新的元器件和 PCB 时，“墓碑”现象发生的频率会增高。

（1）发生“墓碑”现象的可能原因。

已知发生“墓碑”现象的一个原因是由于无源元件两焊点之间焊料的初始润湿不一致，这是由两焊点表面的温度和湿润性不同所引起的。在理想的情况下，元件两端的焊料将同时再流、湿润和形成焊点。在这种方式中，润湿和焊料表面张力将一起作用，相互抵消。反之，如果一端快速再流、湿润，形成焊点的作用力能抬起元件或使其直立，而另一端的焊料没有机会熔化，也就不能通过自己的元件湿润段与电路板上湿润焊盘之间的焊盘表面张力抓紧元件端。

（2）湿润的作用。

湿润的机理包括 3 个重要参数：开始湿润的时间、湿润力和完全湿润的时间。完全湿润发生的快慢与“墓碑”现象有直接关系，因为湿润时焊点和元件上的作用力是最大的。如果元件的一端比另一端明显地先达到完全湿润状态，过多的焊料施加在元件的金属化面和顶面，湿润力将有能力“抬起”元件，为再流的元件端向上离开焊盘并脱离焊膏，引起“墓碑”现象。

（3）热容。

无源元件两端焊点的热容对“墓碑”现象的发生有直接的影响。两端焊料的不相等热容必定引起“墓碑”现象，因为低热容的焊料将很快被再流、湿润，同时很快在元件上施加作用力。无源元件两焊点热容差异由下列因素引起：

- 焊盘尺寸的容差；
- 元器件金属化面的容差；
- 印刷焊膏的体积容差；
- 通孔或内层热耗散的不同。

① 焊盘的热容。焊盘的尺寸越大，熔融焊料的表面积越大，对表面张力的影响也越大。尽管规定了各种元件类型的推荐焊盘尺寸，但容差没有规定，因此焊盘尺寸的变化最大，变化的容差对焊盘热容产生极大的影响。另外，焊盘尺寸和容差应与贴装精度有关，元件的焊盘尺寸与热容不成比例关系也是要考虑的因素。

② 端子的热容。元件端的热容与元件类型、外形有关，端子热容的变化直接影响再流焊的加热速率和时间。这些容差可以表示为标称值，但它们是相对值。因为元件越小，有关焊

盘尺寸、金属化面积贴装精度的容差变得越重要。

③ 焊膏热容。焊膏量越少，再流速度越快。不管是用什么方法（模板印刷、Cartridge 印刷和点涂），合适的量都会形成良好的焊点，不过焊膏量是很重要的。更重要的是再流焊前焊膏在每一焊盘上保证均匀一致。

热容越小，加热速度越快，实际上元件的定位对准在加热速率中有很大的作用。例如，对准所引起元件端相对于焊盘明显的位移，引起热容量混乱，导致较大的加热速度引起的时间差ΔT，结果焊膏将在几分之一秒内熔化。

（4）平衡作用减小了ΔT。

焊盘/端子表面越清洁和无氧化物，界面的张力越小，湿润将更快地完成。当两焊点表面氧化程度相同时，一些氧化物将延迟初始湿润，延迟的初始湿润为焊盘/端子提高温度提供了更多时间，因此减小了ΔT。根据经验，ΔT 越小，初始的湿润时间差异越小。当无源元件的两个端子湿润性不同时，就会发生“墓碑”现象，因为可焊的端子将很快达到完全湿润。通常当元件端子的金属化被损失、不良电镀或污染，以及减小了可湿润的表面积等会影响湿润性。

（5）两个主要原因。

引起“墓碑”现象的原因：一是与 PCB 和元件表面（如可焊性、氧化、电镀层的物理损坏等）有关；二是与温度（ΔT 和热散逸）有关。在有些地方会是这两类原因的组合，因此在焊膏的选择中，热可靠性问题和合金的选择必须正确考虑。

（6）焊膏解决的办法。

通常在焊膏方面做工作，可部分消除“墓碑”现象或者至少在很大程度上降低“墓碑”现象的产生。首先，选用带有热稳定焊剂系统的焊膏保持厚度。然后选用带有金属粒子的焊膏，该焊膏有两种不同的共晶点：50%在 179℃熔化，余下的在 183℃熔化。再流焊后的合金为：Sn62.5/Pb36.5/Ag1.0。

在快速熔融的焊点中，由于湿润力引起的角度影响被 183℃才熔融的合金固体粒子机械地阻止，这为另一焊盘在 179℃时，在几分之一秒内熔融的合金提供了更长的湿润时间，这样就恢复了平衡。

（7）其他解决方法。除了利用上述的焊膏性能外，下面三条基本经验也可以防止“墓碑”现象的发生：

① 通过热再流焊曲线的控制，减小板子中的ΔT；

② 控制板子、元件和元件贴装容差；

③ 控制 N_2 系统中 O_2 的含量。

12.6.5 空洞

空洞是指分布在焊点表面或内部的气孔、针孔。

（1）一般气孔的形成原因和预防对策如表 12.1 所示。

表 12.1 气孔的形成原因和预防对策

气孔原因分析	预 防 对 策
焊膏中金属粉末的含氧量高，或使用回收焊膏、工艺环境卫生差、混入杂质	控制焊膏质量，制定焊膏使用条例
焊膏受潮，吸收了空气中的水汽	达到室温以后才能打开焊膏的容器盖，控制环境温度 20℃～26℃，相对湿度 40%～70%

续表

气孔原因分析	预 防 对 策
元件焊端、引脚、印制电路基板的焊盘氧化或污染、或印制板受潮	元件先到先用，不要存放在潮湿的环境中，不要超过规定的使用日期
升温室的升温速率过快，焊膏中的溶剂、气体蒸发不完全，进入焊接区产生气泡、针孔	160℃前的升温速度控制在1～2℃/s
原因：A、B、C都会引起焊锡熔融时焊盘、焊端局部不湿润，未湿润处的助焊剂排气，以及氧化物排气时产生空洞	

（2）BGA焊点的空洞缺陷。

目前尚存在争议的一个问题是关于BGA中空洞的接受标准。空洞问题并不是BGA独有的，在通孔插装及表面贴装的焊点中也可以见到空洞，但是，表面贴装及通孔插装元件的焊点通常都可以用目视检查看到空洞，而不用X射线。在BGA中，由于所有的焊点隐藏在封装的下面，只有使用X射线才能检查到这些焊点。当然，用X射线不仅可以检查BGA的焊点，所有的各种各样的焊点都可以检查，使用X射线很容易将空洞检查出来。

那么空洞一定对BGA的可靠性有负面影响吗？不一定。有些人甚至说空洞对于可靠性是有好处的。IPG.7095标准“实现BGA的设计和组装过程”详述了实现BGA的设计及组装技术，IPG.7095委员会认为有些尺寸非常小、不能完全消除的空洞可能对于可靠性是有好处的，但是多大的尺寸应该有一个界定的标准。

（3）空洞的位置及形成原因。

在BGA的焊点检查中，在什么位置能发现空洞呢？BGA的焊球可以分为三个层，分别是：元件层（靠近BGA的基板）、焊盘层（靠近PCB的基板）、焊球的中间层。根据不同的情况，空洞可以发生在这三个层中的任何一个层。

空洞在什么时候出现的呢？BGA焊球中可能本身在焊接前就带有空洞，这样在再流焊接过程完成后就形成了空洞。这可能由于焊球制作工艺中就引入了空洞，或是表面涂覆的焊膏材料的问题所导致。另外，电路板的设计也是形成空洞的一个主要原因，例如把过孔设计在焊盘的下面，在焊接的过程中，外界的空气通过过孔进入熔融状态的焊球，焊接完成冷却后焊球中就会留下空洞。

焊盘层中发生的空洞可能是由于焊盘上印刷的焊膏中的助焊剂在再流焊接过程中挥发，气体从熔融的焊料中溢出，冷却后就形成了空洞。焊盘的镀层不好或焊盘表面有污染都可能是焊盘层出现空洞的原因。

通常发现空洞概率最大的位置是元件层，也就是焊球的中央到BGA基板之间的部分。这有可能是因为PCB上面BGA的焊盘在再流焊接的过程中，存在空气气泡和挥发的助焊剂气体，当BGA的共晶焊球与所施加的焊膏在再流焊过程中熔为一体时形成空洞。如果再流温度曲线在再流区时间不够长，空气气泡和助焊剂中挥发的气体来不及溢出，熔融的焊料已经进入冷却区变为固态，便形成了空洞。所以，再流温度曲线是形成空洞的一种原因。共晶焊料63Sn/37Pb的BGA最易出现空洞，而成分为10Sn/90Pb的非共晶高熔点焊球的BGA，熔点为302℃，一般基本上没有空洞，这是因为在焊膏熔化的再流焊接过程中BGA上的焊球不熔化。

（4）空洞的接受标准。

空洞中的气体存在可能会在热循环过程中产生收缩和膨胀的应力作用。空洞存在的地方便会成为应力集中点，并有可能成为产生应力裂纹的根本原因。

但是空洞的存在是由于减小了焊球所占的空间，也就减小了焊球上的机械应力。具体减小多少还应视空洞的尺寸、位置、形状等因素而定。

IPC.7.95 中规定空洞的接受/拒受标准主要考虑两点：空洞的位置和尺寸。无论空洞是在焊球中间还是在焊盘层或元件层，空洞尺寸和数量不同都会造成质量和可靠性问题。焊球内部允许有小尺寸的焊球存在。空洞所占空间与焊球空间的比例可以按下述方法计算。例如，空洞的直径是焊球直径的 50%，那么空洞所占的面积是焊球面积的 25%。标准规定的接受标准为：焊盘层的空洞不能大于焊球面积的 10%，即空洞的直径不能超过焊球直径的 30%。当焊盘层空间的面积超过焊球面积的 25%时，就视为一种缺陷，这时空洞的存在会对焊点的机械或电的可靠性造成隐患。在焊盘层空洞的面积占焊球面积 10%～25%时，应着力改进工艺，消除或减少空洞。

12.6.6 其他缺陷

芯片封装再流焊中还会出现以下缺陷。

（1）焊膏熔化不完全，全部或局部焊点周围有未熔化的残留焊膏。焊膏熔化的不完全原因和预防对策如表 12.2 所示。

表 12.2 焊膏熔化不完全原因和预防对策

焊膏熔化不完全的原因分析	预 防 对 策
当表面组装件随有焊点或大部分焊点都存在焊膏熔化不完全时，说明再流焊峰值温度低或再流时间短，造成焊膏熔化不充分	调整温度曲线，峰值温度一般定在比焊膏熔点高 30℃～40℃左右，再流时间为 30～60 s
当焊接大尺寸 PCB 时，横向两侧焊膏熔化不完全，说明再流焊炉横向温度不均匀。这种情况一般发生在炉体比较窄、保温不良的情况。因为横向两侧比中间温度低	可适当调高峰值温度或延长再流时间，尽量将 PCB 放置在炉子中间部位进行焊接
当焊膏熔化不完全发生在表面组装板的固定位置，如大焊点、大元器件、大元器件周围，或发生在印制板背面贴装有大热容量元器件的部位，由于吸热过大或热传导受阻而造成	双面设计时尽量将大元器件布放在 PCB 的同一面，确实排布不开时，应交错排布； 适当提高峰值温度或延长再流时间
红外炉问题——红外炉焊接时由于深颜色吸收热量多，黑色元器件比白色焊点高 30℃～40℃，因此在同一块 PCB 上由于元器件的颜色和大小不同，温度就不同	为了使深颜色周围的焊点和元器件达到焊接温度，必须提高焊接温度
焊膏质量问题——金属粉末的含氧量高，助焊剂性能差，或焊膏使用不当；如果从低温柜取出焊膏直接使用，由于焊膏的温度比室温低，产生水汽凝结，即焊膏吸收空气中的水分，搅拌后使水汽混在焊膏中，或使用回收与过期失效的焊膏	制定焊膏使用管理制度，如在有效期内使用，使用前一天从冰箱里取出焊膏，达到室温后才能打开容器盖，防止水汽凝结，回收的焊膏不能与新焊膏混装等

（2）湿润不良，又称不湿润或半湿润。元器件焊端、引脚或印制板焊盘不沾锡或局部不沾锡，湿润不良原因和预防对策如表 12.3 所示。

表 12.3 湿润不良原因和预防对策

湿润不良的原因分析	预 防 对 策
元器件焊端、引脚、印制电路板的焊盘氧化或污染，或印制板受潮	元器件先到先用，不要存放在潮湿的环境中，不要超过规定的使用日期。对印制板进行清洗和去潮处理
焊膏中金属粉末含氧量高	选择满足要求的焊膏
焊膏受潮，或使用回收焊膏，或使用过期失效焊膏	回到室温后使用焊膏，制定焊膏使用条例

（3）焊料量不足与虚焊或断路。当焊点高度达不到规定要求时，称为焊料量不足。焊料量不足会引起焊点的机械强度和电气连接的可靠性问题，严重时会造成虚焊或断路，如元器件断头或引脚与焊盘之间接触不良或没有连接上，原因分析和预防对策如表 12.4 所示。

表 12.4　焊料量不足与虚焊、断路的原因和预防对策

焊料量不足与虚焊、断路原因分析	预 防 对 策
焊膏量过少原因： ① 由于模板厚度或开口尺寸不够，或开口四壁有毛刺，或者喇叭口朝上，脱模时带出焊膏； ② 焊膏滚动（转移）性差。刮刀压力过大，尤其是橡胶刮刀过软，切入开口，带出焊膏； ③ 印刷速度过快	① 加工合格的模板，模板喇叭口应向下，增加模板厚度或扩大开口尺寸； ② 更换焊膏； ③ 采用不锈钢刮刀； ④ 调整印制压力和速度； ⑤ 基板、模板、刮刀的平行度
个别焊盘上的焊膏量过多或没有焊膏： ① 可能由于漏孔被焊膏堵塞或个别开口尺寸小； ② 导通孔设计在焊盘上，焊料从孔中流出	① 清除模板漏孔中的焊膏，印刷时经常擦洗模板底面。如果开口尺寸小，应扩大开口尺寸； ② 修改焊盘设计
元器件引脚共面性差，翘起的引脚不能与其相对应的焊盘接触	运输和传递 SMD 元器件，特别是 SOP 和 QFP 的过程中不要破坏它们的包装，人工贴装时尽量采用吸笔，不要碰伤引脚
PCB 变形，使大尺寸 SMD 元器件引脚不能完全与焊膏接触	① PCB 设计时要考虑长、宽和厚度的比例； ② 大尺寸 PCB 再流焊时应采用底部支撑

（4）桥连，又称连桥、短路。元器件端头之间、元器件的引脚之间及元器件端头或引脚与邻近的导线、过孔等电气上不该连接的部位被焊锡连接。桥连原因和预防对策如表 12.5 所示。

表 12.5　桥连原因和预防对策

桥连原因分析	预 防 对 策
焊锡量过多：可能由于模板厚度与开口尺寸不恰当；模板与印制板表面不平行或有间隙	① 减薄模板厚度或缩小开口尺寸或改变开口形状； ② 调整模板与印制板表面之间距离，使接触并平行
由于焊膏黏度过低，触变性不好，印制后塌边，使焊膏图形粘连	提高印制精度并经常擦洗模板底面
由于印刷质量不好，使焊膏图形粘连	提高贴装精度
贴片位置偏移	提高贴装精度
贴片压力过大，焊膏挤出量过多，使图形粘连	提高贴片头 Z 轴高度，减小贴片压力
由于贴片位置偏移，人工拨正后使焊膏图形粘连	提高贴装精度，减少人工拨正的频率
焊盘间距过窄	修改焊盘设计
总结：在焊盘设计正确、模板厚度及开口尺寸正确、焊膏质量没有问题的情况下，应通过提高印刷和贴装质量来减少桥连现象	

（5）锡点高度接触或超过元器件体（吸料现象）。焊接时焊料向焊端或引脚根部移动，使焊料高度接触元器件或超过元器件体。焊点过高的原因和预防对策如表 12.6 所示。

表 12.6　焊点过高原因和预防对策

焊点过高原因分析	预 防 对 策
焊锡量过多：可能由于模板厚度与开口尺寸不恰当；模板与印制板表面不平行或有间隙	① 减薄模板厚度或缩小开口尺寸或改变开口形状； ② 调整模板与印制板表面之间距离，使接触并平行

续表

焊点过高原因分析	预 防 对 策
PCB 加工质量问题或焊盘氧化、污染（有丝网、字符、阻焊膜或氧化等）或 PCB 受潮。焊料熔融时由于 PCB 焊盘湿润不良，在表面张力的作用下，使焊料向元器件焊端或引脚上吸附（又称吸料现象） 另一种解释：由于引脚温度比焊盘处温度高，熔融焊料容易向高温处流动	① 严格来料检查制度，把问题反映给 PCB 设计人员及 PCB 加工厂； ② 对已经加工好的 PCB，焊盘上如有丝料、字符可用小刀轻轻刮掉； ③ 如果印制板受潮或污染，贴装前应清洗并烘干

（6）锡丝即元器件焊端之间、引脚之间、焊端或引脚与通孔之间的微细锡丝，原因和预防对策如表 12.7 所示。

表 12.7　锡丝原因和预防对策

锡丝原因分析	预 防 对 策
如果发生在 Chip 元器件体底下，可能由于焊盘间距过小，贴片后两个焊盘上的焊膏粘连	扩大焊盘间距
预热温度不足，PCB 和元器件温度比较低，突然进入高温区，溅出后的焊料贴在 PCB 表面而形成	调整温度曲线，提高预热温度；可适当提高控制温度或延长回流时间
焊膏可焊性差	更换焊膏

（7）元器件裂纹缺损。元器件或端头有不同程度的裂纹或缺损现象，原因和预防对策如表 12.8 所示。

表 12.8　元器件裂纹缺损原因和预防对策

元器件裂纹缺损原因分析	预 防 对 策
元器件本身的质量	制定元器件入厂检验制度，更换元器件
贴片压力过大	提高贴片头 Z 轴高度，减小贴片压力
再流焊的预热温度或时间不够，突然进入高温区，由于激热造成热应力过大	调整温度曲线，提高预热温度或延长预热时间
峰值温度过高，焊点突变冷，由于激热造成热应力过大	调整温度曲线，冷却速率应小于 4℃/s

（8）元器件端头镀层剥落。元器件端头电极镀层不同程度剥落，露出元器件体材料。原因和预防对策如表 12.9 所示。

表 12.9　端头镀层剥落原因和预防对策

端头镀层剥落原因分析	预 防 对 策
元器件端头电极镀层质量不合格	可通过元器件端头可焊性试验判断，如果质量不合格，应更换元器件
元器件端头电极为单层镀层时，没有选择含银的焊膏，铅锡焊料熔融时，焊料中的铅将厚膜电极中的银蚀刻掉，造成元器件端头镀层剥落，俗称“脱帽”现象	一般应选择三层金属电极的片式元器件。单层电极时，应选择含 2%银的铅锡银焊膏，可防止蚀银现象

（9）冷焊，又称焊紊乱。焊点表面呈现焊锡紊乱痕迹，原因和预防对策如表 12.10 所示。

表 12.10　冷焊原因和预防对策

冷焊原因分析	预 防 对 策
由于传送带振动，冷却时受到外力影响，使焊锡紊乱	① 检查传送带是否太松，可调整轴距或去掉 1～2 节链条； ② 检查电动机是否有故障； ③ 检查入口和出口处导轨衔接高度和距离是否匹配； ④ 人工放置 PCB 时要轻拿轻放
由于回流温度过低或回流时间过短，焊料熔融不充分	调整温度曲线，提高峰值温度或延长回流时间

（10）焊锡裂纹，焊锡表面或内部有裂缝，原因和预防对策如表 12.11 所示。

表 12.11　焊锡裂纹原因和预防对策

焊锡裂纹原因分析	预 防 对 策
峰值温度过高，焊点突然冷却，由于激冷造成热应力过大。在焊料与焊盘或元器件焊端交接处容易产生裂纹	调整温度曲线，冷却速率应小于 4℃/s

（11）其他。还有一些肉眼看不见的缺陷，如焊点晶粒大小、焊点内部应力、焊点内部裂纹等，这些需要通过 X 光、焊点疲劳试验等手段才能检测到。这些缺陷主要与温度曲线有关。例如，冷却速度过慢，会形成大结晶颗粒，造成焊点抗疲劳性差，但冷却速度过快，又容易产生元器件体和焊点裂纹；峰值温度过低或回流时间过短，会产生焊料熔融不充分和冷焊现象，但峰值温度过高或回流时间过长，又会增加介金属化合物的产生，使焊点发脆，影响焊点强度，如果超过 235℃，还会引起 PCB 中环氧树脂碳化，影响 PCB 的性能和寿命。

12.7　EMC 封装成型常见缺陷及其对策

塑料封装以其独特的优势而成为当前微电子封装的主流，约占封装市场的 95%以上。塑封产品的广泛应用，也为塑料封装带来了前所未有的发展，但是几乎所有的塑封产品成型缺陷问题总是普遍存在的，无论是采用先进的传递模注封装，还是采用传统的单注塑模封装，都无法完全避免。相比较而言，传统塑封模成型缺陷概率较大、种类也较多，尺寸越大，发生的概率也越大。塑封产品的质量优劣主要由四个方面因素来决定：

① EMC 的性能，主要包括胶化时间、黏度、流动性、脱模性、黏着性、耐湿性、耐热性、溢料性、应力、强度、模量等；

② 模具，主要包括浇道、浇口、型腔、排气口设计与引线框架设计的匹配程度等；

③ 封装形式，不同的封装形式往往会出现不同的缺陷，所以优化封装形式的设计，会大大减少不良缺陷的发生；

④ 工艺参数，主要包括合模压力、注塑压力、注塑速度、预热温度、模具温度、固化时间等。

下面主要对在塑封成型中常见的缺陷问题产生的原因进行分析研究，并提出相应有效可行的解决办法与对策。

1．封装成型未充填及其对策

封装成型未充填现象主要有两种情况：一种是有趋向性的未充填，主要是由封装工艺与

EMC 的性能参数不匹配造成的；另一种是随机性的未充填，主要是由于模具清洗不当、EMC 中不溶性杂质太大、模具进料口太小等引起模具浇口堵塞而造成的。从封装形式上看，在 DIP 和 QFP 中比较容易出现未充填现象，而从外形上看，DIP 未充填主要表现为完全未充填和部分未充填，QFP 主要存在角部未充填。

未充填的主要原因及其对策如下。

（1）由于模具温度过高，或者说封装工艺与 EMC 的性能参数不匹配而引起的有趋向性的未充填。预热后的 EMC 在高温下反应速度加快，致使 EMC 的胶化时间相对变短，流动性变差，在型腔还未完全充满时，EMC 的黏度便会急剧上升，流动阻力也变大，以至于未能得到良好的充填，从而形成有趋向性的未充填。在 VLSI 封装中比较容易出现这种现象，因为这些大规模电路每模 EMC 的用量往往比较大，为使其在短时间内达到均匀受热的效果，设定的温度往往也比较高，所以容易产生这种未充填现象。

对于这种有趋向性的未充填，主要是由 EMC 流动性不充分而引起的，可以采用提高 EMC 的预热温度，使其均匀受热；增加注塑压力和速度，使 EMC 的流速加快；降低模具温度，以减缓反应速度，相对延长 EMC 的胶化时间，从而达到充分填充的效果。

（2）模具浇口堵塞，致使 EMC 无法有效注入，以及模具清洗不当造成排气孔堵塞，也会引起未充填，而且这种未充填在模具中的位置也是毫无规律的。特别是在小型封装中，由于浇口、排气口相对较小，所以最容易引起堵塞而产生未充填现象。对于这种未充填，可以用工具清除堵塞物，并涂上少量的脱模剂，并且在每模封装后，都要用气枪和刷子将料筒和模具上的 EMC 固化料清除干净。

（3）虽然封装工艺与 EMC 的性能参数匹配良好，但是由于保管不当或过期，致使 EMC 的流动性下降，黏度太大或胶化时间太短，均会引起填充不良。其解决办法主要是选择具有合适的黏度和胶化时间的 EMC，并按照 EMC 的储存和使用要求妥善保管。

（4）由于 EMC 用量不够而引起的未充填，这种情况一般出现在更换 EMC、封装类型或更换模具的时候，其解决办法也比较简单，只要选择与封装类型和模具相匹配的 EMC 用量，即可解决，但是用量不宜过多或过少。

2. 封装成型气孔及其对策

在封装成型的过程中，气孔是最常见的缺陷。根据气孔在塑封体上产生的部位可以分为内部气孔和外部气孔，而外部气孔又可以分为顶端气孔和浇口气孔。气孔不仅严重影响塑封体的外观，而且直接影响塑封器件的可靠性，尤其是内部气孔更应重视。常见的气孔主要是外部气孔，内部气孔无法直接看到，必须通过 X 射线仪才能观察到，而且较小的内部气孔即使通过 X 射线也看不清楚，这也为克服气孔缺陷带来很大困难。那么，要解决气孔缺陷问题，必须仔细研究各类气孔形成的过程。但是严格来说，气孔无法完全消除，只能采取措施来改善，把气孔缺陷控制在良品范围之内。

从气孔的表面来看，形成的原因似乎很简单，是型腔内有残余气体没有有效排出而形成的。事实上，引起气孔缺陷的因素很多，主要表现在以下几个方面：

① 封装材料方面，主要包括 EMC 的胶化时间、黏度、流动性、挥发物含量、水分含量、空气含量、料饼密度、料饼直径与料筒直径不相匹配等；

② 模具方面，与料筒的形状、型腔的形状和排列、浇口和排气口的形状与位置等有关；

③ 封装工艺方面，主要与预热温度、模具温度、注塑速度、注塑压力、注塑时间等有关。

在封装成型的过程中，顶端气孔、浇口气孔和内部气孔产生的主要原因及其对策如下。

（1）顶端气孔的形成主要有两种情况：一种是由于各种因素使EMC黏度急剧上升，致使注塑压力无法有效传递到顶端，以至于顶端残留的气体无法排出而造成气孔缺陷；另一种是EMC的流动速度太慢，以至于型腔没有完全充满就开始发生固化交联反应，这样也会形成气孔缺陷。解决这种缺陷最有效的方法就是增加注塑速度，适当调整预热温度也会有些改善。

（2）浇口气孔产生的主要原因是EMC在模具中的流动速度太快，当型腔充满时，还有部分残余气体未能及时排出，而此时排气口已经被溢出料堵塞，最后残留气体在注塑压力的作用下，往往会被压缩而留在浇口附近。解决这种气孔缺陷的有效方法就是减慢注塑速度，适当降低预热温度，以使EMC在模具中的流动速度减缓；同时为了促进挥发性物质的逸出，可以适当提高模具温度。

（3）内部气孔的形成原因主要是由于模具表面的温度过高，使型腔表面的EMC过快或过早发生固化反应，加上较快的注塑速度使得排气口部位充满，以至于内部的部分气体无法克服表面的固化层而留在内部形成气孔。这种气孔缺陷一般多发生在大体积电路封装中，而且多出现在浇口端和中间位置。要有效地降低这种气孔的发生率，首先要适当降低模具温度，其次可以考虑适当提高注塑压力，但是过分增加压力会引起冲丝、溢料等其他缺陷，比较合适的压力范围是8～10 Mpa。

3. 封装成型麻点及其对策

在封装成型后，封装体的表面有时会出现大量微细小孔，而且位置比较集中，看上去是一片麻点。这些缺陷往往会伴随其他缺陷同时出现，如未充填、开裂等。这种缺陷产生的原因主要是料饼在预热的过程中受热不均匀，各部位的温差较大，注入模腔后引起固化反应不一致，以至于形成麻点缺陷。引起料饼受热不均匀的因素也比较多，但是主要有以下三种情况。

（1）料饼破损缺角。对于一般破损缺角的料饼，其缺损的长度小于料饼高度的1/3，并且在预热机辊子上转动平稳，方可使用，而且为了防止预热时倾倒，可以将破损的料饼夹在中间。在投入料筒时，最好将破损的料饼置于底部或顶部，这样可以改善料饼之间的温差。对于破损严重的料饼，只能放弃不用。

（2）料饼预热时放置不当。在预热结束取出料饼时，往往会发现料饼的两端比较软，而中间的比较硬，温差较大。一般预热温度设置在84.88℃时，温差在8℃～10℃左右，这样封装成型时最容易出现麻点缺陷。要解决因温差较大而引起的麻点缺陷，可以在预热时将各料饼之间留有一定的空隙来放置，使各料饼都能充分均匀受热。经验表明，在投料时先投中间料饼后投两端料饼，也会改善这种因温差较大带来的缺陷。

（3）预热机加热板高度不合理，也会引起受热不均匀，从而导致麻点的产生。这种情况多发生在同一预热机上使用不同大小的料饼时，而没有调整加热板的高度，使得加热板与料饼距离忽远忽近，以至于料饼受热不均。经验证明，它们之间比较合理的距离是3.5 mm，过近或者过远均不合适。

4. 封装成型冲丝及其对策

在封装成型时，EMC呈现熔融状态，由于具有一定的熔融黏度和流动速度，所以具有一定的冲力，这种冲力作用在金丝上，很容易使金丝发生偏移，严重的会造成金丝冲断。这种冲丝现象在塑封的过程中是很常见的，也是无法完全消除的，但是如果选择适当的黏度和流速，是可以控制在良品范围之内的。EMC 的熔融黏度和流动速度对金丝的冲力影响，可以通过建立一个数学模型来解释。可以假设熔融的 EMC 为理想流体，则冲力 $F=K\eta\upsilon\sin Q$，K 为常数，η 为 EMC 的熔融黏度，υ 为流动速度，Q 为流动方向与金丝的夹角。从公式可以看出：η 越大，υ 越大，F 越大；Q 越大，F 也越大；F 越大，冲丝越严重。

要改善冲丝缺陷的发生率，关键是选择和控制 EMC 的熔融黏度和流速。一般来说，EMC 的熔融黏度是由高到低再到高的一个变化过程，而且存在一个低黏度期，所以要选择一个合理的注塑时间，使模腔中的 EMC 在低黏度期中流动，以减少冲力。选择一个合适的流动速度也是减小冲力的有效办法，影响流动速度的因素很多，可以从注塑速度、模具温度、模具流道、浇口等因素来考虑。另外，长金丝的封装产品比短金丝的封装产品更容易发生冲丝现象，所以芯片的尺寸与小岛的尺寸要匹配，避免大岛小芯片现象，以减小冲丝程度。

5．封装成型开裂及其对策

在封装成型的过程中，粘模、EMC 吸湿、各材料的膨胀系数不匹配等都会造成开裂缺陷。对于粘模引起的开裂现象，主要是由固化时间过短、EMC 的脱模性能较差或模具表面沾污等因素造成的。在成型工艺上，可以采取延长固化时间，使之充分固化；在材料方面，可以改善 EMC 的脱模性能；在操作方面，可以每模前将模具表面清除干净，也可以将模具表面涂上适量的脱模剂。对于 EMC 吸湿引起的开裂现象，在工艺上，要保证在保管和恢复常温的过程中，避免吸湿的发生；在材料上，可以选择具有高 T_g、低膨胀、低吸水率、高黏结力的 EMC。对于各材料膨胀系数不匹配引起的开裂现象，可以选择与芯片、框架等材料膨胀系数相匹配的 EMC。

6．封装成型溢料及其对策

在封装成型的过程中，溢料是常见的缺陷形式，而这种缺陷本身对封装产品的性能没有影响，只会影响后来的可焊性和外观。溢料产生的原因可以从两个方面来考虑：一是材料方面，树脂黏度过低、填料粒度分布不合理等都会引起溢料的发生，在黏度的允许范围内，可以选择黏度较大的树脂，并调整填料的粒度分布，提高填充量，这样可以从 EMC 的自身上提高其抗溢料性能；二是封装工艺方面，注塑压力过大，合模压力过低，同样可以引起溢料的产生，可以通过适当降低注塑压力和提高合模压力来改善这一缺陷。由于塑封模长期使用后表面磨损或基座不平整，致使合模后的间隙较大，也会造成溢料，而生产中见到的严重溢料现象往往都是这种原因引起的，可以尽量减少磨损，调整基座的平整度，以解决这种溢料缺陷。

7．封装成型粘模及其对策

封装成型粘模产生的原因及其对策：

① 固化时间太短，EMC 未完全固化而造成的粘模，可以适当延长固化时间，增加合模时间使之充分固化；

② EMC 本身脱模性能较差而造成的粘模只能从材料方面来改善 EMC 的脱模性能，或者封装成型的过程中，适当地外加脱模剂；

③ 模具表面沾污也会引起粘模，可以通过清洗模具来解决；

④ 模具温度过低同样会引起粘模现象，可以适当提高模具温度来加以改善。

复习与思考题 12

1．名词解释：金线偏移、再流焊、翘曲、空洞。
2．简述金线偏移的产生原因。
3．波峰焊工艺和再流焊工艺的不同点有哪些？
4．说明翘曲的产生机理和解决方法。
5．什么是墓碑现象？它的成因和解决方法是什么？
6．列举五种再流焊中容易产生的缺陷，并选两种说明产生原因和预防对策。

第 13 章　先进封装技术

电子产品及设备的发展趋势可以归纳为多功能化、高速化、大容量化、高密度化、轻量化、小型化，为了达到这些需求，在集成电路工艺技术进步的推动下，在封装领域中出现了许多先进封装技术与形式，表现在封装外形的变化是元器件多脚化、薄型化、引脚微细化、引脚形状多样化和凸点连接倒装芯片技术、多芯片三维封装技术等。本书在最后一章重点介绍在最近几年里研发的新型封装技术及其在生产领域的应用。

13.1　BGA 技术

13.1.1　子定义及特点

球栅阵列式（BGA）封装是 1990 年年初由美国 Motorola 与日本 Citizen 公司共同开发的先进高性能封装技术。BGA（Ball Grid Array）意为球形触点阵列，也有人译为“焊球阵列”、“网格焊球阵列”和“球面阵”。它是在基板的背面按阵列方式制出球形触点作为引脚，在基板正面装配 IC 芯片（有的 BGA 的芯片与引脚端在基板的同一面），是多引脚大规模集成电路芯片封装用的一种表面贴装技术。

多年以来，方形扁平封装（QFP）四边有引线的封装技术一直以其成本低、效率高的优点广泛应用于半导体器件与电路的封装，但 QFP 等封装技术仅适用于引脚数不超过 200 条的元器件与电路。进入 20 世纪 90 年代以后，由于微电子技术的飞速发展，器件与电路的引脚数不断增加，因此四边有引线的表面封装技术面临着性能与组装的巨大障碍，为了适应 I/O 数不断增长的趋势，封装人员不得不将 QFP 做得很大，或者缩小引线间距，这就造成封装性能的降低并使制造成本越来越高。在这种进退两难的情形下，以 BGA 形式出现的球栅阵列式封装技术迅速崛起。

BGA 球栅阵列的优点包括：由于互连长度缩短使封装性能得到进一步提高，互连所占的板面积较小，通常 I/O 间距要求也不太严格，可高效地进行功率分配和信号屏蔽。为此球栅阵列互连从 20 世纪 90 年代开始逐渐得到广泛应用。早期的针栅阵列（Pin Grid Array，PGA）封装一直用于先进的、多 I/O 器件封装，如 80486 微处理器等，但目前 BGA 已逐渐成为这类器件的最佳封装技术。

目前的许多芯片规模封装（CSP）都为 BGA 型。这类封装的最大优点就是可最大限度地节约基板上的空间。BGA 可使用多种材料，其结构形式多种多样，最常见的是芯片向上结构，而对热处理要求较高的器件通常要使用芯片向下结构，一级互连多采用传统芯片键合，一些较先进的器件则采用倒装芯片互连。有多种不同的封装基板材料用于一级互连（芯片–基板）或二级互连（封装–电路板），许多多芯片模块（MCM）都采用了 BGA 的封装形式。

焊盘网格阵列（LGA）和焊柱阵列等封装也与 BGA 有着密切的关系。在 BGA 中，焊料球在基板组装以前就要与封装连接起来，而在LGA中则需要在板上涂覆焊料。使用焊柱是由使用焊球互连发展而来的，其典型特点是要使用陶瓷基板以提高连接的可靠性。

BGA具有以下特点。

（1）提高成品率。采用BGA可将间距减为QFP的万分之二、焊点的失效率减小两个数量级，无须对工艺做较大的改动。

（2）BGA焊点的中心距一般为1.27 mm，可以利用现有的SMT工艺设备，而QFP的引脚中心距如果小到0.3 mm，引脚间距只有0.15 mm，则需要很精密的安放设备及完全不同的焊接工艺，实现起来极为困难。

（3）改进了器件引出端数和本体尺寸的比例。例如，边长为31 mm的BGA，当间距为1.5 mm时有400只引脚，而当间距为1 mm时有900只引脚。相比之下，边长为32 mm，引脚间距为0.5 mm的QFP只有208只引脚。

（4）明显改善共面问题，极大地减少了共面损坏。

（5）BGA引脚牢固，不像QFP那样存在引脚变形问题。

（6）BGA引脚短，使信号路径短，减小了引线电感和电容，增强了节点性能。

（7）球形触点阵列有助于散热。

（8）BGA适合MCM的封装需要，有利于实现MCM的高密度、高性能。

13.1.2 BGA的类型

对于在组件体的底部位置安置有大量球栅阵列的BGA器件而言有4种主要的类型。这些组件一般所拥有的焊球节距为1.27～2.54 mm，它对贴装精度没有特别的要求。另外，由于BGA器件具有自动排列对准的特点，如果任何器件的焊球节距发生大约50%的失调现象，那么再流焊接器件将会发生自动纠正的效果。当焊点发生再流时，器件会“浮动”进入自动校准状态，这是因为熔化了的焊料在表面张力的作用下，会将表面缩小到最小限度所致。

BGA的四种主要形式为：塑料球栅阵列（PBGA）、陶瓷球栅阵列（CBGA）、陶瓷圆柱栅格阵列（CCGA）和载带球栅阵列（TBGA），下面分别介绍。

1. 塑料球栅阵列

塑料球栅阵列（Plastic Ball Grid Array，PBGA）又常被称为整体模塑阵列载体（Over Molded Plastic Array Carriers，OMPAC），它是最常用的BGA封装形式（如图13.1所示）。PBGA载体所采用的制造材料是PCB上所用的材料，如FR-4。管芯通过引线键合技术连接到PCB载体的顶部表面上，然后采用塑胶进行整体塑模处理。采用阵列形式的低共熔点合金（37Pb/63Sn）焊料被安置到PCB载体的底部位置上。这种阵列可以采用全部配置形式，也可以采用局部配置形式，焊料球的尺寸大约为1 mm，节距范围在1.27～2.54 mm之间。OMPAC和SGA器件是典型的塑料封装球栅阵列的例子。

图13.1（a）所示的是整体模塑阵列载体（OMPAC）器件的示意图，该产品的主要供应商为美国Motorla和Citizen公司；如图13.1（b）所示的是焊料栅格排列（Solder Grid Array，SGA）器件的示意图，该产品的主要供应商为美国Hestia Technologies和Citizen公司。

这些组件可以通过使用标准的表面贴装装配工艺进行装配，低共熔点合金焊膏可以通过模板印刷到PCB的焊盘上面，组件上的焊料球被安置在焊膏上面，接着装配工作进入到再流焊阶段。由于在电路板上面的焊膏和载组件上面的焊球都是低共熔点焊料，在再流焊接工艺连接器件时，所有这些焊料均发生熔化现象。在表面张力的作用下，在器件和电路板之间的焊接点重新凝固，它们呈现出桶状。

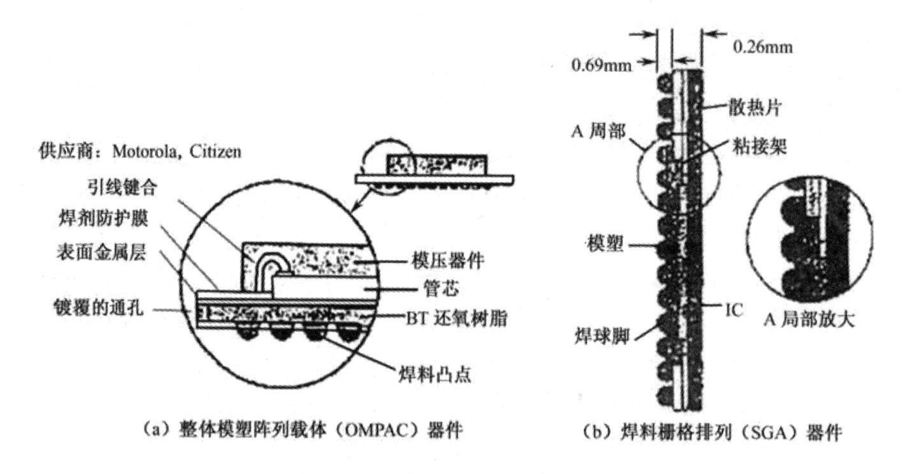

图 13.1　模塑焊盘阵列排列载体及示意图

PBGA 封装器件所具有的主要优点是：

（1）制造商完全可以利用现有的装配技术和廉价的材料，从而确保整个封装器件具有较低的价格；

（2）与 QFP 器件相比，很少产生机械损伤现象；

（3）装配到 PCB 上可以具有非常高的质量。

采用 PBGA 技术所面临的挑战是保持封装器件平面化或扁平化、对潮湿气体的吸收降到最低，防止“爆玉米花”现象的产生，解决涉及较大管芯尺寸的可靠性的问题。这些挑战在具有大量 I/O 封装器件时更加严重。在装配好了以后关于焊点的可靠性涉及的问题很少，这是因为和绝大多数的表面贴装元器件不同，在热循环器件中没有失效机理。另外增加的一项挑战是继续要求降低 PBGA 封装的成本。经过种种努力，它们将会成为具有良好性价比的替换 QFP 器件的手段，甚至在 I/O 数量少于 200 时也是如此。

2. 陶瓷球栅阵列

陶瓷球栅阵列（Ceramic Ball Grid Array，CBGA）器件也称为焊料球载体（Solder Ball Carriers，SBC）。CBGA 是将管芯连接到陶瓷多层载体的顶部表面所组成的。在连接好了以后，管芯经过气密性处理以提高其可靠性和物理保护。在陶瓷载体的底部表面安置有采用 90Pb/10Sn 的焊料球，底部阵列可以采用全部填满形式，也可以采用局部填满形式，所采用的焊球尺寸为 1 mm，节距为 1.27 mm。

CBGA 器件能够使用标准的表面贴装组装和再流焊接工艺进行装配。这种 CBGA 再流焊工艺不同于在 PBGA 装配中所采用的再流焊接工艺，然而，这不过是焊球结构变化的结果。PBGA 中的低共熔点合金焊膏（37Pb/63Sn）在 183℃时发生熔化现象，然而 CBGA 焊球（90Pb/10Sn）大约在 300℃时发生熔化现象。一般标准的表面贴装再流焊所采用的 220℃温度仅能够熔化焊膏，不能熔化焊球。所以为了能够形成良好的焊点，CBGA 器件与 PBGA 器件相比较，在模板印刷期间，必须有更多的焊膏施加到电路板上面。在再流焊接期间，焊料填充在焊球的周围，焊球所起到的作用像一个刚性的支座。因为在两个不同的 Pb/Sn 焊料结构之间形成互连，在焊膏和焊球之间的界面实际上不复存在，所形成的扩散区域具有从 90Pb/10Sn～37Pb/63Sn 的光滑斜度。

CBGA 封装器件不像 PBGA 封装器件，在电路板和陶瓷封装之间存在热膨胀系数不匹配的问题，这类问题会在热循环器件造成较大封装器件焊点失效的现象。通过大量的可靠性测试工作，已经证明 CBGA 封装器件能够在高达 32 mm^2 的区域接受业界标准的热循环测试标准的考核。当焊球的节距为 1.27 mm 时，I/O 引脚数量限定值为 625 个。当陶瓷封装体的尺寸大于 23 mm^2 时，应该关注其他可以替换的方式。

CBGA 所拥有的优点主要有：

（1）组件拥有优异的热性能和电性能；

（2）与 QFP 器件相比，很少会受到机械损坏的影响；

（3）当装配到具有大量 I/O 应用的 PCB 上时（高于 250I/O），可以具有非常高的封装效率。

另外，这种封装可以利用管芯连接到倒装芯片上的方法，有比引线键合技术形式更高密度的互连配置。在许多场合，具有特殊应用的集成电路的管芯尺寸受到线焊焊盘的限制，尤其是在具有大量 I/O 的应用场合。通过使用高密度的管芯互连配置，管芯的尺寸可以被缩小，而不会对功能产生任何影响。这样可以允许在每个晶圆上拥有更多的管芯和降低每个管芯的成本。

要想成功地实施 CBGA 技术不存在很重大的技术难题，最大的问题是涉及与现有贴装设备的兼容性。最大的挑战是在市场上这种封装器件如何获取，CBGA 在大批量生产的环境中具有可靠性，预计在不久的将来，CBGA 封装的价格将与其他可以替代的产品具有竞争力。因为存在着价格和复杂性的问题，对于 CBGA 器件来说其所占的市场份额将是高性能、高 I/O 的应用领域。另外，这种封装重量相当大，它用于对重量非常敏感的便携式电子产品的可能性非常小。

3．陶瓷圆柱栅格阵列（CCGA）

陶瓷圆柱栅格阵列（Ceramic Column Grid Array，CCGA）器件也被称为圆柱焊料载体（Solder Column Carriers，SCC），它是陶瓷体尺寸大于 32 mm^2 的 CBGA 器件的替代品。在 CCGA 器件中采用 90Pb/10Sn 的焊料圆柱阵列来替代陶瓷底面的贴装焊球。这种阵列可以采用全部填充的方法也可以采用局部填充的方法，圆柱的直径尺寸为 0.508 mm、高度约为 1.8 mm、节距为 1.27 mm。目前采用 CCGA 封装技术的产品很少。

不像 CBGA 器件的焊料球，CCGA 器件上的焊料柱能够承受由于电路板和陶瓷封装之间的 TCE 不匹配所产生的应力作用。大量的可靠性测试证明，占面积 44 mm^2 的 CCGA 封装器件在装配中能够承受业界标准的热循环测试规范。对于 CCGA 器件而言，在装配时其优点和缺点非常类似于 CBGA 器件的优缺点，仅有一个很大的区别，那就是焊料圆柱比焊球更容易受到机械损伤。

4．载带球栅阵列（TBGA）

载带球栅阵列（Tape Ball Grid Array，TBGA）也称为阵列载带自动键合（Array Tape Automated Bonding，ATAB），是一种相对新颖的 BGA 封装形式。TBGA 是由连接至铜/聚酰亚胺柔性的电路，或者是具有两层包含由管芯连接至球栅阵列的铜线。可以用引线键合、再流焊接，或者热压/热声波内部引线连接等方法将管芯与铜线相连接。当连接成功后，对管芯采用密封处理以提供有效的防护，焊球通过类似于引线键合的微焊（Micro-Welding）工艺处理被逐一地连接到铜线的另一端。

如图 13.2 所示，焊球采用 90Pb/10Sn 制造，直径为 0.9 mm，一般用 1.27 节距的阵列配置形式。这种阵列配置总是采用局部配置的形式，因为没有焊球可以连接到安置着管芯的组件中心位置。当焊球和管芯被装配好后，一个镀锡的铜加强肋被安置在载带的顶部表面上，通过它提供刚性效果并且确保组件的可平面化，TBGA 器件也可以通过用于 CBGA 组件的标准表面贴装装配工艺来进行装配。

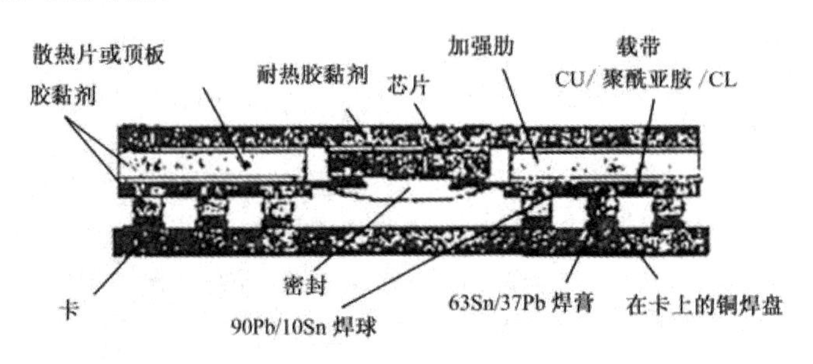

图 13.2　载带球栅阵列示意图

TBGA 封装具有下述优点：

（1）比绝大多数的 BGA 封装（特别是具有大量 I/O 数量的）要轻和小；

（2）比 QFP 器件和绝大多数其他 BGA 封装的电性能要好；

（3）装配到 PCB 上具有非常高的封装效率。

另外，这种封装利用比引线键合密度高的管芯互连方案，具有与 CBGA 组件相同的其他优点。

成功地实施 TBGA 技术遇到的技术方面的挑战很少，吸湿是最大问题。与 PBGA 组件一样，在装配好了以后，涉及焊点的可靠性问题很少。电路板的热膨胀系数与加强肋是相匹配的。

主要的挑战来自市场上如何获得可以接受的这种组件。由于这个问题，TBGA 的可靠性必须在大规模生产中得到证明，TBGA 组件的价格必须与其他可供选择的方法具有竞争性。因为它的复杂程度，TBGA 将在高性能、需要拥有大量 I/O 数量的应用场合具有最大的竞争性。

13.1.3　BGA 的制作及安装

1．BGA 的制作过程

以 OMPAC 为例简要介绍 BGA 的制作过程，如图 13.3 所示为 Motorola 公司生产的 OMPAC（模压树脂密封凸点阵列载体）的结构示意图。制作过程如下。

OMPAC 基板为 PCB，材料是 BT 树脂/玻璃。BT 树脂/玻璃芯材被层压在两层 18μm 厚的铜箔之间，然后钻通孔和镀通孔，通孔一般位于基板的四周；用常规的 PCB 工艺在基板的两面制作图形（导带、电极及安装焊料球的焊区阵列），然后加上焊接掩膜并制作图形，露出电极和焊区。

基板制备好之后，首先用填银环氧树脂将硅芯片粘到镀有 Ni/Au 的薄层上，黏结固化后用标准的热声金丝球焊接将 IC 上的铝焊区与基板上的镀 Ni/Au 的丝焊电路相连。之后用填有石灰粉的环氧树脂膜压料进行模压密封，形成如图 13.3 所示的形状。固化之后，使用一个焊料球自动捡放机械手系统将浸有焊膏的焊料球（预先制好）安放到各个焊区上，用常规 SMT 再流焊的工艺在氮气气氛下进行再流焊，焊料球与镀 Ni/Au 的焊区焊接形成焊料凸点。

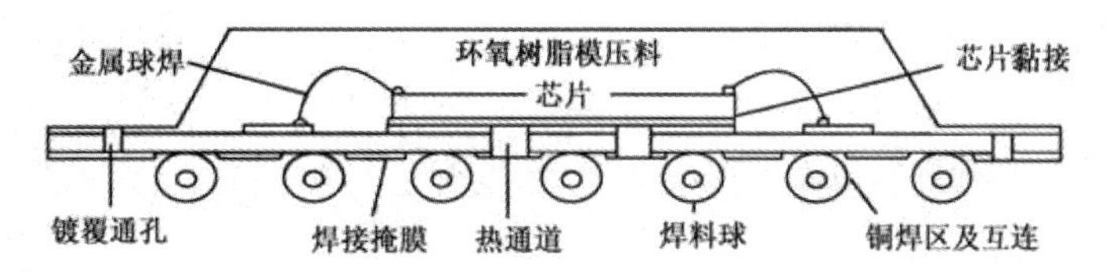

图 13.3　OMPAC 结构示意图

在基板上装焊料球有两种方法：“球在上”和“球在下”，Motorola 的 OMPAC 采用前者。先在基板上丝网印刷焊膏，将印有焊膏的基板装在一个夹具上，固定位将一个带筛孔的顶板与基板对准，把球放在顶板上，筛孔的中心距与阵列焊点的中心距相同，焊料球通过孔阵列落到基板焊区的焊膏上，多余的球则落入一个容器中。取下顶板后将部件送去再流焊，然后进行清洗。

“球在下”方法被 IBM 公司用来在陶瓷基板上装焊料球，其过程与“球在上”相反。先将一个带有以所需中心距排成阵列的孔（直径小于料球）的特殊夹具（小舟）放在一个振动/摇动装置上，放入焊料球，通过振动使球定位于各个孔，在球上印焊膏，再将基板对准放在印好的焊膏上，送去再流焊之后进行清洗。

焊料球的直径一般是 0.76 mm 或 0.89 mm，PBGA 焊料球的成分为低熔点的 63Sn/37Pb（OMPAC 为 62Sn/36Pb/2Ag），焊料球的成分为高熔点的 10Sn/90PbGBA，上述两种焊料球的引出端有全阵列和部分阵列两种排法，全阵列是焊料球均匀分布在基板整个底面，部分阵列是焊料球分布在基板的靠外部分。对于芯片与焊料球位于基板同一面的（一部分 CBGA 和 MBGA 采用的布局）情况，只能采用部分阵列。有时可以在采用全阵列时采用部分阵列，基板中心部位不设计焊区，这样做是为了提高电路板的布线能力，可减少 PCB 的层数。

2. 安装与再流焊

安装前需检查 BGA 的焊料球的共面性及无脱落，BGA 在 PCB 上的安装与目前的 SMT 设备和工艺完全兼容。先将低熔点焊膏丝网印刷到 PCB 的焊盘阵列上，用拾放设备将 BGA 对准放在印有焊膏的焊盘上，然后进行标准的 SMT 再流焊。对于 PBGA 而言，因其焊料球合金的熔点较低，再流焊时焊料球部分熔化，与焊膏一起形成 C4 焊点，焊点的高度比原来的焊料球低；而 CBGA 的焊料球是高熔点合金，再流焊时不熔化，焊点的高度不降低。BGA 进行再流焊时，由于参与焊接的焊料较多，熔融焊料的表面张力有一种独特的“自对准效应”。因此，BGA 的组装成品率很高，而对 BGA 的安放精度允许有一定的偏差。因为安放时看不见焊料球的对位，一般要在电路板上做出标记，安放时使 BGA 的外轮廓线与标记对准。

3. 焊点的质量检测

对 BGA 而言，检测焊点质量是比较困难的。由于焊点被隐藏在装配的 BGA 下面，因而，通常的目检和光学自动检测不能检测焊点质量，目前，国外采用 X 射线断面自动工艺检测设备进行 BGA 焊点的质量检测。

X 射线断面自动工艺检测设备能用 X 射线切片技术分清 BGA 焊点的一个个边界，因而可以对每一个焊点区域进行精确检测。这种检测设备能用很小的视场景深产生 X 射线焦面，并且将 BGA 焊点的每个边界区域移到焦面上分别照相。对于每一个图像，采取特征值算法规则读出 X 射线图像关键点的灰度级，并将灰度级读数转换成与安装设备校准对应的物理尺寸，尺寸数据被自动送入可自动生成工程控制图的 SPC（Statistical Process Control，统计过程控制）装置，并存储起来作为 SPC 分析的历史资料。为正确做出焊点接受/拒受的判断，按照缺陷检测算法规则，自动处理检测数据，并做出接受或拒受的结论。

4．返工

BGA 的返工是人们普遍关心的问题，也是 BGA 封装技术中相对复杂的问题。国外通用的 BGA 返工工艺流程如下：

确认缺陷 BGA 组件→拆卸 BGA→BGA 焊盘预处理→检测焊膏涂覆→重新安放组件并再流焊→检测。

目前，世界上许多公司都对 BGA 返工进行了成功的研究。IBM 下属公司研究了 CBGA、PBGA 和 TBGA 的返工工艺。关键工艺在于掌握 PCB/BGA 焊位的热分布，并采用如图 13.4 所示的面加热再流喷嘴。AT&T 公司研究了用于 MCM 组装的 BGA 返工工艺。据报道，拆卸缺陷元器件、处理拆卸后的焊盘，以及安放新元器件并再流焊一般在 3 min 左右。

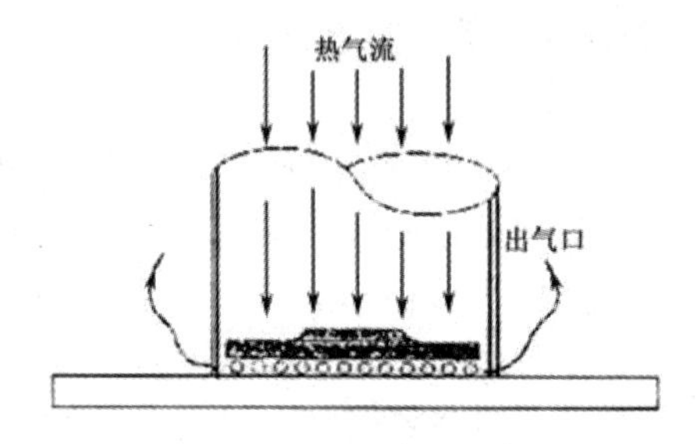

图 13.4　面加热再流喷嘴

13.1.4　BGA 检测技术与质量控制

采用 BGA 技术封装器件的性能优于常规的元器件，但是许多生产厂家仍然不愿意投资并开发大批量生产 BGA 器件的生产能力，究其原因主要是 BGA 器件焊接点的测试相当困难，不容易保证其质量和可靠性。

1．器件焊接点检测中存在的问题

目前，以中等规模到大规模采用 BGA 器件进行电子封装的厂商，主要采用电子测试的方式来筛选 BGA 器件的焊接缺陷，在 BGA 器件装配工艺过程质量和鉴别缺陷的其他方法，包括在焊剂漏印（Paste Screen）上取样测试和使用 X 射线进行装配后的最终检验，以及对电子测试的结果分析。

满足对 BGA 器件电子测试的评定要求是一项极具挑战性的技术，因为在 BGA 器件下面选定测试点是困难的，在检查和鉴别 BGA 器件的缺陷方面，电子测试通常无能为力，这在很大程度上增加了用于排除缺陷和返修时的费用支出。

据某家国际计算机制造商反映，从印制电路板装配线上剔除的所有 BGA 器件中的 50%以上，采用电子测试方式对其进行测试是失败的，它们实际上并不存在缺陷，因而也就不应该被剔除掉。对其相关界面的仔细研究能够减少测试点和提高测试的准确性，但是这要求增加管芯级电路以提供所需要的测试电路。在检测 BGA 器件缺陷过程中，电子测试仅能确定在 BGA 连接时，判断导电电流的通、断，如果辅助于非物理焊接点测试，将有助于封装工艺过程的改善和 SPC（统计工艺控制）。

BGA 器件的封装是一种基本的物理连接工艺过程。为了能够确定和控制这样一个工艺过程的质量，要求了解和测试影响可靠性的物理因素，如焊料量、导线和焊盘的定位情况，以及润湿性，不能仅基于电子测试所产生的结果就进行修改。

2. BGA 焊前检测与质量控制

生产中质量控制非常重要，尤其是在 BGA 封装中，任何缺陷都会导致 BGA 封装元器件在印制电路板焊装过程出现差错，将在以后的工艺中引发质量问题。封装工艺中所要求的主要性能有：封装组件的可靠性、与 PCB 的热匹配性、焊料球的共面性对热、湿气的敏感性、是否能通过封装体边缘对准性及加工的经济性等。需要指出的是，BGA 基板上的焊球无论是通过高温焊球平（90Ph/10Sn）转换，还是采用球射工艺形成，焊球都可能掉下丢失，或者形成过大、过小，或者发生焊料桥接、缺损等情况，因此在对 BGA 进行表面贴装之前需要对其中的一些指标进行检测控制。

英国 Scantron 公司研究和开发的 Procan1000 采用三角激光测量法，测量光束下的物体沿 *X* 轴和 *Y* 轴移动时，在 *Z* 轴方向移动的距离，并将物体的三维表面信息进行数字化处理，以便分析和检测。该软件以 2 000 点/秒的速度扫描 100 万个数据点，直到亚微米级，扫描结果以水平、等量和截面示意图显示在高分辨率 VGA 监视器上。Proscan1000 还能计算表面粗糙度参数、体积、表面积和截面积。

3. BGA 焊后质量检测

使用球栅阵列封装（BGA）器件给质量检测和控制部门带来了难题，如何检测焊后安装质量将成为难题。由于这类器件焊装后，检测人员不可能见到封装材料下面的部分，从而使目检焊接质量成为空谈。其他如板载芯片（COB）及倒装芯片安装等新技术也面临着同样的问题，而且与 BGA 器件类似，QFP 器件的 RF 屏蔽也挡住了视线，使目检者看不见全部焊接点。为满足用户对可靠性的要求，必须解决不可见焊点的检测问题。光学与激光系统的检测能力与目检相似，因为它们同样需要通过视线来检测，即使用 QFP 自动检测系统 AOT（Automated Optical Inspection）也不能判定焊接质量，原因是无法看到焊接点，为解决这些问题，必须寻求其他的检测办法。目前的生产检测技术有电测试、边界扫描及 X 轴射线检测。

（1）电测试。传统的电测试是查找开路与断路缺陷的主要办法，唯一目的是在基板的预置点进行实际的电连接，这样便可以提供一个信号流入测试板、数据流入 ATE 的接口。如果印制电路板有足够的空间设定测试点，系统就能快速、有效地查找到断路、短路及故障器件。系统也可检查器件的功能，测试仪器一般由微机控制。在检测每块 PCB 时，需要相应的探针台和软件，对于不同的测试功能，该仪器可提供相应工作单元来进行检测。例如，测试二极管、晶体管时用直流电平单元；测试电容、电感时用交流单元；测试低数值电容、电感及高阻值电阻时用高频信号单元。但封装密度与不可见焊点数量大量增加时，寻找线路节点则变得昂贵、不可靠。

（2）边界扫描。边界扫描技术解决了一些与复杂器件及封装密度有关的问题。采用边界扫描技术，每一个 IC 元器件设计有一系列寄存器，将功能线路与检测线路分离开，并记录通过元器件的检测数据，测试通路检查IC元器件上每一个焊接点的断路、短路情况。基于边界扫描设计的检测端口，通过边缘连接器给每一个焊点提供一条通路，从而免除全节点查找的需要。电测试与边界扫描主要用以测试电性能，却不能较好地检测焊接的质量，为提高并保证生产过程的质量，必须找寻其他方法来检测焊接质量，尤其是不可见焊点的质量。

（3）X射线测试。X射线检测法，换言之，X射线透视图可显示焊接厚度、形状及质量的密度分布。厚度与形状不仅是反映长期结构质量的指标，在测定断路、短路缺陷及焊接不足的方面，也有较好的衡量指标，此技术有助于收集量化的过程参数并检测缺陷。在今天这个生产竞争的时代，这些补充数据有助于降低新产品开发费用、缩短产品投放市场的时间。

① X射线图像检测原理。X射线由一个微焦点X射线管产生，穿过管壳内的一个铍管，并投射到实验样品上。样品对X射线的吸收率或透射率取决于样品所包含材料的成分与比率。穿过样品的X射线的吸收率或X射线敏感板上的磷涂层，并激发出光子，这些光子随后被摄像机探测到，然后对该信号进行处理放大，用计算机进一步分析或观察。不同的样品材料对X射线具有不同的透明系数，处理后的灰度图像显示了被检查的物体密度或材料厚度的差异。

② 人工X射线检测。使用人工X射线检测设备，需要逐个检查焊点并确定是否合格。该设备配有手动或电动辅助装置使组件倾斜，以便更好地进行检测和摄像，但通常的目视检测要求培训操作人员且易于出错。此外，人工设备并不适合对全部焊点进行检测，而只适合做工艺鉴定和工艺故障分析。

③ 自动检测系统。全自动系统能对全部焊点进行检测。虽然已定义了人工检测标准，但全自动系统的检测正确率比人工X射线检测方法高得多，自动检测系统通常用于产量高且品种少的生产设备上，具有高价值或要求可靠性的产品也需要进行自动检测，检测结果与需要返修的电路板一起送给返修人员。

自动X射线分层系统使用了三维剖面技术，该系统能检测单面或双面表面贴装电路板，克服了传统的X射线系统的局限性。系统通过软件定义了所要检查焊点的面积和高度，把焊点剖成不同的截面，从而为全部检测建立完整的剖面图。目前已有两种检测焊接质量的自动检测系统上市。

传输X射线测试系统源于X射线束沿通路复合吸收的特性，对SMT的某些焊接，如单面PCB上的J型引线与微间距QFP，传输X射线系统是测定焊接质量最好的办法，但它不能区分垂直重叠的特征。因此，在传输X射线透视图中，BGA元器件的焊缝被其引线的焊球遮蔽，对于RF屏蔽之下的双面密集型PCB及元器件的不可见焊接，也存在这类问题。

断面X射线自动测试系统克服了传输X射线测试系统的众多问题，它设计了一个聚焦点，并通过上下平面散焦的方法，将PC的水平区域分开。该系统的成功在于只需要较短的测试开发时间，就能准确检查焊接点。断面X射线自动测试系统提供了一种非破坏性的测试方法，可检测所有类型的焊接质量，并获得有价值的调整装配工艺的信息。

④ 选择合适的X射线检测系统。选择适合实际生产中应用的、有较高性能价格比的X射线检测系统以满足控制需求，是一项十分重要的工作。最近较新出现的超高分辨力X射线系统在检测分析缺陷方面已达到微米水平，为生产线上发现较隐蔽的质量问题（包括焊接缺陷）提供了较全面的、省时的解决方案。在决定购买检测X射线系统之前，一定要了解系统在实际生产中的应用方面及所要达到的功能，以便于确定系统所需的最小分辨力，与此同时也就确定了所要购置的系统的大致价格。

（4）BGA的返修。BGA返修工艺主要包括以下几步。

① 电路板、芯片预热。主要目的是将潮气去除，如果电路板和芯片的潮气很小（如芯片刚拆封），这一步可以免除。

② 拆除芯片。如果拆除的芯片不打算重新使用，而且电路板可承受高温，拆除芯片可采用较高温度（较短的加热周期）。

③ 清洁焊盘。主要是将拆除后留在 PCB 表面的助焊剂、焊锡膏清理掉，必须使用符合要求的洗涤剂。为了保证 BGA 的焊接可靠性，一般不能使用焊盘上旧的残留焊锡膏，必须将旧的焊锡膏清除掉，除非芯片上重新形成 BGA 焊锡球。由于 BGA 体积小，特别是 CSP 体积更小，清洁比较困难，所以在返修 CSP 的周围很小时，就需使用非清洗焊剂。

④ 涂焊锡膏、助焊剂。在 PCB 上涂焊锡膏对于 BGA 的返修结果有重要影响。通过选用与芯片相符的模板，可以很方便地将焊锡膏涂在芯片上。选择模板时，应注意 BGA 芯片会比 CBGA 芯片的模板厚度薄，使用水剂焊锡膏，回流时间可略长些；使用 RMA 焊锡膏，回流时间可略长些；使用非清洗焊锡膏，回流温度应选得低些。

⑤ 贴片。主要目的是使 BGA 上的每一个焊锡球与 PCB 上每一个对应的焊点对正。由于 BGA 芯片的焊点位于肉眼不能观测到的部位，所以必须使用专门的设备来对中。

13.1.5 基板

BGA 基板应具有下面几个功能：完成信号与功率分配、进行导热并与电路板的热膨胀系数（CTE）相匹配。在许多情况下，采用叠层基板、增加功率面有助于屏蔽信号并提高导热性能。

CTE 是选择基板时需要考虑的重要因素，Si 的 CTE 约为 2.8×10–6/K，而常见的层压 PC 板材料的 CTE 一般在 18×10–6/K，CTE 约为 7×10^{-6}/K 的陶瓷基板与 Si 的匹配不太理想，如果 CTE 不能很好地匹配，就必须使用包封材料、填料、芯片键合材料或其他特殊方法来弥补不足。

多数情况下都采用层压板以简化二级互连，采用芯片键合或填料来解决一级互连的 CTE 不匹配问题。绝大多数有机材料是由 BT 或包含 BT 的玻璃织物制成的。奔腾处理器芯片就采用了在有机基板上使用填料的倒装芯片互连技术。

许多芯片规模 BGA 封装常采用载带基板或柔性基板。多数情况下，这类基板是一种带有一层金属层的双层载带。美国 Allied Signa Substrate Technology Interconnects（ASTI）公司目前正在生产一种载带基板，其尺寸为 100 μm，金属线条尺寸为 25 μm。此外，ASTI 公司还可生产一种多层有机基板，层连接为锡–铜点墨技术。

陶瓷材料常用于一级互连，以提高其可靠性。为了实现用铜制作图形并集成无源元件的目的，目前常采用低温共烧陶瓷（LTCC）。

通常，尺寸在 35 mm 以上的陶瓷基板会出现一些可靠性方面的问题，这是由于与电路板 CTE 不匹配造成的。在某些情况下要使用特殊的电路板，在有机电路板上连接较大的陶瓷封装时，可用焊柱取代焊球以便形成陶瓷柱网格阵列（CCGA），将形状做得较长有助于改善互连的疲劳寿命。最近，Kyocera 公司研制成功一种 BGA 用的陷窝型（dimpled）陶瓷基板，这种基板的特点是采用焊料填充陷窝，有效地增加了的高度。

一些业内人士认为，陶瓷材料可以最大限度地提高芯片与基板的可靠性，而有机基板可以最大限度地提高表面安装可靠性，芯片尺寸和互连能力决定了基板的选择。

IBM Interconnect Product 公司最近成功地开发了一种名为高性能的芯片载体（HPCC）的有机基板，其 CTE 为 1.2×10^{-6}/K。这是目前与 Si 的 CTE 最匹配的有机基板材料。美国另一家公司 W.L.Gore 也开发了一种名为 Microlam 的基板材料，这是一种由聚四氟乙烯构成的材料，其外部覆有胶和增强型填充材料，这种新型基板材料在三个方向上都与铜的 CTE 相匹配，因此可以避免应力在基板中形成，该公司已可以在这种基板上制作 20 μm 的线条、50 μm 的间距和尺寸为 110μm 的焊点，该公司还在不断尝试改进基板断面，形成不同的 CTE 区，这样芯片下面的 CTE 就可能与 Si 更匹配。从事这一领域研究的还有许多其他公司，但目前只有 W.L.Gore 公司取得了较为突出的成就。

西门子公司最近报道了一种类似于 BGA 的塑料柱形网格阵列封装。将基板和互连柱放在同一块塑料片上之后，在基板上镀铜并用激光制作锡图形，使锡图形可用做铜的腐蚀掩膜，在柱上覆铜实现与电路板的电连接。用激光制作图形的速度很快，也容易制作。

美国 X-LAM Technologies 公司开发了一种薄膜基板工艺，目前可达到 54 μm 的通孔焊点设计。该公司声称，由于该工艺采用了平板显示制造设备并对基板进行了处理，其特征尺寸可降至 16 μm。

Alpine Microsystems 公司则采用了 Si-Si 工艺，封装的一级互连是在 Si 上倒装芯片实现的，该工艺还可用于 MCM，不管它是否为 BGA。

13.1.6 BGA 的封装设计

封装设计已成为实现高性能 BGA 封装的一个重要因素。目前，可选择的封装材料越来越多，而且要封装的器件也日益复杂，因此越来越多的设计人员开始意识到将芯片和封装结合起来进行设计的重要性，甚至有些公司在设计芯片时就将电路板考虑进去了。

目前已出现了专门提供 BGA 封装设计软件的公司，如美国 CAD Design 软件公司设计了一种名为“电子封装设计者”的封装设计软件，它将 CAD 应用于包括 BGA 在内的各种封装设计中。PAD 软件公司最近开发了一种用于 BGA 封装设计的 Power BGA 产品；Fishers 公司的 Encore BGA 和 Encorre PQ 软件可使芯片设计人员尽快地验证一种新的封装构思的可行性。

BGA 设计中的热增强原则包括使用散热片和导热管。多层基板内的铜电源面和接地面对封装的热导率有一定的贡献，因此，如果与之相连的 PCB 不能处理热负载，使用增强型 BGA 就无任何意义了。在板上增加层数就意味着复杂程度的提高，但也会大大提高热性能，用四层板取代二层板可使板的热导率提高 4 倍，设计中要考虑的基本电性能包括基板的介电常数、控制阻抗，与在基板中使用铜电源面和接地面的作用相同，在周围加上一些接地和电源环有助于减小电感，这些结构都可以避免接地振动及一系列相关的问题，通常整个封装中的信号图形的特征阻抗约为 50Ω。

在需要镀金的导体设计中还必须考虑到电镀尾端（platingtails）的电特性，电镀尾端就像天线一样会对高速线路产生额外电容，会造成布线面的浪费，并有可能对电性能产生一定的消极影响。目前国际上有一些公司正在采用一种镀金图形的相减技术来避免这种电镀尾端产生的问题。具体工艺步骤如下：在制作图形之前，在铜上面镀金，其后在金上布线，实际上在工艺过程中金只相当于铜的一层腐蚀掩膜。

13.1.7 BGA 的生产、应用及典型实例

目前，世界上许多国家都生产 BGA 封装件，并对外销售。IBM、Motorolai、Citizen、LSI Logic、AmkorAnam、Cassia、SAT、AT&T、NationalSemiconductor、Olin 和 ASE、Ball 等公司都生产 BGA 产品。

据新闻资料介绍，美国有两家大的电子封装商 Alphatec 和 IPAC 建立了 PBGA 的生产线，其生产认证范围，从 I/O 引线数看，已达到 352～700。日本 NEC 公司已批量生产 BGA 多引脚 ASIC，月产量达 5 万件。欧洲的 Blanpunkt 公司已研制出汽车娱乐产品的 MCMBGA，Valtronic 已研制用于便携式通信产品的 MCMBGA。

目前，BGA 已广泛应用到计算机领域（便携式计算机、巨型计算机、军用计算机、远程通信用计算机）、通信领域（寻呼机、调制解调器）、汽车领域（汽车发动机的各种控制器、汽车娱乐产品）。下面介绍 BGA 应用的典型实例。

（1）美国 Pacific Microelectornics Corp（简称 PMC 公司）研制并生产一种用于 ASIC 微处理器和其他高性能 IC 的 MCMBGA。

PMC 公司采用低温共烧陶瓷导带 MCM 技术，制造带有传输线、埋置电阻和电容的 CBGA 封装。据该公司介绍，金属化层可配置成 50Ω传输线，在 25 GHz 频率下，插入损耗低于 1dB，每英寸延长 90～180 ps（毫米秒）。

在完成基板组装时，采用 QFP 封装，I/O 端数为 1 225 个，引线间距为 0.5mm，约占基板面积 161cm^2；而采用 BGA 封装，只占基板面积 13cm^2。

（2）MBGA（微型 BGA）也称 MicroBGA，最早由 Tessera 公司开发，其结构如图 13.5 所示。它是针对球形阵列面积和芯片类似的多引线 I/O、高性能、大功率来研制的，并有可以表面安装到 PCB 上的柔性引线，柔性引线避免了焊点和芯片之间较大的应力，从而消除了芯片和基板之间的热膨胀。由于 MBGA 尺寸比通常的 BGA 更小，相应的寄生电感和电容更小，如引线短、功率/接地层电感典型值达到 0.5nH 的数量级。

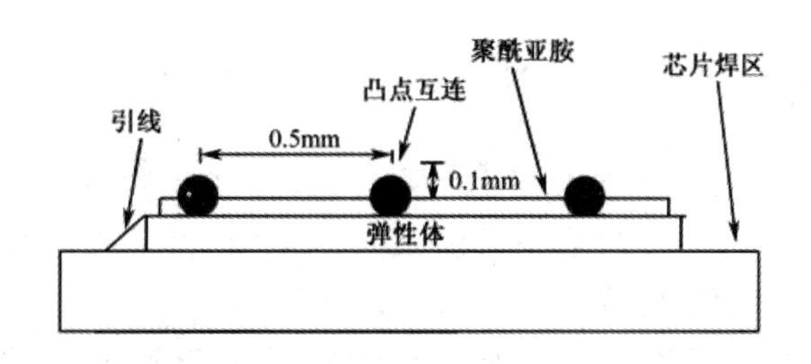

图 13.5　MBGA 结构

总之，MBGA 提供 *X*、*Y*、*Z* 三维柔性引线，通过标准表面安装可将其和任何基板相连。封装件可以进行测试，经包封后的封装件还可用拾放机处理。MBGA 的尺寸可以减小到芯片本身的尺寸大小。对标准周边焊台的应用，MB-GASK 可以扩展到更细焊台间距和芯片 I/O 数在 1 000～1 400 的应用范围；对于面阵列焊台，可以扩展到 4 000 个。目前 MBGA 已用于磁盘驱动器、调制解调器、蜂窝式电话和 PCMCIA 卡的制造中。

13.2　CSP 技术

13.2.1　产生的背景

以 SMT 为基础、包含 MCM、WSI（晶圆级规模集成电路）、3D（三维封装技术）等内容的当代先进电子封装技术发展迅速，推动着电子设备向更高速度、性能、封装密度、可靠性方向发展。它给集成电路元器件的进一步微型化、高密度化开辟了新天地，同时也提出了越来越高的设计制造要求。要实现更高密度的封装，几十年来主宰、制约电子封装技术发展的芯片小、封装大这一芯片与封装的矛盾显得尤为突出。20 世纪 70 年代流行的双列直插式封装 DIP，芯片面积/封装面积约为 1∶80；20 世纪 80 年代出现的芯片载体封装尺寸大幅度减小，以 208I/O 四面引脚扁平封装（QFP）为例，其在芯片面积/封装面积约为 1∶7.8，仍然有 7、8 倍之差。

20 世纪 80 年代后期开始发展的 MCM 技术，将多个裸芯片不加封装、直接装于同一基板并封装于同一壳体内，它与一般 SMT 相比，面积减小了 3～6 倍，质量减轻了 3 倍以上，特别是从电气性能方面考虑，芯片经封装必然伴随配线和电气连接的延伸，为此，MCM 裸芯片封装还有信号延误改善、结温下降、可靠性改进等一系列优点，这是实现高密度、微型化较理想的封装技术。但是，MCM 成功的基础是质量可靠的裸芯片（Known Good Die，KGD），而要对各种形状、大小及焊脚数不同、功能不同的裸芯片进行试验及老化筛选是极其困难的，因而 KGD 的良好供给条件很难保障，导致 MCM 成品率低、制造成本高，至今尚未能在商品化方面有大的突破。同理，由于制作上的技术难度，WSI 将一个系统或一个整体集成在一块硅片上也还有待实现。

在这样的背景下，CSP 以其芯片面积与封装面积接近相等、可进行与常规封装 IC 相同的处理和试验、可进行老化筛选、制造成本低等特点，从 20 世纪 90 年代初脱颖而出。在 CSP 技术研究方面，由于日本更侧重于低成本的民品市场，相比美国在 MCM 的研究方面更为投入而言，日本的元器件制造商更热衷于 CSP 技术研究和产品开发。1994 年，日本各制造公司已有各种各样的 CSP 方案提出，1996 年开始，已有小批量产品出现。

13.2.2 定义和特点

芯片尺寸封装（或芯片规模封装），简称 CSP，它的英文全称是 Chip Scale Package 或 Chip Size Package，如图 13.6 所示。按照 EIA、IPC、GEKEC、MCNC 和 Sematech 共同制定的 J-STD-012 标准，是指封装外壳的尺寸不超过裸芯片尺寸 1.2 倍的一种先进封装形式。它主要是由最近几年流行的 BGA 向小型化、薄型化方向发展而形成的一种封装概念。按照这一定义，CSP 并不是新的封装形式，而是其尺寸小型化的要求更为严格而已。

图 13.6　CSP 封装

（1）封装尺寸小，可满足高密度封装。CSP 是目前体积最小的 VLSI 封装之一，引脚数（I/O 数）相同的 CSP 封装与 QFP、BGA 尺寸比较情况如表 13.1 所示。

表 13.1　CSP、BGA、QFP 尺寸比较（单位：mm^2）

	200	300	400	500	800
CSP	9.20	12.30	15.20	16.80	17.60
BGA	23.00	27.3	32.50	34.60	36.20
QFP	16.80	23.40	32.50	38.00	43.80

注：以上所做的比较均针对目前这三种封装形式的最小节距水平进行的，即 CSP：0.5 mm；BGA：1.5 mm；QFP：0.3 mm。

由表 13.1 可见，封装引脚数多的 CSP 尺寸远比传统封装形式小，易于实现高密度封装，在 IC 规模不断扩大的情况下，竞争优势十分明显，因而已经引起了 IC 制造业界的关注。

一般情况，CSP 封装面积不到 0.5 mm 节距的 QFP 的 1/10，只有 BGA 的 1/3～1/10。在各种相同尺寸的芯片封装中，CSP 可容纳的引脚数最多，适宜进行多引脚封装，甚至可以应用在 I/O 数超过 2 000 的高性能芯片上。例如，引脚节距为 0.5 mm，封装尺寸为 40 × 40 的 QFP，引脚数最多为 304 根。若要增加引脚数，只能减小引脚节距，但在传统工艺条件下，QFP 难以突破 0.3 mm 的技术极限。与 CSP 相提并论的是 BGA 封装，它的引脚数可达 600～1 000，但值得重视的是，在相同的情况下，CSP 的封装远比 BGA 容易。

（2）电学性能优良。CSP 的内部布线长度（仅为 0.8～1.0 mm）比 QFP 或 BGA 的布线长度短得多，寄生引线电阻（0.001 mΩ）、引线电感（0.001 nH）及引线电容均很小（0.001 pF），从而使信号传输延迟大为缩短。CSP 的存取时间比 QFP 或 BGA 少 1/5～1/6 左右，同时 CSP 的抗噪能力强，开关噪声只有 DIP（双列直插封装）的 1/2。这些主要电学性能指标已经接近裸芯片的水平，在时钟频率已超过双 G 的高速通信领域，LSI 芯片的 CSP 将是十分理想的选择。

（3）测试、筛选、老化容易。MCM 技术是当今最高效、最先进的高密度封装技术之一，技术核心是裸芯片安装，优点是无内部芯片封装延迟及大幅度提高了组件封装密度，因此未来市场令人乐观。但它的裸芯片测试、筛选、老化问题至今尚未解决，合格的裸芯片的获得比较困难，导致成品率相当低、制造成本高；而 CSP 则可进行全面老化筛选、测试，并且操作、修整方便，能获得真正的 KGD 芯片，在目前情况下用 CSP 替代裸芯片安装势在必行。

（4）散热性能优良。CSP 封装通过焊球与 PCB 连接，由于接触面积大，所以在运行时产生的热量可以很容易地传导到 PCB 上并散发出去。而在传统的 TSOP（薄型小外形封装）方式中，芯片是通过引脚焊在 PCB 上的，焊点和 PCB 的接触面积小，使芯片向 PCB 散热相对困难，测试结果表明，通过传导方式的散热量可占到 80%以上。

同时，CSP 芯片正面向下安装，可以从背面散热，且散热效果良好，10 mm × 10 mm CSP 的热阻为 35（m·K）/W，而 TSOP、QFP 的热阻则可达 40（m·K）/W。若通过散热片强制冷却，CSP 的热阻可降低到 4.2（m·K）/W，而 QFP 的则为 11.8（m·K）/W。

（5）内无须填料。大多数 CSP 封装中凸点和热塑性黏着剂的弹性很好，不会因晶片与基底热膨胀系数不同而造成应力，因此就不必在底部填料（underfill），省去了填料时间和填料费用，这在传统的 SMT 封装中是不可能的。

（6）制造工艺、设备的兼容性好。CSP 与现有的 SMT 工艺和基础设备的兼容性好，而且它完全符合当前使用的 SMT 标准（0.5～10 mm），无须对 PCB 进行专门设计，而且组装容易，因此完全可以利用现有的半导体工艺设备、组装技术组织生产。

13.2.3　CSP 的结构和分类

CSP 的实质就是将 IC 芯片的引脚进行加工，以适应现代封装的需要。通常情况下，为了得到与标准相同的引脚分布和实现批量生产，应该将 IC 芯片的引脚进行重新排布。尤其在数字电路中，由于引脚数相当多，必须按阵列排布所有的引脚。

CSP 的结构主要有 4 部分：IC 芯片、互连层、焊球（或凸点、焊柱）、保护层。互连层是通过自动焊接（TAB）、引线键合（WB）、倒装芯片（FC）等方法来实现芯片与焊球（或凸点、焊柱）之间内部连接的，是 CSP 封装的关键组成部分，CSP 的典型结构如图 13.7 所示。从工艺上来看，CSP 主要可以归纳为 5 种类型。

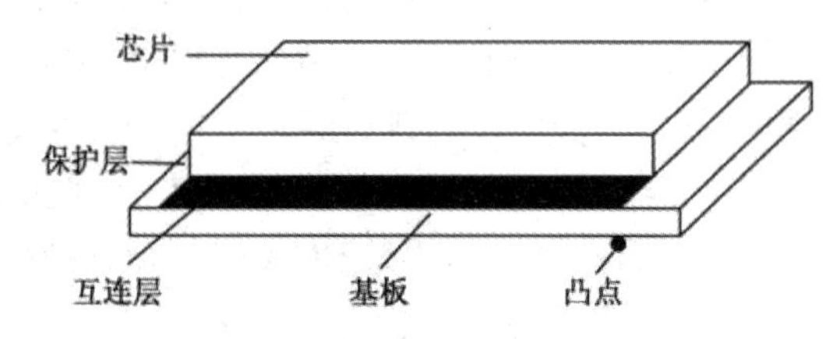

图 13.7　CSP 的典型结构

1．柔性基板封装（Flex Circuit Interposter）

柔性基板封装是由美国 Tessra 公司开发的，该类 CSP 采用 PI 或与 TAB 工艺中相似的带状材料做垫片，内层互连采用载带（TAB）、凸点倒扣（FC）或引线键合（WB）。柔性垫片的特点是：互连层在垫片的一个面，焊球穿过垫片与互连层相连。

（1）TAB/倒装式。在柔性基板四周引出悬臂梁，用于与芯片上相应的引出点互连，实现 TAB/倒装焊接，然后在柔性垫片中间种植阵列方式排布的焊球。

这种方式的特点是：工艺比较简单，引脚数较少时容易实现；可以利用常规工艺实现悬臂梁与芯片相应引脚的焊接；焊接也可以采用常规低熔焊料回流完成，因此，组装时的焊接不会影响芯片上的焊点性能。

采用 TAB 键合柔性基板 CSP 的封装工艺流程为：晶圆片→（在圆片上制作凸点）减薄、划片→TAB 内焊点键合（把引线键合在柔性基板上）→TAB 键合引线切割成型→TAB 外焊点键合→模塑包封→在基板上安装焊球→测试、筛选→激光打码。

采用倒装片键合柔性基片 CSP 产品的封装工艺流程为：晶圆片→二次布线（焊盘再分布）→（减薄）形成凸点→划片→倒装片键合→模塑包封→在基片上安装焊球→测试、筛选→激光打码。

（2）内引线键合式。在柔性垫片四周布置与芯片互连的键合点，同时，在柔性垫片上种植供组装用的焊球，垫片内层可采用柔性导带布线，实现键合点与焊球的对应互连，然后将芯片贴切在柔性垫片上，采用常规的工艺完成芯片与柔性垫片的互连。

这种方式的特点是：对由低到高的焊脚数都适用，柔性垫片上进行多层布线可能比较复杂，采用回流焊贴装时不会影响键合点的性能。

采用引线键合的柔性基片 CSP 产品的封装工艺流程为：圆片→减薄、划片→芯片键合→引线键合→模塑包封→在基片上安装焊球→测试、筛选→激光打标。

2. 刚性基板封装（Rigid Substrate Interposer）

此类 CSP 是由日本 Toshiba 公司开发的，它用树脂和陶瓷做垫片，与柔性垫片不同的是，刚性垫片的 CSP 布线是通过多层陶瓷叠加或经通孔与外层焊球互连。这类 CSP 有倒扣式（FC）和引线键合（WB）式两种方式。

刚性基板 CSP 产品封装工艺流程完全相同，只是由于采用的基板不同，因此，在具体操作时会有较大的差别。

（1）倒扣式。这种方式需要在芯片上先做好凸点，同时在垫片上布线，然后进行凸点倒扣焊或超声热压焊。布线可以采用薄膜，也可以采用厚膜。

这种方式的特点是：对芯片上的凸点，应该选择高熔点的焊接材料；而组装时，焊球可以采用低熔点的焊料进行回流，这样可以直接应用于 SMT 等组装方式。

（2）引线键合式。先制作多层布线的垫片，然后用常规的 IC 裸芯片放在垫片上，再采用常规的方法进行引线键合。

这种方式的特点是：可以直接采用裸芯片进行引线键合，而不需要在芯片上增加其他工艺。垫片上的材料不受限制，可以采用特殊焊料而不影响内部芯片与垫片的结合。

3. 引线框架式 CSP 封装（Custom Lead Frame）

引线框架式 CSP 封装由日本 Fujitsu 公司开发，引线框架通常是金属制作的，外层的互连以做在引线框架上。这类 CSP 也有两种方式，分别是 TAB/倒扣式和引线键合式。

引线框架式 CSP 产品的封装工艺与传统工艺的塑封工艺完全相同，只是使用的引线框架要小一些，也要薄一些。因此，对操作就有一些特别的要求，以免造成框架变形。引线框架 CSP 产品的封装工艺流程如下：圆片→减薄、划片→芯片键合→引线键合→模塑包装→电镀→切筛、引线成型→测试、筛选→激光打标。

（1）TAB/倒扣式。首先在引线框的焊接端制作凸点，然后采用热超声与常规 IC 裸芯片进行焊接，这种方式目前只有 Rohm 公司使用，应用并不广泛。

（2）引线键合式。这种 CSP 主要用于低引脚的场合，也采用常规 IC 裸芯片进行键合组装，而不需要对芯片进行再加工，凸点或焊球可以做在成型引线框底端，以适应常规组装方式。

4. 晶圆级 CSP 封装（Wafer-Level Package）

晶圆级 CSP 封装由 Chipscale 公司开发，在晶圆阶段，利用芯片间较宽的划片槽，在其中构造周边互连，随后用玻璃、树脂、陶瓷等材料封装完成。

由于晶圆级封装比较重要，本书将在 13.4 节进行专门论述。

（1）再分布式。它是在晶圆片上直接采用薄膜方式进行引脚再分布，I/O 位置可以按扇入阵列格式任意设定。这种方式可以不用垫片或衬底。可以使用标准的表面贴装的焊接与组装设备。

（2）模塑基片式。它是将整个芯片浇铸在树脂上，只留下外部触点。这种结构可实现很高的引脚数，有利于提高芯片的电学性能、减小封装尺寸、提高可靠性。

以上各种分类及采用 CSP 技术的公司如表 13.2 所示。

表 13.2　采用 CSP 技术的公司

分　类	式　型	采用的公司
柔性垫片类	TAB/倒装式	GE、IBM、KME、Mitsubishi NEC Rohm Song Tessera and Licensees
	引线键合式	Amkor/Anam Fujisu Kyocera Hitachi Cabal LSI Logic Mitsubishi Sharp
刚性垫片类	倒装式	Citizen Watch Fujitsu Kyocera Matsushita Motorola Nikko Sony
	引线键合式	Amkor/Anam　Fujitsu Cyress Lsi Logic Motorola NEC Sony Toshiba
引线框架类	TAB/倒装式	Rohm
	引线键合式	Amkor/Anam Fujitsu Hitachi Cabal LG Semicon Matsushita Samsung
晶圆封装类	再分布式	Chipscale EPIC FCT AME（Sing）NEC Sandia National Labs
	基板式	Chipscale and Licensees Fujitsu Shellcase Tessera 3-D plus

5．薄膜型 CSP

下面介绍薄膜型 CSP 封装的基本构造和制造工艺。

（1）基本构造及规格。三菱公司开发的 CSP 基本构造（用于存储器）如图 13.7 所示，它属于薄膜型 CSP。与以往芯片的封装比较，由于无引线框架键合线，故容易实现小型化，由图 13.8 可以看出，电气连接由芯片上的电极和焊凸通过芯片金属布线导通，金属布线层以薄膜工艺形成，作为外表引脚的焊凸电极可配置在任意位置，所以，较易实现封装标准化。由于无键合线，芯片上的电极可以设计得很小，使 CSP 更易小型化。

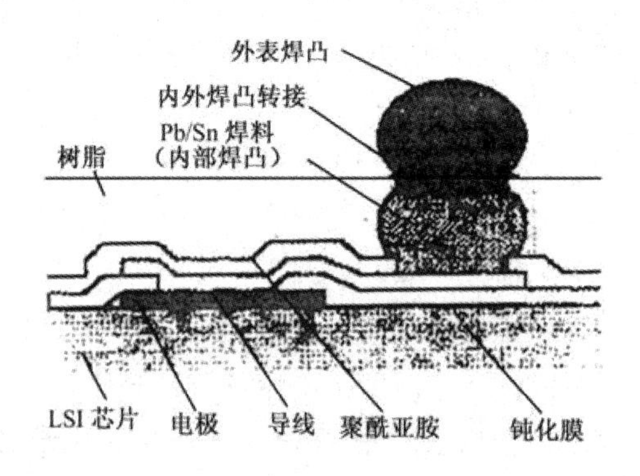

图 13.8　薄膜型 CSP 剖视图

300 引脚及以上多引脚 CSP 基本构造均如图 13.7 所示，其特点是芯片电极遍布芯片四周表面，外表焊凸引脚遍布 CSP 外表面。如表 13.3 所示为三菱公司 CSP 样品的规格。

表 13.3　CSP 样品的规格

	A 型	B 型	C 型	D 型
芯片尺寸/mm	5 059 × 14.84			16 × 16
外形尺寸/mm	6.35 × 15.24			16.6 × 16.6
焊凸数量/个	60（5 × 12）	96（6 × 16）	32（2 × 16）	1 024（32 × 32）
焊凸节距/mm	1.0	0.8	0.8	0.5

（2）制造工艺。

① 布线工艺。薄膜型 CSP 的布线工艺是在半导体制造的后工程中完成的，它采用薄膜工艺形成金属布线图形和 Pb-Sn 焊盘，其中以聚酰亚胺形成缓冲膜，目的是减小封装树脂的应力。

Pb-Sn 焊层的形成可采用传统的方法，因而可实现低成本化，焊料选用 95Pb/5Sn（熔点约为 310℃）。

② 装配工艺。CSP 装配工艺由内部焊凸键合、树脂封装、焊凸转换、外部焊球引脚形成等四道工序组成。其中内部 Cu 焊凸键合工序是在辅助基座上以布线图案方法用聚酰亚胺树脂黏着 Cu 焊凸，然后与已完成前述布线工序的芯片以倒装的方式在 H_2+N_2 气氛中加助焊剂热熔键合。焊凸转换工序是将已用树脂封装的芯片脱离基座，然后剥离黏着 Cu 焊凸的聚酰亚胺膜，使已与芯片固焊的 Cu 焊凸成为片内电极，然后以印刷法等传统方法形成外表引脚焊球。

（3）CSP 焊点接合部的疲劳特性。以 Si 为芯片 CSP 与一般基板组装结合时，由于基板与 Si 芯片之间的热膨胀系数差产生的热应力发生在焊点接合部，该应力引起的疲劳破坏是封装可靠性的重要考察指标。以表 13.3 所示样件 B 型进行热应力模拟和温度循环试验，其结果在表 13.4 列出。热应力模拟据表 13.4 中示意结构类型算出焊点接合部热应力，然后据 Coffin-Manson 公式预测焊点疲劳寿命，温度试验在–40℃～+125℃条件下进行。

表 13.4 应力模拟和温度循环试验

结构类型	测试结果			模拟结果	
	0cyc	200cyc	500cyc	$\Delta\varepsilon$（%）	Nf（50cyc）
裸芯片	0/20	7/20	19/20	3.534	112
CSP	0/10	0/10	4/10	1.832	478

从以上评价结果可知，CSP 结构形式焊点疲劳特性比裸芯片结构形式好，模拟计算结果与试验结果也是一致的。目前三菱公司为得到更高疲劳特性的 CSP 结构及其材料，正在大力展开这方面的优化研究工作。

从上面的工艺分析可以看出，目前这几种 CSP 制作方式大都是利用常规的 IC 裸芯片进行加工，在垫片上对引脚进行阵列式重新布局。虽然有的在垫片上布线，有的在晶圆上布线，但大都采用了薄膜方式进行多层或单层布线；在焊接工艺上，虽然也有多种多样的方式，但并没有超出上述工艺中常用的焊接方法。

13.2.4 CSP 的应用现状与展望

1. CSP 的应用现状

CSP 封装由于具有“短、小、轻、薄”的特点，因此，在便携式、低引脚数、低功率产品中最先获得应用，闪存是大量采用 CSP 技术的产品。截至 1997 年，CSP 已在手机电话中的闪存、笔记本电脑中的存储器、摄录一体机、IC 卡等产品中应用。到 1998 年，推广到磁盘驱动器、个人数字助理、印码器中。但在 2000 年以前，CSP 只限于小型的便携式产品中，不过最终 CSP 将推广到所有形式的产品中。

不同种类的 CSP 往往具有不同的应用领域，这主要是针对引脚数而言。对于今天大多数的电子元器件来说，并不需要特别高的引脚数，通常，60～300 个 I/O 就足够了。采用引线键合的柔性垫片 CSP 对由低到高的引脚数都适用，并且由于其低廉的价格，应用也最广。引线框架 CSP 主要用于低引脚数的场合，刚性垫片 CSP 用于中引脚数的场合。随着 IC 向高密度、高速度方向发展，未来元器件对引脚数的要求会越来越高。

到目前为止，全球已有超过 40 家公司在开发 CSP。其中，1996 年，已有四家公司批量生产 CSP，它们是 Tessera 的 BGA、ChipScale 的 MSMT、Amkor 的 CSBGA 和 Sharp 的球栅 CSP。除此之外，还有 80 多家公司已经制定了 CSP 的研发计划。综合这 100 多家公司的情况，对使用 CSP 和开发的产品进行统计，结果表明：1996 年，全球已生产了 700 万片 CSP，销售额为 3 100 万美元；2001 年年产 35 亿片，平均年增长率 250%，在数量上占据整个 IC 的 5%还强，市场规模为 21 亿美元。

2．CSP 的应用问题

尽管 CSP 具有众多的优点，但作为一种新型的封装技术，难免存在一些不完善之处。

（1）标准化。每个公司都有自己的发展战略，任何新技术都会存在标准化不够的问题。尤其当各种不同形式的 CSP 融入成熟产品中时，标准化是一个极大的障碍。例如，对于不同尺寸的芯片，目前有许多种 CSP 形式在开发，因此组装厂商要有不同的管座和载体等各种基础材料来支撑。由于元器件品种多，对材料的要求也多种多样，导致技术上的灵活性很差。另外，没有统一的可靠性数据也是一个突出的问题，CSP 要获得市场准入，生产厂商必须提供可靠性数据，以尽快制定相应的标准，CSP 迫切需要标准化，设计人员都希望封装有统一的规格，而不必进行个体设计，为了实现这一目标，元器件必须规范外形尺寸、电特性参数和引脚面积等，只有采用全球通行的封装标准，它的效果才最理想。

（2）可靠性。可靠性测试已经成为微电子产品设计和制造一个重要环节。CSP 常常应用在 VLSI 芯片的制备中，返修成本比低端的 QFP 要高，CSP 的系统可靠性比采用传统的 SMT 封装更敏感，因此可靠性问题至关重要。虽然汽车及电子工业产品对封装要求不高，但要能适应恶劣的环境，如在高温、高湿下工作，可靠性就是一个主要问题。另外，随着新材料、新工艺的应用，传统的可靠性定义、标准及质量保证体系已不能完全适应于 CSP 开发与制造，需要有新的、系统的方法来确保 CSP 的质量和可靠性，如采用可靠性设计、过程控制、专用环境加速实验、可信度分析预测等。可以说，可靠性问题的有效解决将是 CSP 成功的关键所在。

（3）成本。价格始终是影响产品（尤其是低端产品）市场竞争力的最敏感因素之一。尽管从长远来看，更小、更薄、高性价比的 CSP 封装成本比其他封装每年下降幅度要大，但在短期内攻克成本这个障碍乃是一个较大的挑战。

目前 CSP 是价格比较高的，其高密度光板的可用性、测试隐藏的焊接点所存在的困难（必须借助于 X 射线机）、对返修技术的生疏、生产批量大小及涉及局部修改的问题，都影响了产品系统级的价格比常规的 BGA 元器件或 TSOP/TSSOP/SSOP 元器件成本要高。但是随着技术的发展、设备的更新，价格将会不断下降。目前许多制造商正在积极采取措施降低 CSP 价格以满足日益增长的市场需求。

随着便携式产品小型化、OEM（初始设备制造）厂商组装能力的提高及硅片工艺成本的不断下降，晶圆级 CSP 封装又是在晶圆片上进行的，因而在成本方面具有较强的竞争力，是最具价格优势的 CSP 封装形式，并将最终成为性能价格比最高的封装形式。

此外，还存在着如何与 CSP 配套的一系列问题。如细节距、多引脚的 PCB 微孔板技术与设备开发、CSP 在板上的通用安装技术等，也是目前 CSP 厂商迫切需要解决的问题。

3．CSP 未来的发展趋势

CSP 未来的发展趋势将从技术走向、应用领域、市场预测三个方面讨论。

（1）技术走向。

终端产品的尺寸会影响便携式产品的市场，同时也驱动着 CSP 的市场。要为用户提供性能最高和尺寸最小的产品，CSP 是最佳的封装形式，顺应电子产品小型化发展的潮流，IC 制造商正致力于开发 0.3 μm 甚至更小的、尤其是具有尽可能多 I/O 数的 CSP 产品。据美国半导体工业协会预测，目前 CSP 最小节距相当于 2010 年时 BGA 水平（0.5 μm），而 2010 年的 CSP 最小节距相当于目前的倒装芯片的（0.25 μm）水平。

由于现有封装形式各有千秋，实现各种封装的优势互补及资源有效整合是目前可以采用的快速、低成本地提高 IC 产品性能的一条途径。例如，在同一块 PCB 上根据需要同时纳入 SMT、DCA、BGA、CSP 封装形式（如 EPOC 技术），目前这种混合技术正在受到重视，国外一些机构正就此开展深入研究。

对高性价比的追求是晶圆级 CSP 被广泛运用的驱动力。近年来 WLP 封装因其寄生参数小、性能高且尺寸更小（已接近芯片本身尺寸）、成本不断下降的优势，越来越受到业界的重视。WLP 从晶圆片开始到做出元器件，整个工艺流程一起完成，并可利用现有的标准 SMT 设备，生产计划和生产的组织可以做到最优化。硅加工工艺和封装测试可以在硅片生产线上进行而不必把晶圆送到别的地方去进行封装测试，测试可以在切割 CSP 封装产品之前一次完成，因而节省了测试的开支。总之，WLP 成为未来 CSP 的主流已是大势所趋。

（2）应用领域。

CSP 封装拥有众多 TSOP 和 BGA 封装所无法比拟的优点，它代表了微小型封装技术发展的方向。一方面，CSP 将继续巩固在存储器（如闪存、SRAM 和高速 DRAM）中应用并成为高性能内存封装的主流；另一方面，会逐步开拓新的应用领域，尤其在网络、数字信号处理器（DSP）、混合信号和 RF 领域、专用集成电路（ASIC）、微控制器、电子显示屏等方面将会大有作为。例如，受数字化技术驱动，便携产品厂商正在扩大 CSP 在 DSP 中的应用，美国 TI 公司生产的 CSP 封装 DSP 产品目前已达到 90%以上。此外，CSP 在无源元件的应用也正在受到重视，研究表明，CSP 的电阻、电容网络由于减少了焊接连接线，封装尺寸大大减小，且可靠性能明显得到改善。

（3）市场预测。

CSP 技术刚形成时产量很低，1998 年才进入批量生产，但近两年的发展势头则今非昔比，2002 年的销售收入已达 10.95 亿美元，占到 IC 市场的 5%左右。国外权威机构“Electronic Trend Publications”预测，全球 CSP 的市场需求量年内将达到 64.81 枚，尤其在存储器方面应用更快，预计年增长幅度将达到 54.9%。

13.3 倒装芯片技术

13.3.1 简介

众所周知，常规芯片封装流程中包括贴装、引线键合两个关键的工序，而 FC 则合二为一，它是直接通过芯片上呈阵列排布的凸点来实现芯片与封装衬底（或电路板）的互连。由于芯片是倒扣在封装衬底上的，与常规封装芯片放置方向相反，故称为倒装片（Flip-Chip，FC）。

与常规的引线键合相比，FC 由于采用了凸点结构，互连长度更短，互连线电阻、电感值更小，封装的电性能明显改善。此外，芯片中产生的热量还可以通过焊料凸点直接传输至封装衬底，芯片衬底加装散热器的通常加上散热方式。

FC 最主要的优点是拥有最高密度的 I/O 数，这是其他两种芯片互连技术 TAB（载带自动键合）和 WB（引线键合）所无法比拟的，这要归功于 FC 芯片的 Pad（焊盘）阵列排布，它是将芯片上原本是周边排布的 Pad 进行再布局，最终以阵列方式引出。据报道，采用这种方式可获得直径 25 μm、中心间距 60 μm 的 128 × 128 个凸点。而 TAB 和 WB 中的 Pad 均为周边排布。与 BGA 一样，它要求多层布线封装衬底（或电路板）与之匹配。

FC 的组装工艺与 BGA 类似，其关键是芯片凸点与衬底焊盘的对位。凸点越小、间距越密、对位越困难，通常需要借助专用设备来精确定位，但对焊料凸点而言，由于焊料表面张力的存在，焊料在回流过程中会出现一种自对准现象，使凸点和衬底焊盘自对准，即使两者之间位置有较大的偏差，通常都不会影响 FC 的对位。这也是 FC 封装备受欢迎的一个重要原因。

FC 既是一种高密度芯片互连技术，又是一种理想的芯片贴装技术。正因为如此，它在 CSP 及常规封装（BGA、PGA）中都得到了广泛的应用。例如，Intel 公司的 PⅡ及 PⅢ芯片就是采用 FC 互连方式组装到 FC-PBGA、FC-PGA 中的。而 Flip Chip 技术公司的 FC-DCA 则是一种超级 CSP。

严格地讲，FC 技术由来已久，并不是一项新技术。早在 1964 年，为克服手工键合可靠性差和生产率低的缺点，IBM 公司在其 360 系统中的固态逻辑技术（SLT）混合组件中首次使用了该项技术。但从 20 世纪 60 年代直至 80 年代一直都未能取得重大突破，直到最近十年，随着在材料、设备及加工工艺等各方面的不断发展，同时随着电子产品小型化、高速化、多功能趋势的日益增强，FC 又再次得到了人们的广泛关注。

13.3.2 倒装片的工艺和分类

与传统的表面贴装元器件不同，倒装芯片元器件没有封装外壳，横穿整个管芯表面的互连阵列替代了周边线焊的焊盘（如图 13.8 所示）。管芯以翻转的形式直接安置在板上或向下安置在有源电路上面。由于取消了对周边 I/O 焊盘的需要，互连线的长度被缩短了，这样可以在没有改善元器件速度的情况下，减少 RC 延迟时间。图 13.9 显示了倒装芯片装配的变化形式，采用控制塌陷芯片连接（Controolled Collapse Chip Connection，C4）技术可以在 320℃时熔化含有大量锡的焊球，但是此项技术仅用于采用陶瓷基片的应用场合。

倒装芯片有三种主要的连接形式：控制塌陷芯片连接（C4）、直接芯片连接（Direct Chip Attach，DCA）和黏着剂连接的倒装芯片。

（1）控制塌陷芯片连接（C4）。

控制塌陷芯片连接（C4）技术是一种超精细间距的 BGA 型式。管芯具有 97Pb/3Sn 球栅阵列，在 0.2～0.254 mm 的节距上，一般所采用的焊球直径为 0.1～0.127 mm，焊球可以安装在管芯的四周，也可以采用全部或局部的阵列配置形式。使用 C4 互连技术的倒装芯片，通常连接到具有金或锡连接焊盘的陶瓷基片上面，这主要是因为陶瓷能够忍受较高的再流焊接温度。

这些元器件不能使用标准的装配工艺进行装配操作，因为 97Pb/3Sn 再流焊焊接温度为 320℃，对于 C4 互连而言，尚没有其他的焊料可以用。代替焊膏的高温焊剂被涂布在基片的焊盘或焊球上面。元器件的焊球被安置在具有焊剂的基片上，元器件不发生移动现象。装配时的再流焊温度大约在 360℃，此刻焊球发生熔化从而形成互连。当焊料发生熔化时，管芯利用其自身拥有的易于自动对准的能力与焊盘连接，这种方式类似于BGA组件。焊料“塌陷”到所控制的高度时，形成了桶型互连形式。

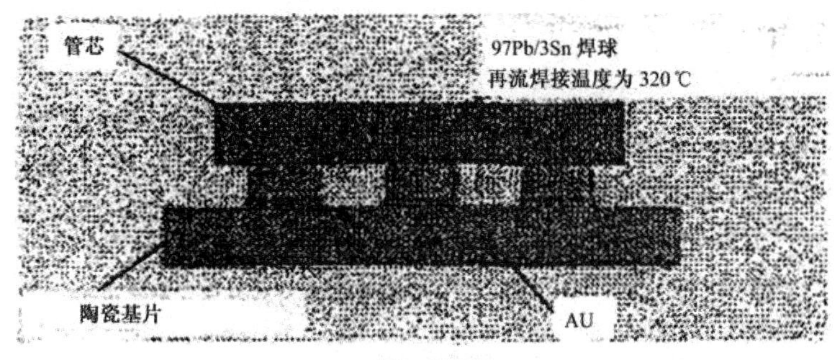

（a）高温再流焊接

（b）低温再流焊接

图 13.9　封装体内倒装芯片结构图

对于C4元器件而言，进行大批量生产应用的主要是陶瓷球栅阵列（CBGA）和陶瓷圆柱栅格阵列（CCGA）组件的装配。另外，有些组装厂商在陶瓷多芯片模块（MCM-C）应用中使用这项技术。目前已在生产应用的元器件具有3-1500I/O，开发设计是瞄准超过3000I/O的元器件。

C4元器件具有的主要优点是：

① 组件具有优异的热性能和电性能；

② 在中等焊球节距的情况下，能够支持极大的I/O数量；

③ 不存在I/O焊盘尺寸的限制；

④ 通过使用群焊技术，进行大批量可靠地装配；

⑤ 可以实现最小的元器件尺寸和质量。

另外，C4元器件在管芯和基片之间能够采用单一互连，从而提供最短的、最简单的信号通路。降低界面的数量，可以减小结构的复杂程度，提高其固有的可靠性。

要成功实施C4技术在技术方面所遇到的挑战很少，通过已经开发的工艺方法和在生产过程的实际应用这一点已经得到了证明。然而，这项经验是建立在尚没有被业界广泛应用的基础上的，封装厂商试图实施这项技术时，发现他们最大的挑战在于如何学会利用这项技术来生产产品。一般来说，可以从最初开发出这项技术的公司中获得相关的帮助。

因为C4元器件仅能够被安置在陶瓷基片上面，它们最具竞争性的是在高性能、高I/O数量的元器件应用场合，如在CBGA、CCGA、MCM的应用中。

（2）直接芯片连接（DCA）。

直接芯片连接（Direct Chip Attach，DCA）技术，像C4技术一样，是一种超微细节距的BGA形式，管芯与在C4中所描述的完全一样，C4和DCA之间的不同之处在于所选择的基片不同。DCA基片所采用的一般为用于PCB（印制电路板）的典型材料，所采用的焊球是97Pb/3Sn，与之相连的焊盘采用的是低共熔点焊料（37Pb/63Sn）。为了能够满足DCA的应用需要，低共熔点焊料不能通过模板印刷施加到焊盘上面，这是因为它们的节距极细（0.2～0.254 mm/8～10 mil）。作为一种替代方式，板上的焊盘必须在装配以前涂覆上焊料，焊盘上的焊料多少是非常关键的，与其他超细微节距的元器件相比，它所施加的焊料显得略多，0.05～0.127 mm焊料被释放在焊盘上面，使之显现出半球形状，在元器件贴装以前必须使之平整，否则焊球不能够可靠安置在半球形的表面上。为了能够满足标准的再流焊接工艺流程，直接芯片连接技术混合采用具有低共熔点焊膏的高锡含量凸点。

这些元器件能够使用标准的表面贴装工艺进行装配，施加到管芯上的焊剂与在C4中采用的相同，在DCA装配时所采用的再流焊接温度大约为220℃，低于焊球的熔化温度而高于连接焊盘上的焊料熔化温度。在管芯上的焊球起到了刚性支持作用，焊料填充在焊球的周围，因为这是在两个不同的Pb/Sn焊料组合之间形成的互连，在该处焊盘和焊球之间的界面将消失，在互相扩散的区域具有从97Pb/67Sn形成光滑的梯度。通过刚性的支撑，管芯不会像在C4中那样发生"塌陷"现象，但是特有的趋于自我校准的能力仍然保持不变。大规模的生产应用DCA器件的目的，不在于它所具有的较高的I/O数量，主要在于它的尺寸、质量和价格。

DCA元器件的优点类似于先前所述的C4。由于它们能够在标准的表面贴装工艺处理下安置到电路板上面，能够适合这项技术的潜在应用场合数不胜数，尤其在便携式电子产品的应用中。

然而关于DCA技术的优点也不能过于夸大，要实现它仍存在一些技术方面的挑战。有经验的封装厂商在生产过程中使用这项技术时，继续重新处理和改善他们的工艺流程，业界实际上还没有对此项技术广泛的工艺处理经验，出于消除了围绕在管芯周围的封装，所有复杂的高密度连接直接进入PCB内，形成了复杂的表面贴装技术。

（3）黏着剂连接的倒装芯片。

黏着剂连接的倒装芯片（Flip Chipadhesive Attachment，FCAA）可以具有很多形式，它用黏着剂来代替焊料，将管芯与下面的有源电路连接在一起。黏着剂可以采用各向同性导电材料、各向异性导电材料，或者采用根据贴装情况的非导电材料。另外，采用黏着剂可以贴装陶瓷、PCB基板、柔性电路板和玻璃材料等，这项技术的应用非常广泛。

13.3.3 倒装芯片的凸点技术

FC基本上可分为焊料凸点FC和非焊料凸点FC两大类。尽管如此，基本结构是一样的，即每一个FC都是由IC、UBM（Under-Bump Metal Lurgy）和Bump（凸点）组成的。如图13.10所示的是一个典型的凸点结构示意图。UBM是在芯片焊盘与凸点之间的金属过渡层，主要起黏附和扩散阻挡的作用，它通常由黏附层、扩散阻挡层和浸润层等多层金属膜组成。现在采用溅射、蒸发、化学镀、电镀等方法来形成UBM。Bump则是FC与PCB电连接的唯一通道，也是FC技术中最富吸引力之所在。

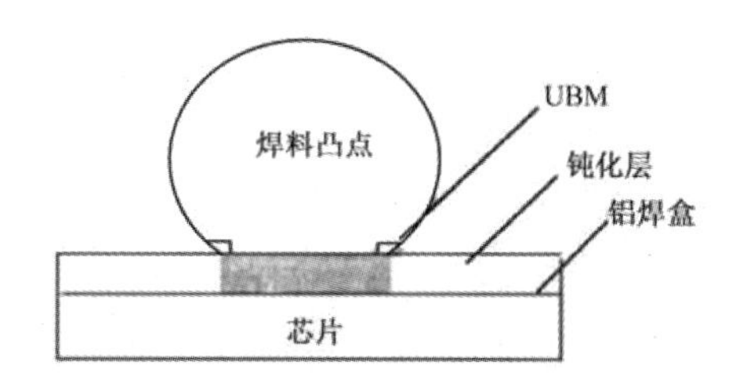

图 13.10　芯片凸点结构示意图

（1）UBM 的制作。

能用来制作 UBM 的材料是很多的，主要有 Cr、Ni、V、Ti/W、Cu 和 Au 等。同样，制作 UBM 的方法也不少，最常用的有溅射、蒸发、电镀和化学镀等几种，其中采用溅射/蒸发、电镀工艺制作 UBM 需要较大的设备投入，成本高，但其生产效率相当高；而采用化学镀方法，成本则低得多，据预测将成为今后的发展方向。目前使用较广泛的 Ni/Au UBM 就采用了化学镀方法。

（2）几种不同的凸点。

由于制作方法不同，凸点大致可分为焊料凸点、金凸点及聚合物凸点三大类。

① 焊料凸点（Solder Ball Bump）。凸点材料为含 Pb 焊料，一般有高 Pb（90Pb/10Sn）和共晶（37Pb/63Sn）两种。

② 金凸点（Gold Bump）。凸点材料可以是 Au 和 Cu，通常采用电镀方法形成厚度为 20 μm 左右的 Au 或 Cu 凸点，Au 凸点还可以采用金丝球焊的方法形成。

③ 聚合物凸点（Polymer Bump）。PFC（Polymer Flip Chip）采用导电聚合物制作凸点，设备和工艺相对简单，是一种高效、低成本的 FC。

由于组装工艺简单，焊料凸点技术应用最为广泛。金凸点虽然制作工艺比焊料凸点简单，但组装中需要专门的定位设备和专用黏结材料，如 ACF（各向异性导电薄膜），因此多用于产品开发阶段；而 PFC 作为一种新兴起的 FC，具有很好的应用前景。

（3）焊料凸点的制作。

焊料凸点 FC 因其优良的电、热性能及组装简便等诸多优点，吸引了业界广泛的关注，人们在不断地开发各种各样的凸点制造技术。

① 电镀凸点，这是最常用的凸点制造技术。

② 印刷凸点，这种方法实际上就是 SMT 工艺中的丝网印刷技术。众所周知，精密丝网印刷的分辨率一般都在 0.3～0.4 mm，低于 0.3 mm 时会带来许多缺陷，而采用该方法印刷焊料凸点，间距通常为 0.254 mm 和 0.304 mm。这就对丝网、刮刀及印刷机等提出了更高的要求。

③ 喷射凸点。喷射凸点又称 MJT（Metal Jetting Technology），是一种创新的焊料凸点形成技术，它借鉴了计算机打印机技术中广泛使用的喷墨技术，熔融的焊料在一定压力的作用下，形成连续的焊料滴，通过静电控制，可以使焊料滴精确地滴落在所需位置。该技术制作焊料凸点具有极高的效率，喷射速度可高达 44 000 滴/秒。

13.3.4　FC 在国内的现状

同芯片制造技术一样，在微电子封装技术方面与国外存在相当大的差距。虽然早在 20 世纪 70 年代，国内就有人做过凸点试验，但没有成功，据悉工信部 43 所开发出了焊料凸点，但仅仅是处于实验室阶段，尚未用于正式产品中。目前国内芯片的封装形式主要还是 DIP、

SOP、PQFP、PLCC 和少量的 CPGA，而国外普遍采用的 BGA、CSP 等先进封装形式，国内基本空白（不包括国外在华的独资企业）。

鉴于目前国内芯片封装技术现状，一方面，通过引进的方法，洋为我用，以最快的速度掌握最先进的技术，如采用化学镀方法制作 Ni/Au UBM 的焊料凸点技术是一种较成熟的低成本 FC 技术，容易实现量产化，可重点考虑；另一方面，加强产学研的合作，强强联合，充分发挥我国大学的人才优势，力争在微电子封装技术领域拥有一席之地。

13.4 WLP 技术

晶圆级封装（Wafer Level Package，WLP）以 BGA 技术为基础，是一种经过改进和提高的 CSP，如图 13.11 所示。有人又将 WLP 称为圆片级–芯片尺寸封装（WLP-CSP），它不仅充分体现了 BGA、CSP 的技术优势，而且是封装技术取得革命性突破的标志。晶圆级封装技术采用批量生产工艺制造技术，可以将封装尺寸减小至 IC 芯片的尺寸，生产成本大幅下降，并且把封装与芯片的制造融为一体，这将彻底改变芯片制造业与芯片封装业分离的局面。正因为晶圆级封装技术有如此重要的意义，所以，在一出现就受到极大的关注并迅速获得快速的发展和广泛的应用。据报道，晶圆级封装产品，在 2000 年约为 20 亿只，2005 年预计将增长为 120 亿只。可见，增长速度十分惊人。因此，人们对晶圆级封装技术应给予足够的重视和研究。

图 13.11 WLP 封装形式

13.4.1 简介

一般来说，IC 芯片与外部的电气连接是金属引线以键合的方式把芯片上的 I/O（输入/输出端口）连至封装载体并经封装引脚来实现的。IC 芯片上的 I/O 通常分布在周边，随着 IC 芯片特征尺寸的减少和集成规模的扩大，I/O 的间距不断减小、数量不断增大。当 I/O 间距减少至 70 μm 以下时，引线键合技术就不再适用，必须寻求新的技术途径。晶圆级封装技术利用薄膜再分布工艺，使 I/O 可以分布在 IC 芯片的整个表面上而不再仅仅局限于窄小的 IC 芯片的周边区域，从而成功地解决了上述高密度、细间距 I/O 芯片的电气互连问题。传统封装技术以晶圆划片后的单个芯片为加工目标，封装过程在芯片生产线以外的封装厂进行。晶圆级封装技术截然不同，它以晶圆片为加工对象，直接在晶圆片上同时对众多芯片封装、老化、测试，封装的全过程都在圆片生产厂内运用芯片的制造设备完成，使芯片的封装、老化、测试完全融合在晶圆的芯片生产流程中。封装好的晶圆经切割得到单个 IC 芯片，可以直接贴装到基板或印制电路板上，由此可见，晶圆级封装技术是真正意义上的批量生产芯片技术。

晶圆级封装是尺寸最小的低成本封装，它像其他封装一样，为 IC 芯片提供电气连接、散热通路、机械支撑和环境保护，并能满足表面贴装的要求。

晶圆级封装成本低与多种原因有关：第一，它是以批量生产工艺进行制造的；第二，晶圆级封装生产设施的费用低，因为它充分利用了芯片的制造设备，无须投资另建封装生产线；第三，晶圆级封装的芯片设计和封装设计可以统一考虑、同时进行，这将提高设计效率，减少设计费用；第四，晶圆级封装从芯片制造、封装到产品发往用户的整个过程中，中间环节大大减少，周期缩短，这必将导致成本的降低。此外，应注意晶圆级封装的成本与每个晶圆上的芯片数量密切相关，晶圆上的芯片数越多，晶圆级封装的成本也越低。

晶圆级封装主要采用薄膜再分布技术、凸点制作技术两大技术。前者用来把沿芯片周边分布的铅焊区转换为在芯片表面上按平面阵列形式分布的凸点焊区，后者用于在凸点焊区上制作凸点，形成球栅阵列。

13.4.2 WLP 的两个基本工艺

1. 薄膜再分布技术

薄膜再分布技术是指在 IC 晶圆上，将各个芯片按周边分布的 I/O 铅焊区，通过薄膜工艺的再布线，变换成整个芯片上的阵列分布焊区并形成焊料凸点的技术。它不仅生产成本低，而且能完全满足批量生产便携式电子装置板级可靠性标准的要求，是目前应用最广泛的一种技术。

常规工艺制成的 IC 晶圆，经探针测试分类并给出相应的标记后就可用于晶圆级封装。在封装之前，首先要对 IC 芯片的设计布局进行分析与评价，以保证满足阵列焊料凸点的各项要求。其次，要进行再分布布线设计，再分布布线设计分为初步设计和改进设计两个阶段进行，初步设计是将芯片上的 I/O 铅焊区通过布线再分布为阵列焊区，目的在于证实晶圆级封装的可行性，按初步设计制造的晶圆级封装，在设计、结构、成本等方面不一定是最佳的，晶圆级封装的可行性得到验证之后，就可将初步设计阶段转入改进设计阶段；在改进设计阶段，要对初步设计进行改进，重新设计信号线、电源线和接地线，简化工艺过程及相关设备，以求获得生产成本最低的再分布布线设计。薄膜再分布布线技术的具体工艺过程比较复杂，而且随着 IC 芯片的不同而有所变化，但一般都包括以下几个基本的工艺步骤：

（1）在 IC 芯片上涂覆金属布线层间介质材料；

（2）淀积金属薄膜并用光刻方法制备金属导线和所连接的凸点焊区。这时，IC 芯片周边分布的、小至几十微米的铅焊区就转换成阵列分布的几百微米大的焊区，而且铅焊区和凸点焊区之间有金属导线相连接；

（3）在凸点焊区淀积 UBM（凸点与金属焊区的金属层）；

（4）在 UBM 上制作凸点。

2. 凸点制作技术

焊料凸点通常为球形。制备球栅阵列的方法一般有三种：

（1）应用预制焊球；

（2）丝网印刷；

（3）电化学淀积（电镀）。

当焊球节距大于 700 μm 时，一般采用预制焊球的方法。丝网印刷法常用于焊球节距约为 200 μm 的场合；电化学淀积法可以在光刻技术能分辨的任何节距下淀积凸点。因此，电化学淀积法比其他方法能获得更小的凸点和更大的凸点密度。采用上述三种方法制备的焊料凸点，往往都须经回流焊形成规定的标准焊球。

晶圆级封装是一种表面贴装器技术，对凸点阵列有严格的工艺要求。首先，在芯片和晶圆范围内，焊球的高度都要有很好的一致性，以获得良好的“焊球共面”。“焊球共面”是表面贴装的重要要求，只有共面性好，才能使晶圆级封装的各个焊球与印制板间同时形成可靠的焊点连接；其次，焊球的合金成分要均匀，不仅要求单个焊球的成分要均匀，而且要求各个焊球的成分也要均匀一致；同时，焊球材料成分均匀性好，回流焊特性的一致性要好。焊点连接的可靠性对焊球的直径有一定要求，对于节距为 0.75～0.8 mm 的 IC 元器件而言，焊球的直径通常为 0.5 mm，当节距减至 0.5 mm 时，焊球直径将减少到 0.3～0.35 mm。

目前，用得最多的焊球合金材料是 Sn/Pb 共晶焊料，还有一些其他焊球合金材料，如用于大功率键合的高铅（95Pb/Sn）合金、用于环保绿色产品的无铅合金等。

13.4.3 晶圆级封装的可靠性

当需要对新型晶圆级封装技术进行评价时，封装厂应向用户提供必要的可靠性资料，如果未提供，用户应向封装制造厂索取。焊点的典型失效机理、可靠性试验的条件都应包括在所提供的可靠性资料之中，封装制造厂要开展试验与研究来确定焊点最常见的失效机理，焊料疲劳、锈蚀、电迁移就是这类失效机理的典型代表。应注意可靠性试验条件详细资料的提供，对 OEM（原设备制造）厂商的要求可能因用户应用的不同而有很大变化，甚至同类应用也会有不完全相同的要求。以手机电话的热循环测试要求为例，一种用户可能要求−40℃～125℃、500 次循环，而另一种用户就可能要求 0～100℃、800 次循环。与此相似，DRAM-SRAM 的要求为−40℃～100℃、600～1 000 次循环，具体循环次数由用户确定。

进行可靠性试验时，有几个问题需要特别注意，拟定失效判据必须合理，试验数据应恰当。具有统计意义的数据量，是每个试验组选取 22、45 或 77 个试验数据。这样的试验数据可以提高试验结果的可信度。较少试验数据所得可以用于可靠性的初步评估，但不能用于评价项目总的可靠性保证。另外，要正确区分热循环试验与热冲击试验的差别，不要将二者混淆。热循环试验采用单工作室系统，以不超过 10～15℃/min 的温度变化率在两个温度极值之间往复进行，通过热循环试验可以知道焊点的蠕变失效时间变化的关系，这一试验结果与现场观察到的失效模型完全一致，热循环试验的温度变化率比较接近实际情况，可以用来模拟应用现场。热冲击试验是专门为具有不同结构和不同失效模式的各种封装而设置的，其温度变化率为 0～25℃/min，利用热冲击试验可以了解焊点的弹性形变和塑性形变随时间变化的关系，这些形变可引发早期失效。鉴于上述情况，晶圆级封装、芯片尺寸封装和球栅阵列封装都不宜采用热冲击试验而选用温度循环试验，温度循环试验数据必须用可靠性工程分析方法进行恰当的处理，才能获取有用的可靠性数据和信息。应当指出，为了揭示失效机理，封装级试验和板级试验都必须进行，单独做封装试验是不行的。

13.4.4 优点和局限性

1．WLP 的优点

WLP 的加工过程决定了它具有下列优点。

（1）封装效率高。因为 WLP 是在整个晶圆上完成封装的，可对一个或几个晶圆同时加工。在保证成品率的情况下，晶圆的直径越大，加工效率就越高，单个元器件的封装成本就越低。如直径为 300 mm（12 英寸）的硅晶圆面积是直径 200 mm（8 英寸）圆片的一倍以上，前者单个管芯的加工成本比后者低很多。

（2）WLP 具有倒装芯片封装（FCP）和芯片尺寸封装（CSP）所具有轻、薄、短、小的优点。

首先 WLP 是直接由晶圆切割分离而成的封装，不可能有引出端横向伸展出管芯外形之外，因此封装所占印制板面积一定等于管芯面积，封装效率等于或接近 1（接近于 1 是因为出于可靠性的考虑，划片槽与管芯有源区的距离要比传统的引脚键合–模塑封装用芯片大）。因此晶圆级封装也称为晶圆级–芯片尺寸封装（WL-CSP），它是 CSP 中的一种重要形式。

其次，WLP 一级封装内的互连线不能使用通常的引线键合（WB），而是直接从管芯焊盘上制作 I/O 引出端，将管芯上窄节距、密排列的焊盘再分布为封装上面阵列的 I/O 焊盘。因此，封装 I/O 引出端通常都在芯片的有源器件面，故 WLP 在印制电路板（PCB）上都是“面向下倒装焊”的，属于倒装芯片（FC）或倒装芯片封装（FCP）的一种。它与倒装芯片在概念上的差异在于：FC 通常都是倒装焊裸芯片，它可以直接作为一级封装，如玻璃上倒装芯片（FCOG）或板上倒装芯片（FCOB）；但大多数情况下，它还需要 BGA 或 CSP 等进行一级封装。在这类封装中，管芯与基板或外壳以倒装焊方式进行互连（相对于引线键合方式）。这时的 FC 只是一些使用倒装焊互连的管芯，而不是已封装好的可独立使用的元器件。WLP 则是一级封装，虽然少数可为倒装裸芯片形式，但多数为带有再分层或一级封装。

但是，WLP 具有 FCP 和 CSP 两者的优点：封装外形小，所占 FCB 面积和芯片大小差不多；封装厚度薄，只有芯片厚度加上焊凸点高度，或再加上单面的薄膜塑包封，或单面液体树脂滴封，通常高度为 0.4～1.2 mm；质量轻；外引出端引线短，使整机的封装密度可以较高，非常适合于目前流行的便携式电子装置的需要，如手提电脑、移动通信设备、数码相机、摄录机等。

（3）由于 WLP 从芯片上的 I/O 焊盘到封装引出端的距离短，因此其引线电感、引线电阻等寄生参数小，而引出端焊盘又都在芯片下方，故 WLP 的电、热性能较好。

（4）制作 WLP 的工艺技术几乎都是“早已有之”的，如溅射、光刻、芯片上多层布线、电镀、植球、分割等，只是需要做相应的改进，以适应这类厚胶光刻、厚膜电镀、芯片上引线再分布、窄节距植球等。

（5）WLP 符合目前表面贴装技术（SMT）的潮流。可使用当前标准的 SMT 进行二级封装，易于被二级封装用户所接受。

由于大量便携式电子装置需求的需要，微电子技术向纳米级和 300 mm 大圆片发展的推动，WLP 又具有上述明显的优点，因此，吸引了许多著名的半导体公司都去研究、开发各自的 WLP，使 WLP 近几年来有了长足的发展，至今已出现了 20 多种不同的 WLP，目前已有约 20 家公司可以提供 WLP 的产品。

2．WLP 的局限性

WLP 的局限性有以下 4 点。

（1）由于 WLP 的所有外引出端不能扩展到管芯外形之外，而只能分布在管芯有源面一侧的面内，这就决定了这类封装外引出端不可能很多：通常采用焊凸点（或焊球）的 I/O 数为 4～100，而采用金凸点以 FC 形式直接键合的 I/O 数为 8～400。

（2）具体结构形式、封装工艺、支撑设备等都有待优化，所以标准化也较差，影响其更快地推广。

（3）可靠性数据的积累尚有限，影响扩大使用。

（4）如何进一步降低成本，仍是目前需要努力的方向。

13.4.5 WLP 的前景

晶圆级封装技术已广泛用于集成电路和集成无源元件。当元件的键合引线和封装载体所占的空间成为应用上考虑的重点或键合引线的微小电感影响射频应用和调整应用时，选用晶圆级封装技术是十分适宜的。采用晶圆级封装技术的 IC 芯片相当广泛，包括闪速存储器、EEPROM、高速 DRAM、SRAM、LCD 驱动器、射频器件、逻辑器件、电源/电池管理元器件和模拟元器件（稳压器、温度传感器、控制器、运算放大器、功率放大器等）。此外，集成无源元件也在采用晶圆级封装技术。据报道，Ericsson 公司的蓝牙耳机中使用了多个晶圆级封装的集成无源元件。目前，大多数晶圆级封装元件的 I/O 数还较少，不过晶圆级封装技术正在迅速发展，将很快就能满足高 I/O 数元件封装的需要。

晶圆级封装技术要努力降低成本，不断提高可靠性水平，扩大大型 IC 方面的应用。在焊球技术方面，将开发无 Pb 焊球技术和高 Pb 焊球技术。随着 IC 晶圆尺寸的不断扩大和工艺技术的进步，IC 厂商将研究和开发新一代晶圆级封装技术，这一代技术既能满足 300 mm 圆片的需求，又能适应近期出现的铜布线技术和低介电常数层间介质技术的要求。此外，还要求提高晶圆级封装处理电流的能力和承受温度的能力，WLBI（晶圆级测试和老化）技术也是需要研究的重要课题，WLBI 技术要在 IC 晶圆上直接进行电气测试和老化，这对晶圆级封装简化工艺流程和降低生产成本都具有重要的意义。

晶圆级封装技术是低成本的批量生产芯片封装技术。晶圆级封装与芯片的尺寸相同，是最小的微型表面贴装元件。由于晶圆级封装的一系列优点，它在移动电话、笔记本电脑、电信网路设备、PDA 等现代电子装置中获得了日益广泛的应用。现代电子装置的发展正推动着晶圆级封装技术迅速进步。世界著名的半导体公司都十分重视晶圆级封装技术的研究与开发。Atmel、Bourns、California Microdevices、Dallas Semiconductor、Fairchild、富士通、日立、International Rectifier、Maxim、Micron、三菱、National Semiconductor、NEC、OKI、Philips、Stmicroelectronics、Xicor 等众多半导体厂商都向市场供应晶圆级封装产品。这充分反映了晶圆级封装技术在半导体产业中的重要地位。

13.5 MCM 封装与三维封装技术

13.5.1 简介

随着便携式电子系统复杂性的增加，对 VLSI 集成电路用的低功率、轻型及小型封装的生产技术提出了越来越高的要求。同样，许多航空和军事应用也正在朝该方向发展。为满足这些要求，在 MCM *X*、*Y* 平面内的二维封装基础上，将裸芯片沿 *Z* 轴叠层在一起，这样，在小型化方面就取得了极大的改进。同时，由于 *Z* 平面技术总互连长度更短，降低了寄生性的电容、电感，因而系统功耗可降低约 30%。以上是 MCM 封装产生的背景及由来，也提出了三维封装的必要性。

13.5.2 MCM 封装

多芯片组件（MCM）封装使用多层连线基板，再以打线键合、TAB 或 C4 键和方法将一个以上的 IC 芯片与基板连接，使其成为具有特定功能的组件，它主要的优点包括：

（1）可大幅提高电路连线密度，增进封装的效率（Efficiency）；

（2）可完成“轻、薄、短、小”的封装设计；

（3）封装的可靠度可获得提升。

MCM 封装的优点可以用图 13.12 阐明。与 SMT 封装比较，采用 MCM 封装时两个相邻 IC 元器件之间的信号传输仅经过 3 支导线，而使用 SMT 接合则需经过 9 支导线，减少信号经过的导线数目可以降低封装连线缺陷发生的机会，可靠度因此获得提升。MCM 封装通常使用裸芯片键合，因此比 SMT 元器件的高度低，在基板上所占的面积亦可同时减小，因此可提高封装的效率，符合“轻、薄、短、小”的趋向。由于具有这些优点，MCM 封装因此成为近年来高密度、高性能电子封装重要的技术之一。

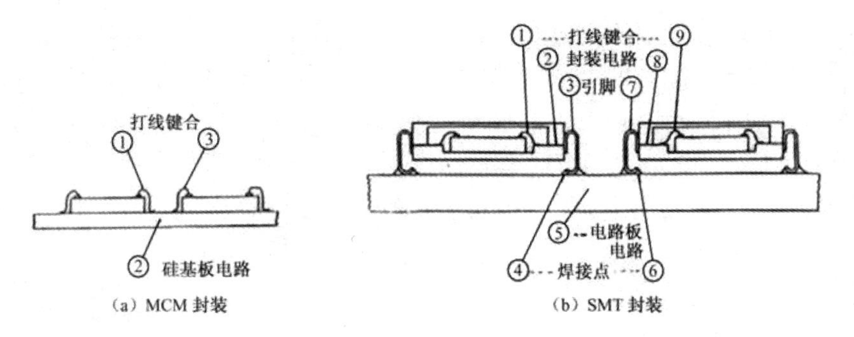

图 13.12　MCM 封装与 SMT 封装信号传输经过的导线数目比较

MCM 封装技术的思想可溯源自混合集成电路封装，这一技术在先进电子封装技术的应用以美国 IBM 公司在 1980 年初期开发的热传导组件（Thermal Conduction Module，TCM）为著名的例子，它利用 C4 键合将约 100 枚 IC 芯片组合于具有多层传导电路的陶瓷基板上，应用在大型高速处理机的封装中。以后美、日等国主要电子公司，如 AT&T、Honeywell、Rockwell、Alcoa、GE、Tektronix、DEC、Hitachi、NTT、NEC、Mitsubishi 等公司相继开发了 MCM 封装技术，制作出体积更小、质量更轻、功能与可靠度更为优良的电子产品，如 NEC 公司当时推出 SX 型超级计算机。目前，许多使用厚膜混合技术的封装产品逐渐被 MCM 封装技术所取代，在小型计算机工作站、通信产品里都可见到该项技术的应用，MCM 封装几乎已被视为电子封装进入芯片整合型（Wafer Scale Integration，WSI）封装技术之前电子封装的主流。

13.5.3 MCM 封装的分类

MCM 封装技术可概括为多层互连基板的制作（Substrate Fabrication）与芯片连接（Chip Inerconnection）技术两大部分。芯片连接可以用打线键合、TAB 或 C4 等技术完成；基板可以陶瓷、金属及高分子材料为基材，利用厚膜、薄膜或多层陶瓷共烧等技术制成多层互连结构。按工艺方法及基板使用材料的不同，MCM 封装可区分为下列三种。

（1）MCM-C 型："C"代表"Ceramics"，基板为绝缘层陶瓷材料，导体电路则以厚膜印刷技术制成，再以共烧的方法制成基板。

（2）MCM-D 型："D"代表"Deposition"，以淀积薄膜的方法将导体与绝缘层材料交替叠成多层连线基板，MCM-D 型封装可视为薄膜封装技术的应用。它使用低介电系数的高分子材料为绝缘层，故可以做成体积小但具有极高电路密度的基板，它也是目前电子封装行业极力研究、开发的技术。

（3）MCM-L 型："L"代表"Laminate"，多层互连基板以印制电路板叠合的方法制成。

共烧型多层陶瓷基板为目前 MCM 封装中相当成熟的基板技术，制备多达数十层的陶瓷基板以供 IC 芯片与信号端点连接。陶瓷基板使用的氧化铝材料具有较高的介电系数（通常约为 10），对基板的电气特性（尤其高频电路）有不良的影响；氧化铝烧结过程中的收缩对成品率的影响及基板材料准备过程复杂，使得这一技术有较高的成本；某些陶瓷材料的低热传导率与低挠曲性（Flexural Strength）亦是影响其应用的原因之一；厚膜网印技术使得电路至少具有 100 μm 以上的线宽，同时使用的钨或钼导体膏材料具有的电阻率较高而易导致信号漏失。

MCM-L 型封装使用印制电路板叠合的方法制成传导基板，所得的结构尺寸规格在 100 μm 以上，MCM-L 封装的成本低且电路板制作也是极成熟的技术，但它有低热传导率与低热稳定性的缺点。MCM-D 使用硅或陶瓷等材料为基板，以低介电常数（约 3.5）的高分子绝缘材料与铝、铜等导体薄膜交替叠成传导基板，MCM-D 型封装能提供最高的连线密度及优良的信号传输特性，但目前在成本与产品合格率方面仍然有待更进一步的改善，有许多开发和研究的空间。MCM-L、MCM-D、MCM-C 三种技术的电路结构与优缺点的比较，分别如表 13.5 和表 13.6 所示，实际上这三种不同的技术常被混合使用以制成高性能、高可靠度且符合经济效益的 MCM 封装，图 13.13 为各个公司所开发的 MCM 封装结构。

表 13.5 MCM-L、MCM-C、MCM-D 封装基板的电路结构比较

实 用 技 术	互连密度（in/in^2）	信号层数（总层数）	总长（in/in^2）	通孔密度（perin^2）
MCM-L	30	12（12）	360	100
MCM-C	50	20（42）	1 000	2 500
MCM-D	350	4（8）	1 400	33 000

表 13.6 MCM-L、MCM-C、MCM-D 封装的优缺点比较

技 术 类 别	工 艺 技 术	基 板 种 类	优 点	缺 点
MCM-L	COB TOB（TAB on Board）	印制电路板	价位低； 设备与技术成熟	热传导性质不佳； 热稳定性不佳； 组装困难

续表

技术类别	工艺技术	基板种类	优　点	缺　点
	金属夹层技术	铝	热稳定性好； 低价位单层基板	难以制成多层结构
MCM-C	薄膜技术	硅芯片陶瓷金属共烧 陶瓷	最高的互连密度； 低电路层数； 电性优异； 低介电系数材料	新型技术； 工艺烦琐； 设备成本高； 成品低成本高
MCM-D	厚膜混合技术	氧化铝	设备与技术成熟； 高互连密度	材料成本高； 烧结步骤烦琐
	薄膜混合技术	氧化铝	更高互连密度； 热膨胀系数低	价位高； 难以制成多层结构
	高温共烧技术	氧化铝 陶瓷	高互连密度； 热与机械性质好	有基板收缩的困难； 需电镀保护； 高介点系数材料
	低温共烧技术	玻璃陶瓷	高互连密度； 银金属化工艺； 低介电系数材料	有基板收缩的困难； 热传导性不佳

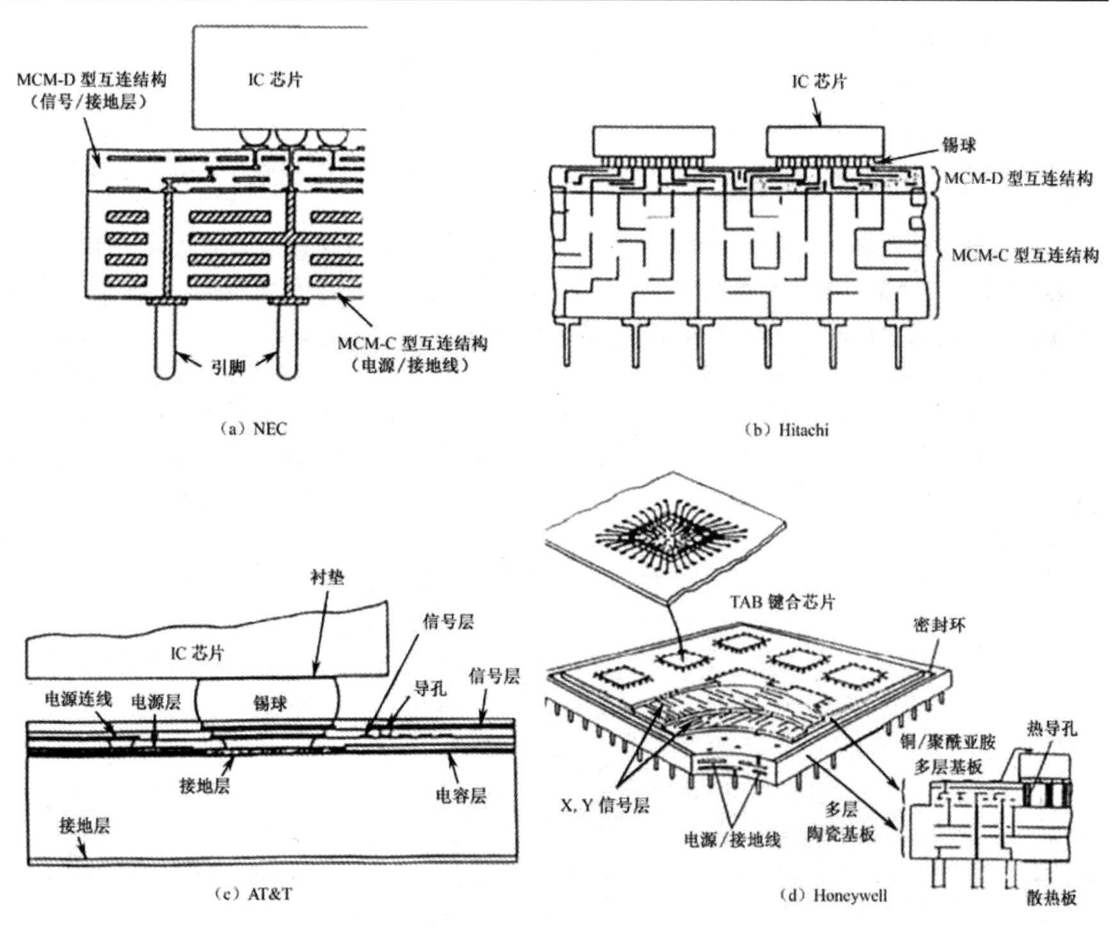

图 13.13　各个公司所开发的 MCM 封装结构

13.5.4　三维（3D）封装技术的垂直互连

3D封装模块是指芯片在Z方向垂直互连结构，下面主要介绍几种不同类型的垂直封装互连。

1. 叠层 IC 间的外围互连

采用叠层的外围来互连叠层芯片的互连技术主要有以下几种。

（1）叠加带载体法。叠加带载体法是一种采用 TAB 技术互连 IC 芯片的方法，这种方法进一步可分为 PCB 上的叠层和 TAB 两种方法，如图 13.14 所示。第一种方法被松下公司用来设计高密度存储器卡，第二种方法被富士通公司用来设计 DRAM 芯片。

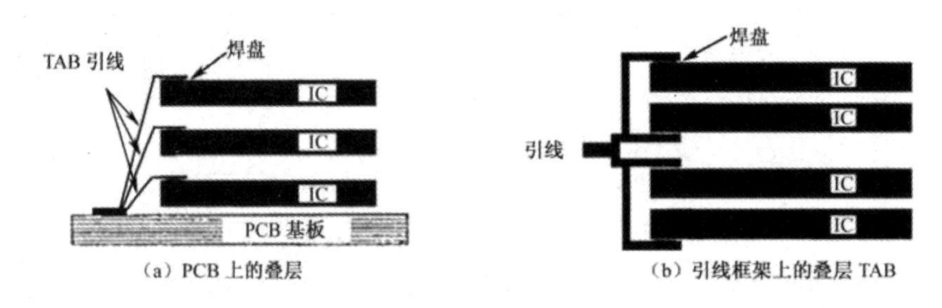

图 13.14　叠加带载体垂直互连的两种形式

（2）焊接边缘导带法。焊接边缘导带键合是一种通过焊接边缘导带来实现 IC 间垂直互连的工艺，这种方法有 4 种形式。

① 在边缘上形成垂直导带的焊料浸渍叠层法。这种方法是用静电熔化了的焊料槽对叠层 IC 引线进行同时连接的，如图 13.15（a）所示，Dense-Pac 公司就采用此种方法设计高密度存储器模块。

② 芯片载体和垫片上的焊料填充通孔法，如图 13.15（b）所示。这种方法用一种导电材料对载体和垫片上的通孔进行填充互连叠层 IC。Micron Technology 公司用这种方法设计动态随机存储器（DRAM）和静态随机存取存储器（SRAM）芯片，休斯电子公司也研制类似这种技术并申报了专利。

③ 镀通孔之间的焊料连接法。这种方法先用 TAB 引出 IC 引线，然后用内有通孔的被称之为 PCB 框架的小 PCB 互连 IC 引线，如图 13.15（c）所示，利用这些通孔并采用焊接键合技术来重叠引线框架就能实现垂直互连。Hitachi 公司研制了这种技术并将该技术用于高密度 DRAM 的设计中。

④ 边缘球栅阵列法。采用这种方法将焊球沿芯片边缘分布，通过再流焊将芯片装在基板的边缘。

（3）立方体表面上的薄膜导带法。薄膜是一层在真空中蒸发或溅射在基板上的导电材料（在此基础上形成导带），立方体表面的薄膜导带是一种在立方体表面形成垂直互连的方法，这种方法有以下两种形式。

① 薄膜 T 型连接和溅射金属导带法。这种方法由 Irvine Sensors 和 IBM 公司共同研制，I/O 信号被重新布线到芯片的一侧后，在叠层芯片的表面形成薄膜金属层的图形，然后，在叠层的表面进行剥离式光刻和溅射沉积两种工艺以形成焊盘和总线，这就形成了所谓的 T 形连接。

② 环氧树脂立方体表面上的直接激光描入导线法。这种方法用激光调阻在立方体的侧面

形成互连图形，互连图形和 IC 导带截面交叉在立方体的表面上，汤姆逊公司用这种方法来制作高密度存储器、微型相机、医疗用品及军事装备。

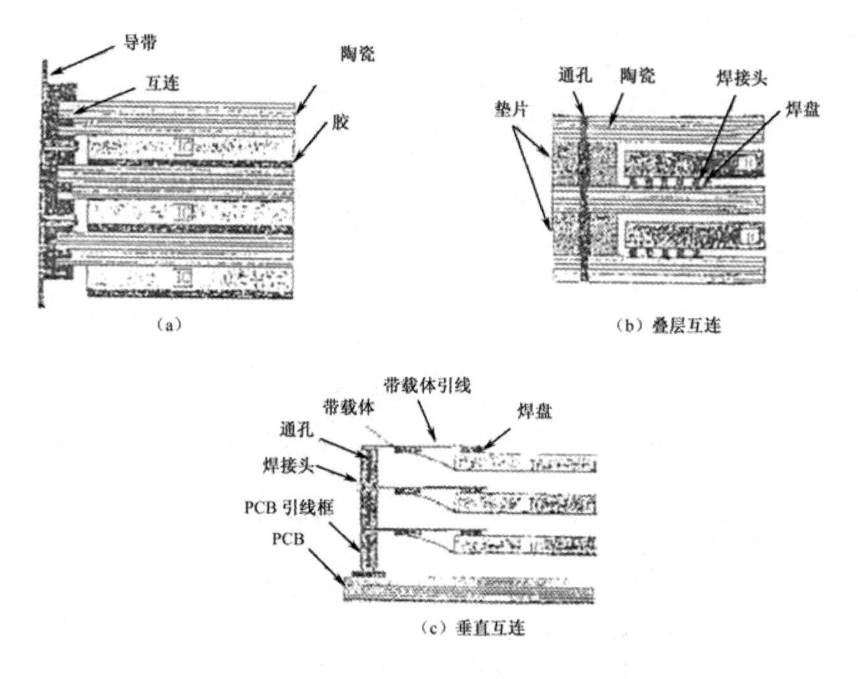

图 13.15　焊接边缘导带垂直互连的三种方式

（4）立方体表面的互连线基板法。这种方法将一块分离的基板焊接在立方体的表面，具体有下列 3 种形式。

① 焊接在硅基板凸点上的 TAB 阵列法。TI 公司研制了这种方法并将其用于超高密度存储器的设计中，通过重新布线 TAB 键合的存储器芯片上的 I/O 就可以实现垂直互连，然后将一组（4～16 个）芯片进行叠层以形成三维叠层，再将这些叠层贴放在硅基板上并排成一行，使叠层底部的 TAB 引线与基板上焊料凸点焊盘连接在一起。

② 键合在叠层表面的倒装芯片法。这种方法在对 MCM 叠层前就将其互连引线引到一个金属焊盘的侧面，然后用倒装焊技术将 IC 键合到金属焊盘上。Grmman 航空公司用这种方法来研制军事用的监视技术。

③ 焊盘在 TSOP 外壳两侧的 PCB 法。这种方法将两个 PCB 焊接在叠层 TSOP 外壳的两侧以形成垂直互连，然后使 PCB 引线成型以形成双列直插式组件（DIP）。三菱公司用这种方法设计了高密度存储器。

（5）折叠式柔性电路法。在折叠式柔性电路中，先将裸芯片安装互连到柔性材料上，然后再将裸芯片折叠起来以形成 3D 叠层。GE、Harris 和 MMS 公司均报道采用了这种方法。

（6）丝焊叠层芯片法。这种方法使用丝焊技术以形成互连，该方法有两种不同的形式。

① 直接丝焊到 MCM 基板上，采用丝焊技术将叠层芯片焊接到一块平面 MCM 基板上。这种方法被 Matra Marconi Space 公司用来设计高密度固态记录器，被 nChip 公司用来设计高密度存储器模块。

② 通过 IC 丝焊到基板上，母芯片充当子芯片的基板，互连由子芯片接到母芯片基板表面的焊盘上。Volton IC USA 公司在某些医疗应用上使用了这种技术。

表 13.7 说明了采用叠层 IC 间外围互连技术的公司、国家。

表 13.7　采用叠层 IC 间外围互连技术的公司、国家

公　司	国　家	应　用	互 连 技 术
松下	日本	存储器	叠层 TAB 载体（PCB）法
富士通	日本	存储器	叠层 TAB 载体（引线框）法
Dense-Pac	美国	存储器	在边缘上形成垂直导带的焊料浸渍叠层法
Micron 技术	美国	存储器	芯片载体和垫片上的焊料填充通孔法
Hitachi	日本	存储器	镀通孔之间的焊料连接法
Irvine Sensors	美国	存储器/ASIC	薄膜 T 形连接和溅射金属导带法
汤姆逊	法国	存储器/ASIC	环氧树脂立方体表面上的直接激光描入导线法
三菱	日本	存储器	焊接在 TSOP 外壳两侧的 PCB 法
TI	美国	存储器/ASIC	焊接在硅基板凸点上的 TAB 阵列法
通用电气	美国	ASIC	折叠式柔性电路法

2. 叠层 IC 间的区域互连

叠层 IC 间的区域互连主要有下面三种形式。

（1）倒装芯片焊接叠层芯片法（不带有垫片）。这种方法用焊接凸点技术将叠层 IC 倒装并互连到基板或另一芯片上。这种技术为许多公司所采用，如 IBM 用来设计超高密度元器件，富士通用来将 GaAs 芯片叠加到 CMOS 芯片上，松下研制出一种新的“微凸点键合法”，被日本大阪半导体研究中心用来设计热敏头和发光二极管（LED）打印头。

（2）倒装芯片焊接叠层芯片法（带有垫片）。这种方法与倒装芯片焊接叠层芯片法（不带有垫片）介绍的方法类似，它只是用垫片来控制叠层芯片间的距离。这种技术是由美国科罗拉多大学、加州大学研究并用在 VLSI 芯片上部固定含有铁电液晶显示的玻璃板上。

（3）微桥弹簧和热迁移通孔法。微桥弹簧法使用微型弹簧以实现叠层 IC 间的垂直互连。休斯公司研制了这种方法并将这种方法用于 3D 并行计算机的设计中实时处理数据及图像，也可用于 F-14、F-15、A-18、AV-8B、B-2 飞机的电子设备中，还可用于 MCM。表 13.8 说明了采用叠层 IC 间的区域互连技术的公司、国家。

表 13.8　采用叠层 IC 间的区域互连技术的公司、国家

公　司	国　家	应　用	互 连 技 术
富士通	日本	ASIC	倒装芯片焊接叠层芯片法（不带有垫片）
科罗拉多大学加州大学	美国	光电子	倒装芯片焊接叠层芯片法（带有垫片）
休斯	美国	ASIC	微桥弹簧和热迁移通孔法

3. 叠层 MCM 间的外围互连

叠层 MCM 间的外围互连方法指的是叠层 MCM 间的垂直互连在叠层的外围实现，主要有下列 5 种形式。

（1）焊接边缘导带法。这种方法与叠层 IC 间的外围互连中的焊接边缘导带法类似，所不同的是，它的垂直互连是在 MCM 间而不是在 IC 间实现的，这种方法有两种不同形式。

① 在边缘上形成垂直导线的焊料浸渍叠层法，这种技术使用 MCM 形成叠层。Trymer 公司将这项技术用于研制超高速导弹的导航系统。

② 叠层 MCM 的焊接引线法，每个 MCM 单独封装以后，用引线将其叠加起来待安装，松下电子元器件公司就采用这种方法通过 2～8 个叠层来设计高密度 SRAM 和 DRAM。由于基板底部的引线像一个四边引出扁平封装（QFP），这种方法又被称为“叠层 QFP 式 MCM”。

（2）立方体表面上的薄膜导带法。叠层边的 HDI 薄膜互连法，这是指在基板上采用的同样高密度（HDI）工艺沿叠层的两边实现垂直互连，将两边叠层，然后用“电镀光刻胶”的化学工艺形成图形。通用电气公司研制了这种技术并将其用于设计高密度存储器和其他专用集成电路（ASIC）。汤姆逊公司研制的这种方法既用于 MCM 又用于 IC 叠层并将其称为“MCM-V”。

（3）齿形盲孔互连法。这种方法在半圆形或皇冠形金属化表面（齿形）制造 MCM 间的垂直互连，Harris 和 CTS 微电子公司用这种方法设计高密度存储器模块。

（4）弹性连接器法。这种方法使用弹性连接器来实现叠层 MCM 的垂直互连，JET Propulsion 实验室近来用这种方法实现了一种太空立方体（一种采用 3-DMCM 的多个处理器结构）。

表 13.9 说明了采用外围互连叠层 MCM 技术的公司、国家。

表 13.9　采用外围互连叠层 MCM 技术的公司、国家

公　司	国　家	应　用	互 连 技 术
松下	日本	存储器	叠层 MCM 的焊接引线法
通用电气	美国	ASIC	叠层边的 HDI 薄膜互连法
Harris	美国	存储器	齿形盲孔互连法
CTS 微电子	美国	存储器	齿形盲孔互连法
Trymer	美国	导航系统	在边缘上形成垂直导线的焊料浸渍叠层法

4．叠层 MCM 间的区域互连

采用叠层 MCM 间的区域互连方法，叠层元器件间的互连密度更高，叠层 MCM 之间的互连没有键合在叠层周围，MCM 通孔连接法就是区域互连的一种具体方法，这种方法主要有 4 种不同形式。

（1）塑料垫片上的模糊按钮和基板上的填充通孔法。这种方法用一层被称为垫片或模糊按钮的过渡层将 MCM 叠层加起来，它有一个精确的塑料垫片让出芯片和键合的缝隙，模糊按钮通过叠层 MCM 上的接合力实现互连。模糊按钮的材料是优良的金导线棉，两个丝棉区结合非常牢固，这种方法由 E-Systems 公司研制，该公司和 Norton 金刚石膜公司采用该方法将 MCM 和金刚石基板叠层在一起，Irvine Sensors 公司还将这种技术用在小型、低成本的数字信号处理器（DSP）中。

（2）带有电气馈通线的弹性连接器法。这种方法通过连接电气馈通线和弹性连接器来实现垂直互连，电气馈通线预加工过的元器件，用一种埋置技术安装在激光结构的基板上。这种方法已被柏林理工大学技术研究中心研制出，此外，TI 公司已将类似方法用于设计一种被称为 Aladdin 并行处理器的高性能并行计算机。

（3）柔性各向异性导电材料法。各向异性导电材料厚度导电，但长度和宽度不导电，用垫片进行更多互连，让出键合环高度和冷却通道高度。AT&T 公司使用 3D MCM 技术设计十亿浮点运算每秒（GFLOP）多处理器阵列。

（4）基板层上下部分球栅阵列法。这种方法采用基板上下部分的球栅阵列实现垂直互连，通过给叠层施加压力，利用下部焊球将叠层 MCM 互连到 PCB 上，而上部焊接点用于叠层 MCM 间的互连。该技术已被 Motorola 公司申请专利。

13.5.5 三维（3D）封装技术的优点和局限性

1．3D 封装技术的优点

（1）在尺寸和重量方面，3D 设计替代单芯片封装缩小了器件尺寸、减轻了质量。尺寸缩小及重量减轻的那部分取决于垂直互连的密度。和传统的封装相比，使用 3D 技术可缩短小尺寸、减轻质量达 40～50 倍。相对 MCM 技术，3D 封装技术可缩小体积 5～6 倍、减轻质量 3～19 倍。

（2）在硅片效率方面，封装技术的一个主要问题是 PCB 芯片焊区，如图 13.16 所示，MCM 由于使用了裸芯片，焊盘减小了 20%～90%，而 3D 封装则更有效地使用了硅片的有效区域，这被称为“硅片效率”。硅片效率是指叠层中总的基板面积与焊区面积之比，因此与其他 2D 封装技术相比，3D 技术的硅片效率超过 100%。

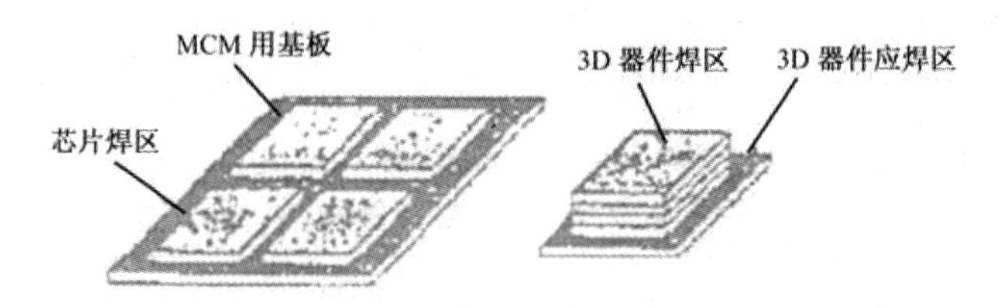

图 13.16　MCM 和 3D 技术间的硅片效率比较图

（3）延迟。延迟指的是信号在系统功能电路之间传输所需要的时间。在高速系统中，总延迟时间主要受传输时间限制，传输时间是指信号沿互连线传输的时间，传输时间与互连长度成正比，因此缩短延迟就需要用 3D 封装缩短互连长度。缩短互连长度，降低了互连伴随的寄生电容和电感，因而缩短了信号传输延迟。例如，使用 MCM 技术的信号延迟缩短了约 300%，而使用 3D 技术由于电子元器件相互间非常接近，延迟则更短，如图 13.17 所示。

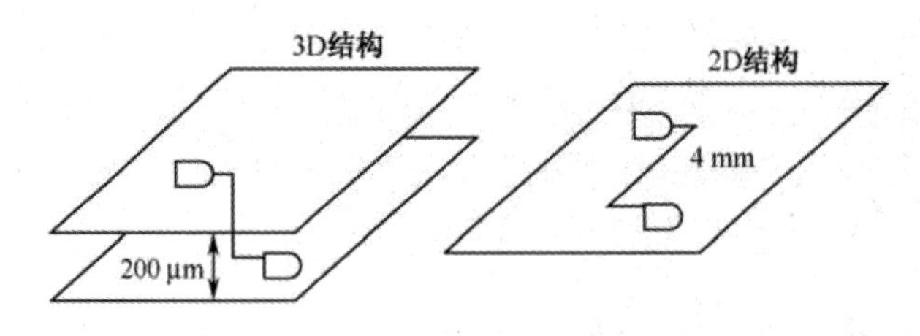

图 13.17　2D 和 3D 结构的导线长度比较

（4）噪声。噪声通常被定义为夹杂在有用信号间不必要的干扰。在高性能系统中，噪声处理主要是一个设计问题，噪声通过降低边缘比率、延长延迟及降低噪声幅度限制着系统性能，会导致错误的逻辑转换。噪声幅度和频率主要受封装和互连限制。

在数字系统中存在 4 种主要噪声源：反射噪声、串扰噪声、同步转换噪声、电磁干扰（EMT）。

所有这些噪声源的幅度取决于信号通过互连的上升时间，上升时间越快，噪声越大。3D 技术在降低噪声中起着缩短互连长度的作用，因而也降低了互连伴随的寄生性。另外，如果使用 3D 技术没考虑噪声因素，那么噪声在系统中会成为一个问题。如果互连沿导线的阻抗不均匀或其阻抗不能匹配源阻抗和目标阻抗，那么就潜在一个反射噪声；如果互连间距不够大，也会潜在串扰噪声。由于缩短互连、降低互连伴随的寄生性，同步噪声也被减小，因而，对于同等数目的互连，产生的同步噪声更小。

（5）对于功耗而言，由于寄生电容和互连长度成比例，所以，由于寄生性的降低，总功耗也降了下来。例如，10%的系统功耗散失在 PWB 上的互连中，如果采用 MCM 技术制造产品，功耗将降低 5 倍，因而产品比 PWB 产品少消耗 8%的功耗。如果采用 3D 技术制造产品，由于缩短了互连长度，降低了互连伴随的寄生性，功耗则会更低。

（6）速度方面，3D 技术节约的功率可以使 3D 元器件以更快的转换速度（频率）运转而不增加功耗。此外，寄生性电容和电感降低，3D 元器件尺寸和噪声减小，便于每秒的转换率更高，这使总的系统性能得以提高。

（7）互连适用性和可接入性。假定典型芯片厚度为 0.6 mm，在 2D 封装图形中，据叠层中心等互连长度的元器件有 116 个；而采用 3D 封装技术，距中心元器件等距离的元器件只有 8 个，因而，叠层互连长度的缩短降低了芯片间的传输延迟。此外，垂直互连可最大限度地使用有效互连，而传统的封装技术则受诸如通孔或预先设计好的互连限制。由于可接入性和垂直互连的密度（平均导线间距的信号层数）成比例，所以 3D 封装技术的可接入性依赖于垂直互连的类型。外围互连受叠层元器件外围长度的限制，与之相比，内部互连更适用、更便利。

（8）带宽。在许多计算机和通信系统中，互连带宽（特别是存储器的带宽）往往是影响计算机和通信系统性能的重要因素。因而，降低延迟、增大母线带宽是有效的措施。例如，Intel 公司将 CPU 和 2 级存储器用多孔 PGA 封装在一起以获得大的存储器带宽。令人激动的是，3D 封装技术可能被用来将 CPU 和存储器芯片集成起来，避免了高成本的多孔 PGA。

2．3D 封装技术的缺点

3D 封装技术的缺点主要有以下几点。

（1）热处理。

随着高性能系统建设要求的提高，电子封装设计正朝芯片更大、I/O 端口更多的方向发展，这就要求提高电路密度和可靠性。提高电路密度意味着提高功率密度，功率密度在过去的 15 年内已呈指数增长，在将来仍将持续增长。

采用 3D 技术制造元器件，功率密度高，因此，就得认真考虑热处理问题，3D 技术需要在两个层次进行热处理。第一是系统设计级，将热能均匀地分布在 3D 元器件表面，第二是封装级，可用以下一种或多种方法解决。其一，可采用诸如金刚石或化学气相沉积（CVD）金刚石的低热阻基板；其二，采用强制风冷或冷却液来降低 3D 元器件的温度；其三，采用一种导热胶并在叠层元器件间形成热通孔来将热量从叠层内部排到其表面。随着电路密度的增加，热处理器将会遇到更多的问题。

（2）设计复杂性。

在持续提高集成电路的密度、性能和降低成本方面，互连技术的发展起着重要作用，在过去的 20 年内，电路密度提高约 10 000 倍，据 Intel 前首席执行官 Gordon Moore 说，IC 的集成度将每年翻一番，后来修改为 IC 的集成度每 1.5 年翻一番。所以，芯片的特征尺寸、几何图形分辨率也向着不断缩小的方向发展。同时功能集成度的提高使芯片尺寸更大，这就要求增大硅片尺寸的材料，研制更大的硅片制造设备。

采用 2D 技术已实现了许多系统，然而，采用 3D 技术只完成了少量复杂的系统及元器件，还要采取设计和研制软件的方法解决系统复杂性不断增加的问题。

（3）成本。

任何一种新技术的出现，其使用都存在着预期高成本问题。3D 技术也是这样，这是由于缺乏基础设施、生产厂家不愿冒险更新新技术的原因。此外，高成本也是器件复杂性的要求。影响叠层成本的因素有：

① 叠层高度及复杂性；

② 每层的加工工序数（例如，对于裸芯片叠层，目前生产厂家工序数为 5～50）；

③ 叠层前在每块芯片上采用的测试方法；

④ 每块芯片是否老化（IDDQ 漏电流测试通常是一种低成本的替代方法）；

⑤ 硅片后处理（例如，焊盘走线、圆片修磨、通过基板和通过基板通孔等是非常昂贵的）；

⑥ 叠层每层要求的好芯片（KGD）的数目（取决于 3D 生产厂家，在 3～20 个之间不等，如果修磨圆片，3D 生产厂家可能要求每叠层两块圆片，这使成本过高）。

此外，非重复性工程（NRE）成本也是很高的，这使采用 3D 技术难度更大。严重影响 NRE 的因素有：

① 样品叠层批量试验品上的试验范围（例如，热测试、应力表测试及电测试等）；

② 要求的样品叠层数（通常在 20～50 个之间不等）；

③ 如于单个裸芯片系统级设计的 3D 生产厂家应用水平（例如，不同的 3D 生产厂家在模拟热和串扰方面的能力大大不同）。

（4）交货时间。

交货时间指的是生产一个产品所需要的时间，它受系统复杂性和要求的影响。3D 封装技术比 2D 封装技术的交货时间要长，有调查表明，根据 3D 元器件的尺寸和复杂性，3D 封装厂家的“交货时间”为 6～10 月，这比采用 MCM-D 技术所需的时间要长 2～4 倍。

13.5.6 三维（3D）封装技术的前景

三维封装技术改善了电子系统的许多方面，如尺寸、质量、速度、产量及耗能。此外，由于在 3D 元器件的组装过程中系统消除了有故障的 IC，其终端器件的成品率、可靠性及牢固性比分立形式的元器件要高。当前，3D 封装受若干因素的限制，其中诸如热处理等一些限制是密度高的原因，其余的则是技术限制，如通孔直径线宽、通孔间距。预计随着封装技术的进步，将会减小这些限制的影响。

3D 封装的主要问题有质量、垂直互连的密度、电特性、机械特性、热特性、设计工具的可利用性、可靠性、测试性、返工、NER 成本、封装成本、芯片（KGD）的可利用性及生产时间。这些因素决定着 3D 封装的选用，在许多情况下，这些因素是相互关联的，至于应用，则要综合考虑上述因素，选择最合适使用的技术。另一个重要的问题是 3D 技术厂家的使用能力，尽管许多公司在 3D 技术的研究方面都很积极，但真正有标准的 3D 产品的公司很少。

复习与思考题 13

1. 名词解释：WLP、3D 封装、FC。
2. 简述 BGA 的分类，以及每种分类的优点。
3. 简述 BGA 的返修工艺流程。
4. CSP 的定义是什么？该种封装的特点是什么？
5. 倒装芯片有几种连接形式？FC 芯片的凸点结构是怎样的？
6. WLP 芯片的两种基础工艺技术是什么？WLP 有什么优点和局限性？
7. 列举说明三种 3D 封装垂直互连技术的种类与特点。

附录 A　封装设备简介

本书第 2 章介绍封装工艺流程时，通常分成两个部分：前段操作（Front End Operation）和后段操作（Back End Operation）。以 TSOP 塑料封装为例，实际的工艺流程：贴膜→晶圆背面研磨→烘烤→上片→去膜→切割→切割后检查→芯片贴装→打线键合→打线后检查→塑封→塑封后固化→打印（打码）→切筋→电镀→电镀后检查→电镀后烘烤→切筋成型→终测→引脚检查→包装出货。

下面介绍封装工艺流程的相关设备和控制参数。

A.1　前段操作

A.1.1　贴膜

定义：在晶圆的表面贴上一层保护膜（蓝膜），如图 A.1 所示为贴膜机。

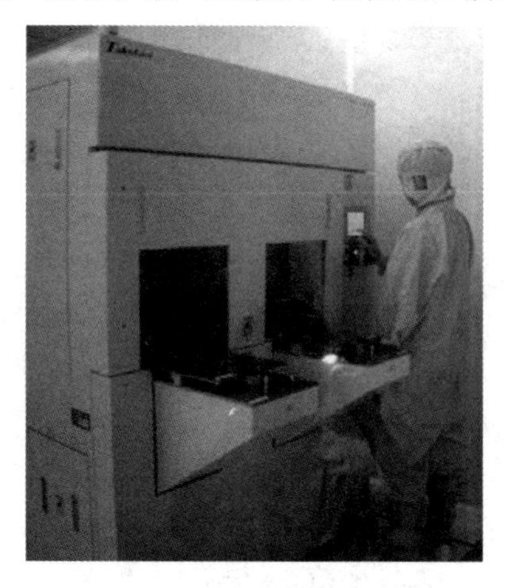

图 A.1　贴膜机

目的：在晶圆背部研磨过程中，对晶圆表面电路提供保护。

设备与材料：

（1）贴膜机；

（2）胶带。

主要控制参数：

（1）贴膜压力；

（2）贴膜速度；

（3）贴膜温度。

A.1.2　晶圆背面研磨

定义：研磨晶圆的背面，减薄晶圆厚度。

目的：根据封装尺寸要求，减薄晶圆衬底厚度到芯片规定尺寸。

设备与材料：

（1）研磨机（如图 A.2 所示为东京精密 PG300RM）；

图 A.2　研磨机

（2）研磨轮；

（3）去离子水。

主要控制参数：

（1）主轴转速；

（2）吸盘转速；

（3）进给速度；

（4）晶圆初始厚度；

（5）晶圆目标厚度；

（6）粗磨量；

（7）精磨量。

A.1.3　烘烤

定义：对研磨（或抛光）后的芯片进行加热烘烤。

目的：增加芯片和切割胶膜之间的黏性。

设备与材料：

（1）烘箱（Oven）见电镀后烘烤设备图；

（2）隔热手套。

主要控制参数：80℃恒温加热 5 min。

A.1.4　上片

定义：在晶圆背面贴一层膜，把晶圆固定在晶圆框架上。

目的：便于芯片切割。

设备与材料：

（1）上片机（研磨机具有上片的功能）；

（2）滚轮；
（3）胶带。
主要控制参数：
（1）上片压力；
（2）上片速度；
（3）上片温度。

A.1.5　去膜

定义：去掉晶圆表面的保护膜。
设备与材料：
（1）去膜机（研磨机具有去膜的功能）；
（2）滚轮；
（3）去膜胶带。
主要控制参数：
（1）去膜压力；
（2）去膜速度；
（3）去膜温度。

A.1.6　切割

定义：切割晶圆，将芯片分离开。如图 A.3 所示的是切割机。

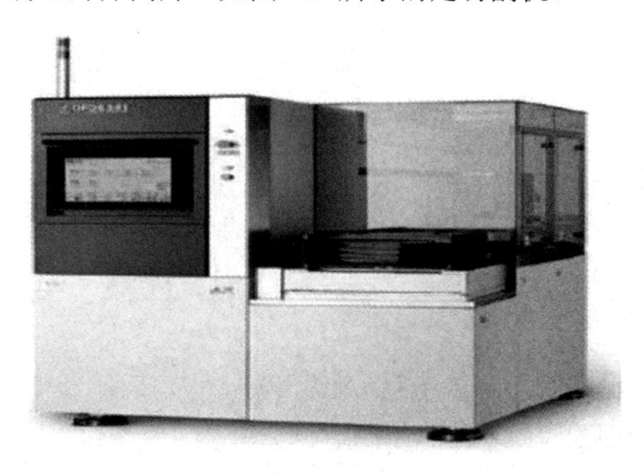

图 A.3　切割机

设备与材料：
（1）切割机；
（2）刀片；
（3）去离子水。
主要控制参数：
（1）晶圆厚度；
（2）芯片尺寸；
（3）胶带型号；

（4）刀片型号；
（5）刀片转速；
（6）切割高度；
（7）切割速度；
（8）测高频率。

A.1.7　切割后检查

检查主要内容：
（1）晶圆上片方向是否与键合图一致；
（2）芯片名称、芯片 ID 是否与键合图所示相符；
（3）废品。
设备与材料：高倍显微镜。

A.1.8　芯片贴装

定义：将切割后的芯片（Die）在一定的温度条件下粘贴在框架或基板上，如图 A.4 所示的是贴片机。

设备与材料：
（1）贴片机；
（2）银胶/胶带；
（3）框架；
（4）吸嘴；
（5）顶针。
主要控制参数：
（1）拣片力；
（2）粘贴力；
（3）贴装时间；
（4）拣片时间；
（5）黏结温度；
（6）点胶压力；
（7）顶针速度；
（8）顶针高度。

A.1.9　打线键合

定义：在一定的温度和压力条件下将金线键合在芯片和框架或基板上，如图 A.5 所示的是打线机。

设备与材料：
（1）打线机；
（2）金线；
（3）楔头。

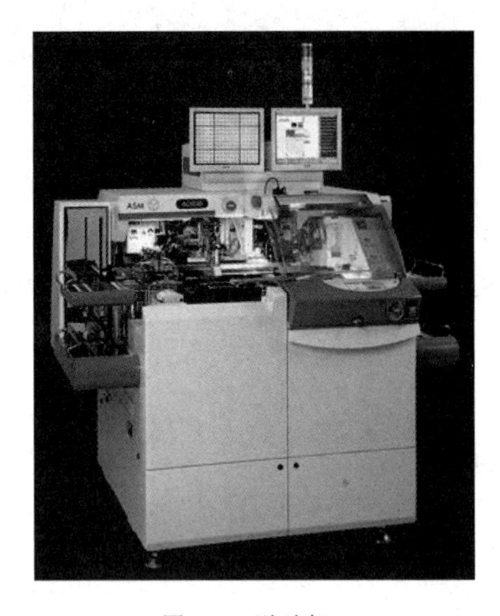

图 A.4　贴片机

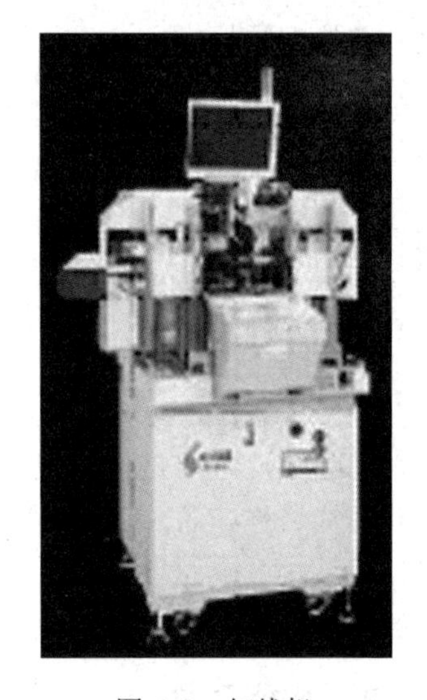

图 A.5　打线机

主要机器参数：

（1）超声波功率；

（2）焊接压力；

（3）焊接持续的时间；

（4）焊接温度。

A.1.10　打线后检查

检查主要内容：

（1）实际连线是否与键合图一致；

（2）芯片名称、芯片 ID 是否与键合图所示相符；

（3）废品。

设备与材料：高倍显微镜。

A.2　后段操作

A.2.1　塑封

定义：对于完成金线焊接的框架或基板，在一定的温度和压力条件下将环氧塑脂注入和成型上，如图 A.6 所示的为注塑机。

设备与材料：

（1）已焊好的芯片和金线的半成品；

（2）塑封料。

主要控制参数：

（1）预热温度；

（2）注入压力和时间。

图 A.6　注塑机

A.2.2　塑封后固化

定义：将产品放置于高温烘箱内进行烘烤。

作用：使塑封料固化更彻底并与芯片和框架结合更紧密，以提高产品的可靠性和稳定性。

A.2.3　打印（打码）

定义：采用激光打印或喷涂工艺打印代码，打印在产品 Package 的正（或背）面。如图 A.7 所示为激光打印机。

作用：以标示产品的品名、类型及相关属性。

A.2.4　切筋

定义：通过切筋机将产品从框架或基板冲压下来并形成符合设计要求的尺寸，如图 A.8 所示为切筋机。

作用：切除引脚之间的连筋，使引脚与引脚分离。

图 A.7　激光打印机

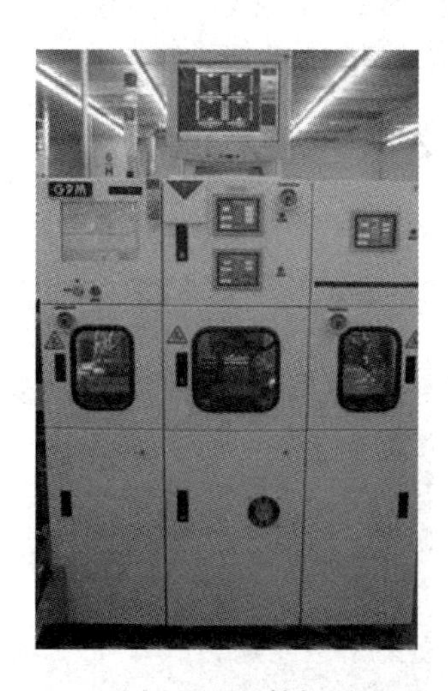

图 A.8　切筋机

A.2.5　电镀

定义：用电化学的方法使金属或非金属制品表面沉积一层金属，如图 A.9 所示为电镀过程。

目的：

（1）提供易焊表面；

（2）增强抗腐蚀能力；

（3）增强导电性；

（4）改善外观。

设备与材料：

（1）纯锡球；

（2）前处理药水（电解除胶液，电解褪银剂）；

（3）电镀液（电镀酸、电镀锡、添加剂）；

（4）后处理药水（中和液）；

（5）褪镀液。

控制参数：

（1）溶液浓度；

（2）温度；

（3）电流；

（4）电压。

A.2.6　电镀后检查

目的：检查电镀后产品的外观质量和镀层厚度、合金含量。

设备：

（1）10-40X 显微镜；

（2）X-RF X-RAY 测厚仪；

（3）防静电手套、指套。

A.2.7　电镀后烘烤

目的：消除引线框架的应力，降低纯锡镀层晶须的生长，如图 A.10 所示为供烤箱。

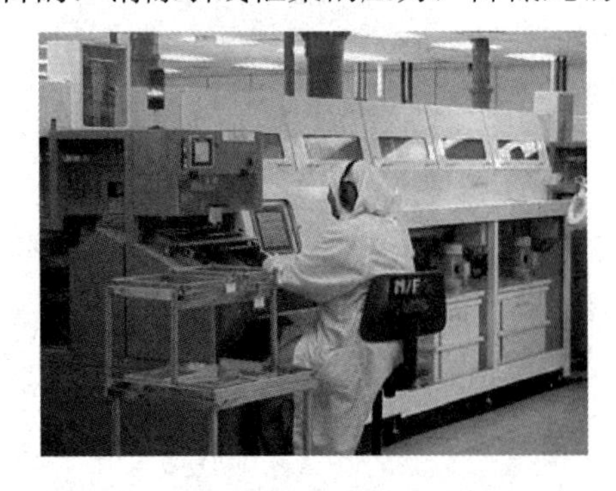

图 A.9　电镀

图 A.10　烘烤箱

设备：

（1）烘箱；

（2）隔热手套。

A.2.8 切筋成型

定义及作用：将已完成封装和电镀的产品成型为标准的或客户需要的形状，并从框架上切割分离成单个的具有设定功能的成品（此工艺可在切筋冲压后同时完成）。

A.2.9 终测

目的：主要检查芯片内部电路，保证产品能够发挥正常的电路功能。如图 A.11 所示的是终测装置。

A.2.10 引脚检查

目的：对成型后的产品的引脚、封装体和打印代码进行扫描检查，保证产品外观的标准化和一致性，使客户满意。如图 A.12 所示的是引脚检查过程。

图 A.11 终测装置

图 A.12 引脚检查

A.2.11 包装出货

将产品包装好，并运送给客户。

附录B　英文缩略语

Å	Angstrom　埃（波长或微小尺寸单位，1 埃=10^{-10} 米）
ACA	Anisotropic Conductive Adhesive　各向异性导电胶
ACAF	Anisotropic Conductive Adhesive Film　各向异性导电胶膜
Al	Aluminum, Aluminum　铝
ALIVH	All Inner Via Hole　完全内部通孔（技术）
AOI	Automatic Optical Inspection　自动光学检查
ASIC	Application Specific Integrated Chip　专用集成（电路）芯片
ATE	Automatic Test Equipment　自动检测设备
Au	Gold　金
BCB	Benzocyclohutene,　Benzo Cyclo Butene　苯丙环丁烯
BeO	Beryllium Oxide　氧化铍
BTAB	Bumped Tape Automated Bonding　凸点载带自动焊
BGA	Ball Grid Array　球栅阵列（封装）
BQFP	Quad Flat Package With Bumper　带缓冲热的四侧引脚扁平封装
C4	Controlled Collapsed Chip Connection　可控塌陷（高度）芯片连接（技术）
CAD	Computure Aided Design,　Computer Assisted Design　计算机辅助设计
CBGA	Ceramic Ball Grid Array　陶瓷球栅阵列（封装）
CCGA	Ceramic Column Grid Array　陶瓷柱栅阵列（封装）
CLCC	Ceramic Leaded Chip Carrier　带引脚的陶瓷芯片载体
CMOS	Complementary Metal-Oxide-Semiconductor　互补金属氧化物半导体
COB	Chip On Board　板载芯片，裸芯片
COC	Chip On Chip　芯片上芯片，迭层芯片
COG	Chip On Glass　玻璃板载芯片
CSP	Chip Size Package,　Chip Scale Package　芯片尺寸封装
CTE	Coefficient of Thermal Expansion　热膨胀系数
CVD	Chemical Vapor Deposition　化学气相沉积
DCA	Direct Chip Attach　芯片直接贴装
DFP	Dual Flat Package　双侧引脚扁平封装
DIP	Double In-Line Package, Dual In-Line Package　双列直插式封装
DMS	Direct Metallization System　直接孔金属化
DRAM	Dynamic Random Access Memory　动态随机存取存储器
DSO	Dual Small Out-line　双侧引脚小外形封装
DTCP	Dual Tape Carrier Package　双侧引脚带载封装
3D	Three-Dimensional（Package）　三维（封装），立体（封装）
2D	Two-Dimensional（Package）　二维（封装），平面（封装）
EB	Electron Beam　电子束

续表

FC	Flip Chip　倒装片法，倒装芯片
FCB	Flip Chip Bonding　倒装焊
FCOB	Flip Chip On Board　板上倒装片，芯片直接倒装焊在基板上
FP	Flat Package　扁平封装
FQFP	Fine Pitch Quad Flad Package　小引脚中心距 QFP
GaAs	Gallium Arsenide　砷化镓
QFP	Quad Flat Package With Guard Ring　带保护环的四侧引脚扁平封装
HIC	Hybrid Integrated Circuit　混合集成电路
HICC	High Temperature Co-Fired（Alumina）Ceramic　高温共烧（氧化铝）陶瓷
HTS	High Temperature Storage（Test）　高温储存（实验）
IC	Integrated Circuit　集成电路
ILB	Inner-Lead Bond（ing）　内引线焊接
I/O	Input/Output　输入/输出
IVH	Inner Via Hole　内部通孔
JLCC	J-leaded Chip Carrier　J 形引脚芯片载体
KGD	Known Good Die　已知好的芯片
LCC	Leadless Chip Carrier　无引线芯片载体
LCCC	Leadless Ceramic Chip Carrier　无引线陶瓷芯片载体
LCD	Liquid Caystal Display　液晶显示器
LCVD	Laser Chemical Vapor Deposition　激光化学气相沉积
LDI	Laser Direct Imaging　激光直接成像
LGA	Land Grid Array　触点阵列封装
LSI	Large Scale Integrated Circuit　大规模集成电路
LOC	Lead on Chip　芯片上引脚封装
LQFP	Low Profile Quad Flat Package　薄型 QFP
LTCC	Low-Temperature Co-Fired Ceramic　低温共烧陶瓷
MBGA	Metal Ball Grid Array　金属基板球栅阵列（封装）
MCM	Multichip Module　多芯片组件
MCM-C	Ceramic Multichip Module, Multichip Module Cofired Ceramic Substrate　共烧陶瓷基板多芯片组件
MCM-D	Multichip Module Deposited Thin Film Interconnect Substrate　沉积薄膜互连基板多芯片组件
MCM-D/C	Multichip Module Thin Film Deposition On Ceramic Substrate　陶瓷基板沉积薄膜多芯片组件
MCM-L	Laminated Multichip Module,　Multichip Module Laminated Substrate　迭层基板多芯片组件，印制电路板多芯片组件
MCP	Multi-Chip in Package, Multichip Package　多芯片封装
MFP	Mini Flat Package　微型扁平封装
MLC	Multi-Layer Ceramic Package　多层陶瓷封装
MMIC	Monolithic Microwave Integrated Circuit　单片微波集成电路
MPU	Microprocessor Unit　微处理器
MQUAD	Metal Quad　美国 Olin 公司开发的一种 FQP 封装

续表

MSI	Medium Scale Integrated Circuit　中规模集成电路
OLB	Outer Lead Bonding　外引脚焊接
PBGA	Plastic Ball Grid Array　塑封球栅阵列
PC	Personal Computer　个人计算机，个人电脑
PCB	Printed Circuit Board　印制电路板
PFP	Plastic Flat Package　塑料扁平封装
PGA	Pin Grid Array　针栅阵列
PI	Polymide　聚酰亚胺
PLCC	Plastic Leaded Chip Carrier　塑封有引线芯片载体
PWB	Printed Wiring Board　印制布线板
PQFP	Plastic Quad Flat Package　塑料方型扁平封装
QFI	Quad Flat I-leaded Package　四侧 I 形引脚扁平封装
QFP	Quad Flat Package 四边扁平封装
QIP	Quad Inline Package　四列直插式封装
RAM	Random Access Memory　随机存取储存器
SCM	Single Chip Module　单芯片组件
SDIP	Shrinkage Dual Inline Package　收缩双列直插式封装
SIP	Single In-Line Package　单列直插式封装
SMC	Surface Mount Component　表面安装[贴装]元件
SMD	Surface Mount Device　表面安装[贴装]器件
SMP	Surface Mount Package　表面安装[贴装]封装
SMT	Surface Mount Technology　表面安装[贴装]技术
SOIC	Small Outline Integrated Circuit　小外廓[型]封装集成电路
SOJ	Small Outline J-Lead（ed）Package　小外廓 J 型引线封装
SOP	Small Outline Package　小外廓[型]封装
SOT	Small Outline Transistor　小外型晶体管
SOW	宽体 SOP
SSI	Small Scale Integration　小规模集成电路
SSIP	小中心距单列直插式封装
SPLCC	Shrinkage Plastic Leadless Chip Carrier　收缩塑料无引线芯片载体
SVP	Surface Vertical Package　立式表面贴装型封装
TAB	Tape Automated Bonding　载带自动焊（技术）
TBGA	Tape Ball Grid Array　载带球栅阵列
TCP	Tape Carrier Package　带式载体封装，载带封装
THT	Through-Hole Technology　插装技术，通孔插装技术
TO	Transistor Outline Package　晶体管外壳
TPQFP	Thin Plastic QFP　薄型塑料 QFP
TQFP	Thin Quad Flat Package　薄型方形扁平封装
TQFP	Thin Quad Flat Package　薄带方形扁平封装
TSOP	Thin Small Outline Package　薄型小外廓封装
USO	Ultra Small Out-line Package　超小外型封装

续表

USONF	Ultra Small Outline Package Non Fin　无散热片的超小外型封装
UV	Ultraviolet　紫外（线，光）
VHSIC	Very High Speed Integrated Circuit　超高速集成电路
VLSI	Very Large Scale Integrated Circuit　超大规模集成电路
VQFP	Very Quad Flat Package　甚小外壳四列扁平封装
VSOP	Very Small Outline Package　甚小外壳封装
WB	Wire Bonding　引线键合，焊丝
WSI	Wafer Scale Integration　晶圆级规模集成

附录C 度 量 衡

C.1 国际制（SI）基本单位

国际制（SI）基本单位

量	名 称	代 号	
		中 文	国 际
长度	米	米	m
质量	千克（公斤）	千克（公斤）	kg
时间	秒	秒	s
电流	安【培】	安	A
热力学温度	开[尔文]	开	K
物质的量	摩【尔】	摩	mol
光强度	坎【德拉】	坎	cd

C.2 国际制（SI）词冠

国际制（SI）词冠

数 值	词 冠	代 号		数 值	词 冠	代 号	
		中 文	国 际			中 文	国 际
10^{18}	爱可萨（exa）	艾（兆兆兆）	E	10^{15}	拍它（peta）	拍（千兆兆）	P
10^{12}	太拉（téra）	太（兆兆）	T	10^{9}	吉咖（giga）	吉（千兆）	G
10^{6}	兆（méga）	兆	M	10^{3}	千（kilo）	千	k
10^{2}	百（hector）	百	h	10^{1}	十（déca）	十	da
10^{-1}	分（déci）	分	d	10^{-2}	厘（centi）	厘	c
10^{-3}	毫（milli）	毫	m	10^{-6}	微（micro）	微	u
10^{-9}	纳诺（nano）	纳（毫微）	n	10^{-12}	皮可（pico）	皮（微微）	p
10^{-15}	飞母托（femto）	飞（毫微微）	f	10^{-18}	阿托（atto）	阿（微微微）	a

C.3 常用物理量及单位

常用物理量及单位

物 理 量		单 位		
名 称	符号	名 称	中文符号	符 号
长度	L	米	米	m
面积	S	平方米	米 ^{2}	m^2

续表

物理量		单位		
名称	符号	名称	中文符号	符号
体积	V	立方米	米^3	m^3
位移	S	米	米	m
速度	V	米每秒	米/秒	m/s
加速度	α	米每秒平方	米/秒^2	m/s^2
角位移	θ	弧度	弧度	rad
角速度	ω	弧度每秒	弧度/秒	Rad/s
转速	n	（转）每秒	秒$^{-1}$	s^{-1}
圆频率	ω	每秒	秒$^{-1}$	s^{-1}
频率	F, υ	赫【兹】	赫	Hz
密度	ρ, D	千克每立方米	千克/米^3	kg/m^3
力	F	牛【顿】	牛	N
力矩	M	牛【顿】米	牛·米	N·M
动量	P	千克米每秒	千克·米每秒	kg·m/s
压强	P	帕【斯卡】	帕	Pa
功	W	焦【耳】	焦	J
能	E	焦【耳】	焦	J
功率	P, N	瓦【特】	瓦	W
波长	λ	米	米	m
热力学温度	T	开【尔文】	开	K
热量	Q	焦【耳】	焦	J
比热【容】	C	焦【耳】 每千克开[尔文]	焦/（千克·开）	J/（kg·K）
溶解热	Lf	焦【耳】每千克	焦/千克	J/kg
汽化热	Lv	焦【耳】每千克	焦/千克	J/kg
热容量	C	焦【耳】每开【尔文】	焦/开	J/K
电流强度	I	安【培】	安	A
电量	Q	库【仑】	库	C
电场强度	E	伏【特】每米	伏/米	V/m
电势差，电压	U（v）	伏【特】	伏	V
电容	C	法【拉】	法	F
电阻	R	欧【姆】	欧	Ω
电阻率	ρ	欧姆米	欧·米	Ω·m
电感	L	亨【利】	亨	H
磁感应[强度]	B	特【斯拉】	特	T
磁通[量]	Φm	韦【伯】	韦	Wb
容抗	Xc	欧【姆】	欧	Ω
感抗	XL	欧【姆】	欧	Ω
阻抗	Z	欧【姆】	欧	Ω

C.4 常用公式度量衡

常用公式度量衡

类 别	英 语 名 称	缩写或符号	汉 语 名 称	对主单位的比	折 合 市 度
长度 length	mill micron	mμ	毫微米	1/1 000 000 000	
	micron	μ	微米	1/1 000 000	
	centimillimeter	Cmm	忽米	1/100 000	
	decimillimeter	dmm	丝米	1/10 000	
	millimeter	mm	毫米	1/1 000	
	centimeter	cm	厘米	1/100	
	decimeter	dm	分米	1/10	
	meter	m	米	主单位	=3 市尺
	decameter	dam	十米	10	
	hectometer	hm	百米	100	
	kilometer	km	千米	1,000	=2 市尺
面积及地面积 Area	Square meter	Sq.d	平方米	主单位	=9 平方市尺
	are	a.	公亩	100	=0.15 市亩
	hectare	ha.	公顷	10 000	=15 市亩
	square kilometer	sq.km	平方公里	1 000 000	=4 平方市里
重量和质量 Weight and Mass	Milligram（me）	mg.	毫克	1/1 000 000	
	Centigram（me）	cg.	厘克	1/100 000	
	Decigram（me）	dg.	分克	1/10 000	
	Grame（me）	g.	克	1/1 000	
	Decagram（me）	dag.	十克	1/100	
	Hectogram（me）	hg.	百克	1/10	
	Kilogram（me）	kg.	公斤	主单位	=2 市斤
	quintal	q	公担	100	=200 市斤
	metric ton	MT 或 t.	公吨	1 000	=2 000 市斤
容量 Capacity	microliter	μl	微升	1/1 000 000	
	milliliter	ml.	毫升	1/1 000	
	centiliter	cl.	厘升	1/100	
	deciliter	dl.	分升	1/10	
	liter	l.	升	主单位	
	decaliter	dal.	十升	10	=1 市升
	hectoliter	hl	百升	100	
	kilolitre	kl	千升	1 000	

C.5 英美制及与公制换算

英美制及与公制换算

类 别	名 称	缩 写	汉 译	等 值	折 合 公 制
长度 Length	Mile	mi.	英里	880fm	=1.609 公里
	Fathom	fm.	英寻	2yd	=1.829 米
	Yard	yd.	码	3ft	=0.914 米
	Foot	ft.	英尺	12in	=30.48 厘米
	Inch	in.	英寸		=2.54 厘米

续表

<table>
<tr><th colspan="2">类　　别</th><th>名　　称</th><th>缩　　写</th><th>汉　　译</th><th>等　　值</th><th>折 合 公 制</th></tr>
<tr><td colspan="2">海程长度
Nautical
Measure</td><td>nautical mile
cable's length</td><td></td><td>海里
链</td><td>10cables'lenth</td><td>英=1.853 公里
国际海程制=1.852 公里
英=185.3 米
国际海程制=185.2 米</td></tr>
<tr><td colspan="2">面积及地积 Area</td><td>square mile
acre
square yard
square foot
square inch</td><td>sq. mi.
a.
sq. yd.
sq. ft.
sq. in.</td><td>平方英里
英亩
平方码
平方英尺
平方英寸</td><td>640a.
4 840sq.yd
9sq.ft
144sq.in</td><td>=2.59 平方公里
=4.047 平方米
=0.836 平方米
=929 平方厘米
=6.451 平方厘米</td></tr>
<tr><td rowspan="2">重量
Weight</td><td>常衡
Avoir-
dupois</td><td>ton
英 long ton
美 short ton
hundredweight
pound
ounce
dram</td><td>tn.（或 t.）
cwt.
lb.
oz.
dr.</td><td>吨
长吨
短吨
英担
磅
盎司
打兰，英钱</td><td>20cwt.
2 240lb.
2 000lb
英 112lb.
美 100lb.
16oz.
16dr.</td><td>=1.016 公吨
=0.907 公吨
=50.802 公斤
=45.359 公斤
=0.454 公斤
=28.35 克
=1.771 克</td></tr>
<tr><td>金衡
Troy</td><td>pound
ounce
pennyweight
grain</td><td>lb.t.
oz.t
dwt.
gr.</td><td>磅
盎司
英钱
格令</td><td>12oz.t.
20dwt.
24gr.</td><td>=0.373 公斤
=31.103 克
=1.555 克
=64.8 克</td></tr>
<tr><td>容量
Capacity</td><td>药衡
Apothecaries'</td><td>pound
ounce
dram
scruple
grain</td><td>lb.ap.
oz.ap.
dr.ap.
scr.ap.
gr.</td><td>磅
盎司
打兰，英钱
吩
格令</td><td>12oz.ap.
8dr.ap.
3scr.ap.
20gr.</td><td>=0.373 公斤
=31.103 克
=3.887 克
=1.295 克
=64.8 毫克</td></tr>
<tr><td rowspan="2">容量
Capacity</td><td>干量
Dry Measure</td><td>bushel
peck
gallon（英）
quart
pint</td><td>bu.
pk.
gal.
qt.
pt.</td><td>蒲式耳
配克
加仑
夸脱
品脱</td><td>4pks
8qts.
4qts.
2pts.</td><td>英=36.368 升
美=35.238 升
英=9.092 升
美=8.809 升
英=4.546 升
英=1.136 升
美=1.101 升
英=0.568 升
美=0.55 升</td></tr>
<tr><td>液量
Liquid
Measure</td><td>gallon
quart
pint
gill</td><td>gal.
qt.
pt.
gi.</td><td>加仑
夸脱
品脱
及耳</td><td>4qts.
2pts.
4gi.</td><td>英=4.546 升
美=33.785 升
英=1.136 升
美=0.946 升
英=0.568 升
美=0.473 升
英=0.142 升
美=0.118 升</td></tr>
</table>

* gallon（加仑）作计量单位仅用于英制。

C.6 常用部分计量单位及其换算

常用部分计量单位及其换算

物理量名称	国际计量单位		非国际计量单位		与国际单位换算
	名　称	符　号	名　称	符　号	
长度	米	m	英尺 英寸 密耳	fi in mil	1ft=0.304 8 m =0.025 4 m $=25.4\times10^{-6}$m
面积	平方米	m^2	平方英尺 平方英寸 平方密耳	ft^2 in^2 mil^2	$=0.092\ 903m^2$ $=6.451\ 6\times10^{-4}m^2$ $=645.16\times10^{-12}m^2$
质量	千克	kg	磅	lb	=0.453 592kg
力 重力	牛（顿）	N	达因 千克力 磅力	dyn kgf lbf	$=10^{-5}$N =9.806 65N =4.448 22N
压力 压强	帕（斯卡）	Pa	巴 托 毫米汞柱 千克力每平方厘米 工程大气压 标准大气压	Ba Torr mmHg Kgf/cm^2 at atm	=105Pa =133.322Pa =133.32Pa =98.066 5kPa =98.066 5kPa =101.325kPa
能量 功，热	焦（耳）	J	尔格 电子伏 千瓦小时 千克力米 卡	erg ev kw.h kgf.m cal	$=10^{-7}$ $=1.602\ 18\times10^{-9}$J =3.6MJ =9.806 65J =4.186 8J
功率	瓦（特）	W	千克力米每秒 卡每秒	kfg.m/s cal/s	=9.806 65w =4.186 8w

附录D　化学元素表

元素符号	元素名称			原子量	类族	原子序数
	英文	汉语	读音			
Ac	actinium	锕	阿	227.0	IIIa	89
Ag	silver	银	银	107.9	I a	47
Al	aluminum	铝	吕	26.98	III	13
Am	americium	镅	眉	(243)	IIIa	95
Ar	argon	氩	亚	39.95	—	18
As	arsenic	砷	申	74.92	V	33
At	astatine	砹	艾	(210)	VII	85
Au	gold	金	今	197.0	I a	79
B	boron	硼	朋	10.81	III	5
Ba	barium	钡	贝	137.3	II	56
Be	beryllium	铍	皮	9.012	II	4
Bi	bismuth	铋	必	209.0	V	83
Bk	berkelium	锫	陪	(247)	IIIa	97
Br	bromine	溴	秀	79.91	VII	35
C	carbon	碳	炭	12.01	IV	6
Ca	calcium	钙	盖	40.08	II	20
Cd	cadmium	镉	隔	112.4	II a	48
Ce	cerium	铈	市	140.1	IIIa	58
Cf	californium	锎	开	(251)	IIIa	98
Cl	chlorine	氯	绿	35.45	VII	17
Cm	curium	锔	局	(247)	IIIa	96
Co	cobalt	钴	古	58.93	VII	27
Cr	chromium	铬	各	52.00	VIa	24
Cs	caesium	铯	色	132.9	I	55
Cu	copper	铜	同	63.54	I a	29
Dy	dysprosium	镝	滴	162.5	IIIa	66
Er	erbium	铒	耳	167.3	IIIa	68
Es	einsteinium	锿	哀	(252)	IIIa	99
Eu	europium	铕	有	152.0	IIIa	63
F	fluorine	氟	弗	19.00	VII	9
Fe	iron	铁	铁	55.85	VIII	26
Fm	fermium	镄	费	(258)	IIIa	100
Fr	Francium	钫	方	(223)	I	87
Ga	Gallium	镓	家	69.72	III	31
Gd	Gadolinium	钆	轧	157.3	IIIa	64
Ge	Germanium	锗	者	72.59	IV	32

续表

元素符号	元素名称			原子量	类族	原子序数
	英文	汉语	读音			
H	Hydrogen	氢	轻	1.008	Ⅰ	1
Ha	Hahnium		罕	(262)	(?)	105
He	Helium	氦	亥	4.003	—	2
Hf	Hafnium	铪	哈	178.5	Ⅳa	72
Hg	Mercury	汞	拱	200.6	Ⅱa	80
Ho	Holmium	钬	火	164.9	Ⅲa	67
I	Iodine	碘	典	126.9	Ⅶ	53
In	Indium	铟	因	114.8	Ⅲ	49
Ir	Iridium	铱	衣	192.2	Ⅷ	77
K	Potassium	钾	甲	39.10	Ⅰ	19
Kr	Krypton	氪	克	83.80	—	36
La	Lanthanum	镧	栏	138.9	Ⅲ	57
Li	Lithium	锂	里	6.939	Ⅰ	3
Lr	Lawrencium	铹	劳	(260)	Ⅲa	103
Lu	Lutecium	镥	鲁	175.0	Ⅲa	71
Md	Mendelevium	钔	门	(258)	Ⅲa	101
Mg	Magnesium	镁	美	24.31	Ⅱ	12
Mn	Manganese	锰	猛	54.94	Ⅶa	25
Mo	Molybdenum	钼	目	95.94	Ⅵa	42
N	Nitrogen	氮	淡	14.01	Ⅴ	7
Na	Sodium	钠	纳	22.99	Ⅰ	11
Nb	Niobium	铌	尼	92.91	Ⅴa	41
Nd	Neodymium	钕	女	144.2	Ⅲa	60
Ne	Neon	氖	乃	20.18	—	10
Ni	Nickel	镍	镊	58.69	Ⅷ	28
No	Nobelium	锘	诺	(259)	Ⅲa	102
Np	Neptunium	镎	拿	237.0	Ⅲa	93
O	Oxygen	氧	养	16.00	Ⅵ	8
Os	osmium	锇	鹅	190.2	Ⅷ	76
P	Phosphorus	磷	邻	30.97	Ⅴ	15
Pa	Protactinium	镤	仆	231.0	Ⅲa	91
Pb	Lead	铅	千	2207.2	Ⅳ	82
Pd	Palladium	钯	把	106.4	Ⅷ	46
Pm	Promethium	钷	颇	147	Ⅲa	61
Po	Polonium	钋	柏	209	Ⅵ	84
Pr	Praseodymium	镨	普	140.9	Ⅲa	59
Pt	Platinum	铂	柏	195.1	Ⅷ	
Pu	Radium	钚	不	224	Ⅲa	94
Ra	Rubidium	镭	雷	226.0	Ⅱ	88
Rb	Rhenium	铷	如	85.47	Ⅰ	37
Re	Rhenium	铼	来	186.2	Ⅶa	75

续表

元素符号	元素名称			原子量	类族	原子序数
	英文	汉语	读音			
Rf	Rutherfordium				104	
Rh	Rhodium	铑	老	102.9	Ⅷ	45
Rn	Radon	氡	冬	222	—	86
Ru	Ruthenium	钌	了	101.1	Ⅷ	44
S	Sulfur	硫	硫	32.06	Ⅵ	16
Sb	Antimony	锑	梯	121.8	Ⅴ	51
Sc	Scandium	钪	抗	44.96	Ⅲa	21
Se	Selenium	硒	西	78.96	Ⅵ	34
Si	Silicon	硅	硅	28.09	Ⅳ	14
Sm	Samarium	钐	衫	150.4	Ⅲa	62
Sn	Tin	锡	锡	118.7	Ⅳ	50
Sr	Strontium	锶	思	87.62	Ⅱ	38
Ta	Tantalum	钽	坦	180.9	Ⅴa	73
Tb	Terbium	铽	特	158.9	Ⅲa	65
Tc	Technetium	锝	得	97	Ⅶa	43
Te	Tellurium	碲	碲	127.6	Ⅵ	52
Th	Thorium	钍	土	232.0	Ⅲa	90
Ti	Titanium	钛	钛	47.90	Ⅳa	22
Tl	Thallium	铊	它	204.4	Ⅲ	81
Tm	Thulium	铥	丢	168.9	Ⅲa	69
U	Uranium	铀	由	238.9	Ⅲa	92
V	Vanadium	钒	凡	50.94	Ⅴa	23
W	Tungsten	钨	钨	183.9	Ⅵa	74
Xe	Xenon	氙	氙	131.3	—	54
Y	Yttrium	钇	亿	88.91	Ⅲa	39
Yb	Ytterbium	镱	亿	137.0	Ⅲa	70
Zn	Zinc	锌	锌	65.38	Ⅱa	30
Zr	Zirconium	锆	告	91.22	Ⅳa	40

附录 E　常见封装形式

封装名称	封装图示	封装描述
CLCC（Ceramic Leaded Chip Carrier）带引脚的陶瓷芯片载体		带引脚的陶瓷芯片载体，表面贴装型封装之一，引脚从封装的四个侧面引出，呈丁字形。带有窗口的用于封装紫外线擦除型 EPROM 及带有 EPROM 的微机电路等。此封装也称为 QFJ、QFJ－G
DIP（Dual Inline Package）双列直插器件		也叫双列直插式封装技术，双入线封装，DRAM 的一种元件封装形式。指采用双列直插形式封装的集成电路芯片，绝大多数中小规模集成电路均采用这种封装形式，其引脚数一般不超过 100
DIP-tab（Dual Inline Package with Metal Heatsink）带散热片的双列直插器件		在基本双列直插器件中加入了散热片的设计
FDIP（Fine-Pitch Dual Inline Package）细间距双列直插器件		双列直插器件中采用了细间距引脚排列的形式
FBGA（Fine-Pitch Ball Grid Array）细间距球阵列封装		一种在底部有焊球的面阵引脚结构，使封装所需的安装面积接近于芯片尺寸
HSOP28 带有散热器的小外形封装	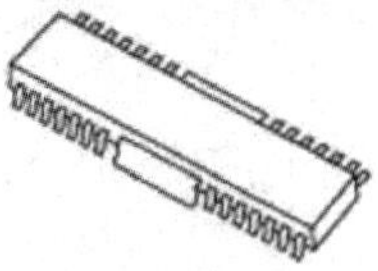 HSOP-28	SOP 中带有散热器的形式。SOP 为小外型封装
JLCC(J-leaded chip carrier) J 型引脚芯片载体		指带窗口 CLCC 和带窗口的陶瓷 QFJ 的别称。部分半导体厂家采用的名称

续表

封装名称	封装图示	封装描述
LCC（Leadless Chip Carrier）无引脚芯片载体		指陶瓷基板的四个侧面只有电极接触而无引脚的表面贴装型封装。是高速和高频 IC 用封装，也称为陶瓷 QFN 或 QFN-C
LDCC 近似无引线陶瓷芯片载体		近似无引线陶瓷芯片载体，它把引线封装在陶瓷基体四边上，使整个器件的热循环性能增强
LGA（Land Grid Array）触点阵列封装		LGA 即在底面制作有阵列状态坦电极触点的封装。装配时插入插座即可。现已实用的有 227 触点（1.27 mm 中心距）和 447 触点（2.54 mm 中心距）的陶瓷 LGA，应用于高速逻辑 LSI 电路
QFP（Quad Flat Package）扁平四边形封装		CPU 芯片引脚之间距离很小，引脚很细，一般大规模或超大规模集成电路采用这种封装形式，其引脚数一般都在 100 以上
LQFP （Low-profile Quad Flat Package）薄型扁平四边形封装		LQFP 也就是薄型 QFP（Low-profile Quad Flat Package）指封装本体厚度为 1.4 mm 的 QFP，是日本电子机械工业会根据制定的新 QFP 外形规格所用的名称
METAL QUAD 100L 金属方形封装		QFP 的一类，基板封盖用金属铝材制造
TQFP 100L（thin quad flat package）薄塑封四角扁平封装		薄四方扁平封装对中等性能、低引线数量要求的应用场合而言是最有效利用成本的封装方案，且可以得到一个轻质量的不引人注意的封装，TQFP 系列支持宽泛范围的印模尺寸和引线数量，尺寸范围为 7～28 mm，引线数量为 32～256
PLCC （Plastic Leaded Chip Carrier）带引线的塑料芯片载体		引脚从封装的四个侧面引出，呈丁字形，是塑料制品，外形尺寸比DIP 封装小得多。PLCC 封装适合用 SMT 表面安装技术在 PCB 上安装布线，具有外形尺寸小、可靠性高的优点

封装名称	封装图示	封装描述
PQFP（Plastic Quad Flat Package）塑料扁平四边形封装		PQFP 封装的芯片的四周均有引脚，其引脚总数一般都在 100 以上，而且引脚之间距离很小，引脚也很细，一般大规模或超大规模集成电路采用这种封装形式
SOT（Small Out-Line Transistor）小外形晶体管		一种表面贴装的封装形式，一般引脚小于等于 5 个。根据表面宽度的不同分为两种：一种宽度为 1.3 mm，另一种宽度为 1.6 mm。对应的 Socket 型号分别为 4330 121 和 4331 121。使用时需要注意
LAMINATE TCSP 20L Chip Scale Package 芯片规模封装		详见第 11 章
TO252		三极管、场效应管常用封装
SO DIMM（Small Outline Dual In-line Memory Module）小外形双列直插内存模块	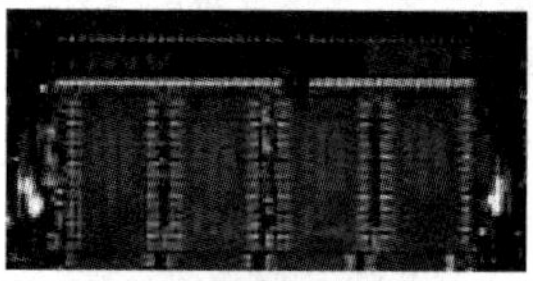	内存中的常用封装形式
SBGA		SBGA 结构形式中，在封装的顶部是一倒扣的铜质腔体，以增强向周围环境的散热
SDIP（Shrink Dual In-line Package）收缩型 DIP		插装型封装之一，形状与 DIP 相同，但引脚中心距（1.778 mm）小于 DIP（2.54 mm），因而得此称呼
SIP（Single Inline Package）单列直插封装	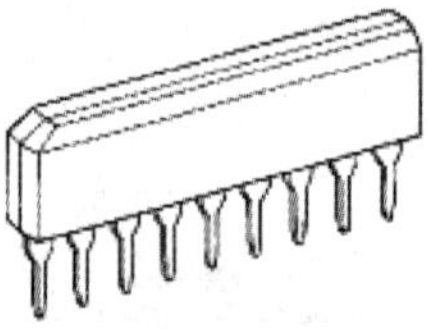	通常，它们是通孔式的，引脚插入印制电路板的金属孔内。当装配到基板上时封装呈侧立状。这种形式的一种变化是锯齿型单列式封装（ZIP），它的引脚仍从封装体的一边伸出，但排列成锯齿型
SO（Small Outline Package）小外形封装		也常称为 SOP

续表

封装名称	封装图示	封装描述
SOJ J形引脚的小外形封装		引脚向内弯曲呈“J”形
SSOP(Shrink Small-Outline Package)窄间距小外型塑封		1968—1969 年飞利浦公司就开发出小外形封装（SOP）。以后逐渐派生出 SOJ（J 型引脚小外形封装）、TSOP（薄小外形封装）、VSOP（甚小外形封装）、SSOP（缩小型 SOP）、TSSOP（薄的缩小型 SOP）及 SOT（小外形晶体管）、SOIC（小外形集成电路）等
TSOP（Thin Small Outline Package）薄型小尺寸封装		TSOP 封装外形尺寸时，寄生参数（电流大幅度变化时，引起输出电压扰动）减小，适合高频应用，操作比较方便，可靠性也比较高。同时 TSOP 封装具有成品率高、价格低等优点，因此得到了极为广泛的应用
uBGA（Micro Ball Grid Array）微球栅阵列封装	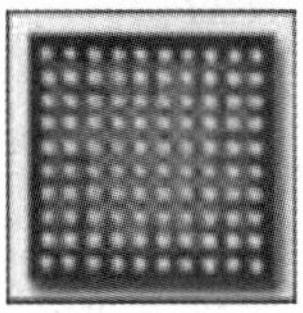	微型的 BGA 封装
ZIP（Zig-Zag Inline Package）锯齿形直插封装	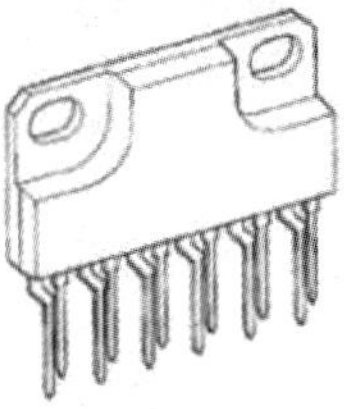	属于 SIP 的一种
BQFP (quad flat package with bumper) 带缓冲垫的四侧引脚扁平封装		QFP 封装之一，在封装本体的四个角设置突起（缓冲垫）以防止在运送过程中引脚发生弯曲变形。美国半导体厂家主要在微处理器和 ASIC 等电路中采用此封装。引脚中心距 0.635 mm，引脚数从 84 到 196 左右（见QFP）
C-Bend Lead C 形弯曲引脚封装		引脚呈字母“C”形状
CERQUAD（Ceramic Quad Flat Pack）密封陶瓷扁平四方形封装		用于封装 DSP 等的逻辑 LSI 电路。带有窗口的 Cerquad 用于封装 EPROM 电路。散热性比塑料 QFP 好，在自然空冷条件下可容许 1.5～2 W 的功率。但封装成本比塑料 QFP 高 3～5 倍。引脚中心距有 1.27 mm、0.8 mm、0.65 mm、0.5 mm、0.4 mm 等多种规格。引脚数从 32 到 368
Ceramic Case 陶瓷盒封装		陶瓷材料封装的一类

续表

封装名称	封装图示	封装描述
Gull Wing Leads 翼型引脚封装		—
LLP 8La 无引线框架封装		无引线框架封装，体积极为小巧，最适合高密度印制电路板采用。优点：低热阻；较低的体积；使电路板空间可以获得充分利用；较低的封装高度；较轻巧的封装

参 考 文 献

[1] 刘玉岭. 微电子技术工程. 北京：电子工业出版社，2004.
[2] 陈力俊. 微电子材料与制程. 上海：复旦大学出版社，2005.
[3] 杨邦朝，张经国. 多芯片组件（MCM）技术及其应用. 成都：电子科技大学出版社，2002.
[4] 姜岩峰，张常年，译. 电子制造技术. 北京：化学工业出版社，2005.
[5] 周良知. 微电子器件封装. 北京：化学工业出版社，2006.
[6] 远藤伸裕. 半导体制造材料. 日本工业调查会，2002.
[7] 前田和夫. 半导体制造装置. 日本工业调查会，2002.
[8] 和佐清孝，早川茂. 薄膜化技术. 共立出版株式会社，1997.
[9] 出水清史主审. 半导体工艺教本. SEMI FORUM JAPAN，委员会编.
[10] 吴德馨. 现代微电子技术. 北京：化学工业出版社，2001.
[11] 金鸿，陈森. 印制电路技术. 北京：化学工业出版社，2003.
[12] 黄丽. 高分子材料. 北京：化学工业出版社，2005.
[13] Fundamentals of Microsystems Packaging. Rao Tummala R. The McGraw-Hill Companies, Inc, 2001.
[14] Electronic Materials Handbook, Volume 1, Packaging. Merrill Minges L. ASM International, 1989.
[15] Ball Grid Array Technology. Joan Lao H. The McGraw-Hill Companies, Inc, 1999.
[16] Electronic Materials and Devices. David Ferry K, Jonathan Bird P. Academic Press, 2001.
[17] Stephen Campbell A. 微电子制造科学原理与工程技术. 北京：电子工业出版社，2003.
[18] Microchip Fabrication. Fourth Edition. Peter Van Zant. The McGraw-Hill Companies, Inc, 2000.